Keith Stewart Thomson

Der Quastenflosser

Ein lebendes Fossil und seine Entdeckung

Aus dem Englischen übersetzt und bearbeitet
von Dr. Monika Niehaus-Osterloh

Wissenschaftliche Beratung:
Dr. Volker Walldorf, Düsseldorf

Birkhäuser Verlag
Basel · Boston · Berlin

Die Originalausgabe erschien 1991 unter dem Titel "Living Fossil – The Story of the Coelacanth" bei W. W. Norton & Company Inc., New York.
© 1991 Keith Stewart Thomson

Die Übersetzerin dankt Dr. Rüdiger Riehl, Düsseldorf, für wichtige Hinweise zur Systematik und Prof. M. Wink, Heidelberg, für Literaturhinweise zur DNA des Quastenflossers.

Die Deutsche Bibliothek – CIP-Einheitsaufnahme

Thomson, Keith S.:
Der Quastenflosser : ein lebendes Fossil / Keith S. Thomson.
Aus dem Engl. übers. und bearb. von Monika Niehaus-
Osterloh. – Basel ; Boston ; Berlin : Birkhäuser, 1993
    Einheitssacht.: Living fossil <dt.>
    ISBN 3-7643-2793-6
NE: Niehaus-Osterloh, Monika [Bearb.]

© 1993 der deutschsprachigen Ausgabe: Birkhäuser Verlag,
Postfach 133, CH-4010 Basel, Schweiz
Gedruckt auf säurefreiem Papier
Umschlaggestaltung: Ralf Kunz, Freiburg
Printed in Austria
ISBN 3-7643-2793-6
9 8 7 6 5 4 3 2 1

Inhalt

Vorwort zur deutschen Ausgabe

Dieser Fisch hat es in sich. Kein anderes Schuppentier hat es zu solchem Ansehen gebracht wie er. Mit großem finanziellem Aufwand wurde versucht, ihn lebend zu fangen, und zur Erforschung seines Verhaltens im natürlichen Lebensraum wurden spezielle Tauchboote entwickelt. Sein Bild erschien weltweit auf den Titelseiten der angesehensten Zeitungen und Magazine. Straßen und Restaurants wurden nach ihm benannt, und er ziert Briefmarken und Banknoten. Noch heute, ein halbes Jahrhundert nach seiner Entdeckung, führen Wissenschaftler heftige Debatten und geraten sich wortgewaltig in die Haare, wenn es darum geht, die Fortpflanzung des Totgeglaubten zu analysieren.

Wer ist dieser aufsehenerregende Fisch, der zu so viel Ehre kam – sowohl draußen in der Öffentlichkeit als auch drinnen in der engen Wissenschaftswelt?

Der Quastenflosser, auch Hohlstachler oder Coelacanth genannt.

Zu Hause, auf den Comoreninseln im Indischen Ozean, heißt er Gombessa. Dort wird er (zwei bis drei Exemplare pro Jahr) von den Fischern mit langen Handleinen, meist nachts, in 200 bis 400 m Tiefe gefangen. Berühmt wurde der Quastenflosser durch seine stammesgeschichtliche Stellung als Überlebender einer längst totgeglaubten Fischgruppe, den Crossopterygiern. Seit Beginn dieses Jahrhunderts vermuten einige Wissenschaftler, daß sich aus den Crossopterygiern alle vierfüßigen Landwirbeltiere entwickelt haben – letztendlich also auch wir Menschen. Der heute lebende Quastenflosser allerdings ist ein Seitenzweig, der nicht in direkter Linie zu den Vierfüßern führt.

Keith Thomson, Zoologe und Professor an der Yale University, kennt die wissenschaftlichen Zusammenhänge genau. Wie kein anderer hat er die Entdeckungsgeschichte des Quastenflossers mitgestaltet. Wer jedoch befürchtet, sein Quastenflosserbuch sei der trockene Essay eines nüchternen Naturwissenschaftlers, der

8

irrt sich gewaltig. Keith Thomson hat die spannende Geschichte dieses lebenden Fossils geschrieben: von der zufälligen Entdekkung im Mündungsgebiet des Chalumna River in Südafrika 1938 bis zu den modernen Laboratorien unserer heutigen Wissenschaftswelt.

Was Thomsons Buch aber so lesenswert macht, ist seine klare, liebenswürdige Sprache, die dank der ausgezeichneten Übersetzung auch im Deutschen sehr gut zum Ausdruck kommt. Kein abstrakter, emotionsloser Wissenschaftsjargon also, sondern die Umgangssprache eines Forschers, die geprägt ist von seiner tiefen Zuneigung zu einem kalten Schuppentier. Ich selbst habe Quastenflosser vor Ort mit Tauchbooten studiert und muß gestehen, daß ich seit meiner Jugend (damals las ich das von J.L.B. Smith geschriebene Buch „Old Fourlegs") von diesem Fisch fasziniert bin. Doch auch mit der Brille eines Coelacanthophilen und als Forscher, der sich intensiv mit der Erforschung des Quastenflossers beschäftigt, ist mir Keith Thomsons Buch ein ganz besonderer Lesegenuß. Ich bedaure sehr, daß ich den Autor noch nicht persönlich kennenlernen konnte. Sollte es doch einmal dazu kommen, so bin ich sicher, daß wir uns viel zu erzählen haben.

Seewiesen, im Dezember 1992   Hans Fricke

Einleitung

Ex Africa semper aliquid novi.
Aus Afrika kommt stets etwas Neues.
Plinius, der Ältere

Dies ist, wenn man so will, einfach ein Buch über einen Fisch. Doch nichts Interessantes ist jemals wirklich einfach. Schon bald, nachdem ich mich für dieses lebende Fossil, *Latimeria chalumnae* oder Coelacanth, im Deutschen besser bekannt als Quastenflosser, zu interessieren begann, wurde mir klar, daß ich nicht nur ein Tier, sondern auch eine Legende studierte. Mit der Zeit nahmen mich die Geschichten der Leute, die mit diesem Fisch zu tun hatten, ebenso gefangen wie die wissenschaftlichen Ergebnisse aus ihren Labororatorien. Die Faszination, ein Tier zu entdecken, von dem man angenommen hatte, es sei mit seiner ganzen Familie vor mehr als 80 Millionen Jahren ausgestorben, und die Tatsache seiner möglichen Verwandtschaft mit den höheren Wirbeltieren, ein schließlich des Menschen, haben diesem großen, häßlichen Fisch so etwas wie Starqualitäten verliehen.

Die Story des wohl berühmtesten Fisches der Welt, des Quastenflossers, ist schon früher erzählt worden; sie spannt sich von der ersten Entdeckung in Südafrika im Dezember 1938 bis zu den neuesten Forschungsergebnissen von den Comoren. Einige der alten Geschichten sind heutzutage bereits stark ausgeschmückt, und immer neue, phantasievollere Gerüchte tauchen auf: das Öl aus dem Fleisch des Coelacanthus wirke als Aphrodisiakum, das Öl rufe Leberkrebs hervor, der Fisch lebe in Wirklichkeit in Süßwasserquellen unter dem Ozean, er sei der direkte Vorfahr aller Landwirbeltiere (einschließlich des Menschen), er sei eigentlich eine Art Hai, er komme auch im Mittelmeer und/oder im Roten Meer vor. Die meisten dieser Mythen verschwinden bald wieder, um dann später – meist in 10-Jahres-Intervallen – wieder aufzutauchen. Über den Quastenflosser gibt es Musikstücke und Gedichte, und er ist in zahllosen Cartoons verewigt worden. Nicht wenige sonst ganz nüchterne Wissenschaftler geraten beim „alten Vierbein", wie J.L.B. Smith ihn so unpassend nannte, ins Schwärmen. Und es gibt mehr selbsternannte Coelacanthus-Experten als es Exemplare gibt.

Um schnelles Geld mit der Seltenheit des Coelacanthus zu machen, haben geschäftstüchtige Leute auf den Comoren Exemplare erworben und versucht, sie gewinnbringend an Museen in aller Welt zu verkaufen. Institutionen haben Expeditionen auf die Comoren entsandt, um lebende Exemplare zu fangen und damit einen Teil des öffentlichen Interesses an diesem Fisch auf sich zu lenken. Nach erfolgloser Suche wurde es dann schon als großer Erfolg verkauft (wenigstens für die Presse), wenn man mit einem von den Behörden erworbenen, konservierten Exemplar nach Hause kam. Bei so viel Publicity ist es nicht überraschend, daß immer wieder märchenhafte Berichte von geheimnisvollen Fängen oder Begegnungen mit dem Fisch auftauchten, die von der Presse begierig aufgegriffen wurden.

Bis heute haben die Abgelegenheit ihres insularen Lebensraumes und die Seltenheit der Fänge anscheinend das Überleben der Art garantiert. Tatsächlich sind es – außer dem Trawlerkapitän, dem der erste Fisch ins Netz ging –, ausschließlich Einheimische der Comoren gewesen, denen es gelungen ist, einen Quastenflosser zu fangen. Verschiedene westliche, mit den neuesten Fanggeräten ausgerüstete Expeditionen mußten erfolglos heimkehren. Doch heute haben wir allen Grund zu der Befürchtung, daß gerade die Faszination, die der Quastenflosser ausstrahlt, sein Untergang sein könnte. Inzwischen werden zu viele Exemplare von den Einheimischen für den Verkauf nach Übersee gefangen, sei es offiziell oder für den schwarzen Markt. Und heutzutage, wo die technologischen Möglichkeiten existieren, unter Wasser nach dem Fisch zu suchen, sind Versuche, lebende Exemplare zu Ausstellungszwecken (mit Aussicht auf einen enormen Profit) zu fangen, unausweichlich.

In dem vorliegenden Buch möchte ich versuchen, die Geschichte des rezenten Quastenflosser und seiner Verwandten wiederzugeben und dabei einige Rätsel zu lösen, die seine Biologie betreffen: Wie lebt er? Wo lebt er denn nun wirklich? Wie pflanzt er sich fort? Wie hat er es geschafft, während der letzten 80 Millionen Jahre dem Aussterben zu entgehen? Und wie stehen seine Chancen heute? Die Geschichte des Coelacanthus ist gleichzeitig die Geschichte einer großen Zahl faszinierender Leute, unter denen viele sind, deren Namen kaum jemand kennt. Es ist auch die Geschichte von sorgfältiger Planung und blindem, glücklichen Zufall, von menschlicher Entschlossenheit und sicherlich auch von menschlichen Schwächen, eine Geschichte, die zeigt, daß Erfahrung wichtiger sein kann als eine kostspielige Ausrüstung. Mit anderen Worten, es handelt sich nicht um eine Hollywood-Version von Wissenschaft, voller weißbekittelter Heiliger und brillant durchgeführter Experimente, sondern es geht darum, wie sich Wissenschaft – gute oder schlechte – wirklich abspielt, besonders dann, wenn es sich bei den Wissenschaftlern um Biologen handelt, die draußen im Freiland arbeiten und dabei auch keine nassen Füße scheuen. Wenn man von allen Mythen und dem ganzen Medienrummel absieht, ist der Quastenflosser einfach ein Fisch, ein sehr großer, rauh beschuppter, öliger, träger, aber scharfzähniger Fisch, der, sobald er tot ist, einen besonders durchdringenden Geruch ausströmt. Er lebt im Meer, „wie es die Menschen zu Lande tun: die Großen fressen die Kleinen", wie Shakespeare es ausdrückt.

Bei Gesprächen und dem Literaturstudium zu diesem Buch habe ich überrascht eine Reihe von Ungereimtheiten festellen müssen. Abgesehen von den gewöhnlichen Irrtümern und der reinen Nachlässigkeit von Wissenschaftsjournalisten stimmen selbst die Darstellungen ein- und desselben Ereignisses bei bei einigen Beteiligten nicht überein, ja sie widersprechen sich sogar. Augenzeugen haben ihre Versionen im Lauf der Jahre zurechtgefeilt, Informationen, die aus erster Hand stammen sollten, kamen, wie sich später herausstellte, doch aus zweiter Hand und wurden bei dieser Mund-zu-Mund-Wiedergabe gewöhnlich mehr oder minder stark ausgeschmückt. Die Rolle von Professor Smith eignete sich anscheinend besonders gut für romantische Idealisierungen, und ein dramatischer Marsch durch die Berge stellte sich im Nachhinein z.B. als gemütliche Lastwagenfahrt heraus. Doch selbst wenn es mir gelingen sollte, einen Großteil der Geschichte durchschaubarer zu machen, bleibt die Tatsache bestehen, daß wir uns nur auf einige wenige grundsätzliche Quellen stützen; das aber ist meine größte Sorge, denn es bedeutet, daß Irrtümer bestehen bleiben oder sogar verstärkt werden können.

Augenblicklich entwickeln sich die Ereignisse rund um den Quastenflosser wieder einmal in atemberaubenden Tempo. Zum Zeitpunkt der Niederschrift (im Frühjahr 1990) sind die Comoren in politischem Aufruhr begriffen, und eine neue Gruppe von Spielern hat das Zentrum der Bühne in diesem wissenschaftlichen Drama eingenommen – allen voran ein gut ausgerüstetes japanisches Forschungsteam, das sich eifrig darum bemüht, ein lebendes Exemplar zu fangen.

Ich schulde einer großen Anzahl von Freunden und Kollegen Dank für ihre jahrelange Ermutigung und Unterstützung bei diesem und anderen Projekten, insbesondere dem verstorbenen A.S.Romer, Robert Griffith, James Atz, Robert Giegenbach, C.L.Smith, Bobb Schaeffer, Humphrey Greenwood, Colin Patterson, Peter Forey, John Maisey, Robert Mc. Peck und allen meinen Studenten in Yale. Dr. Atz ermöglichte mir den Zugang zu seiner umfassenden Sammlung von Zeitungsausschnitten und Artikeln über den Quastenflosser, einschließlich seiner Kopie von Smiths „Flugblatt", und vermittelte mir beim American Museum of Natural History die Erlaubnis zum Abdruck zweier Fotografien für dieses Buch. Dr. M. Bruton vom J.L.B.Smith Institute in Südafrika half mir dabei, an Kopien wichtiger Fotografien aus der Institutssammlung zu gelangen, die sich auf die ersten beiden Fänge des Quastenflossers bezogen. Michelle Press vom *American Scientist* erlaubte mir freundlicherweise, Material zu verwenden, das bereits in zwei meiner Artikel aus den Jahren 1986 und 1989 im *American Scientist* erschienen war. Mrs. Maureen Joubert, Bibliothekarin in der südafrikanischen Botschaft in Washington hat mir bei Fragen zur Geographie und Geschichte Südafrikas sehr geholfen. Dr. Richard Greenwell gestattete mir, zwei seiner Fotos zu benutzen, und die Öffentlichkeit sollte ihm für seine einfühlsamen Interviews mit Mrs. Courtenay-Latimer und Mr. Goosen in Südafrika dankbar sein.

Bob Griffith und Jim Atz haben auch großzügigerweise das ganze Manuskript gelesen und so viele Fehler korrigiert, wie ihre Geduld es zuließ, und es in mancher Weise verbessert.

Das Personal der Free Library von Philadelphia, der Yale University Library und der Boston Public Library haben mir sehr geholfen, und ich verdanke besonders dem Personal der Library of the Academy of Natural Science viel. Ich danke auch meiner Assistentin, Sheryl Harris, für ihre Geduld, Jessica Thomson für ihre Hilfe bei der Literatursuche und, wie immer, Linda Price Thomson für alle Zeichnungen. Ein großer Teil meiner Arbeit an rezenten und fossilen Fischen ist von der National Science Foundation unterstützt worden, deren Rolle beim Erhalt wissenschaftlicher Förderungen auf breiter Basis selten genügend gewürdigt wird.

Fakten

Name: *Latimeria chalumnae* Smith 1939, Comoren-Quastenflosser. Benannt nach Majorie Courtenay-Latimer, Entdeckerin, nach dem Fluß Chalumna, Kap-Provinz, Südafrika, in dessen Mündungsgebiet das erste Exemplar gefangen wurde, und nach Professor J. L. B. Smith, der den Fisch als erster untersuchte und ihm seinen Namen gab.

Aussehen: Länge bis 180 cm, Gewicht bis zu 95 kg; bläulich gefärbt, mit rosa-weißlichen Flecken; tote Tiere verfärben sich gelegentlich purpur-bräunlich.

Datum des Erstfanges: 22. Dezember 1938.

Ort des Erstfanges: Das Mündungsgebiet des Chalumna; in einer Tiefe von ca. 70 m von dem Fischdampfer *Nerine* (Kapitän Hendrik Goosen) gefangen.

Weitere Fänge: Keine in Südafrika, alle in der Vereinigten Islamischen Republik der Comoren (Comoren, Comoren-Archipel oder Comoren-Inseln), einer Gruppe von vier kleinen Inseln zwischen der Nordspitze von Madagaskar und dem afrikanischen Festland. Das zweite Exemplar wurde von Ahmed Hussein Bourou und Soha am 20. Dezember 1952 vor Domoni auf der Insel Anjouan gefangen. Der Fischer brachte das Tier zu Kapitän Eric Hunt, der es Professor Smith übergab. Seitdem hat man rund um diese Inselgruppe 150-200 Exemplaren gesammelt.

Systematische Stellung: Ein Fleischflosser (Sarcopterygii), Vertreter der Ordnung Coelacanthini (Hohlstachler), einer Gruppe relativ primitiver Knochenfische. Die engsten bekannten Verwandten sind die coelacanthen Fische der Kreidezeit (rund 70 Millionen Jahre alt) aus Europa und Südamerika. Verwandt mit den Lungenfischen (Dipnoi), ebenfalls lebenden Fossilien, und entfernter auch mit den Vorfahren der Landwirbeltiere (Amphibien, Reptilien, Vögel und Säuger).

Gegenwärtiger Schutzstatus: ungewiß, wahrscheinlich gefährdet.

Wie spricht man es aus?

COELACANTH – „Zöl-a-kant"

Teil I

Wie alles anfing

1 Courtenay-Latimer und Smith

> Der wunderbarste Fisch, den ich jemals gesehen
> habe, kam zum Vorschein.
> *M. Courtenay-Latimer*

Dies ist die Geschichte eines Fisches, eines ganz besonderen Fisches allerdings, stahlblau und groß, bis zu 1,80 m lang und bis zu 190 Pfund schwer. Der erste bekannt gewordene Fang verlief nicht gerade aufregend; der Fisch fing sich in einem Schleppnetz, das im Mündungsgebiet des Chalumna vor der Küste von Südafrika über den schlammigen Boden des Indischen Ozeans gezogen wurde. Später blieb er mit einem Stapel Haie und anderer Fische in der Morgensonne liegen, und nichts ließ daran denken, daß dieser Fisch zu einer der wichtigsten zoologischen Entdeckungen des Jahrhunderts werden sollte. Unsere Geschichte könnte an einem heißen Dezembermorgen im Jahre 1938 vor Sonnenaufgang auf dem Deck des Fischdampfers beginnen. Statt dessen beginnt sie 20 Jahre früher mit einem kleinen Mädchen, das im Hause seiner Großmutter nachts wach liegt und den Strahl eines entfernten Leuchtturmes beobachtet, der an seinem Fenster vorbeistreicht.

Im Dezember 1938 war die junge Majorie Courtenay-Latimer Kuratorin des East London Natural History Museum in der Fischerhafenstadt East London in der südafrikanischen Kap-Provinz. Das East London Museum ist noch immer ein kleines Museum, doch um 1938 war es in der Tat sehr klein. Die wichtigste Institution zur Erforschung der Naturgeschichte Südafrikas war damals das Südafrikanische Museum in Kapstadt. Doch in jenen Tagen waren verschiedene regionale Museen eingerichtet worden, darunter auch das East London Museum, das 1930 gegründet wurde. Sein winziges Budget zwang die Kuratorin, Wissenschaftlerin, Bibliothekarin und Sekretärin in einer Person zu spielen. Es war für eine Frau recht ungewöhnlich, eine solche Stellung innezuhaben, doch Mrs. Courtenay-Latimer

scheint die Unterstützung des Kuratoriums genossen zu haben.
Betraut mit der Aufgabe, ein Museumsprogramm für Ausstellungen und Sammlungen aufzubauen, begann sie mit der gewöhnlichen, durcheinandergewürfelten Anhäufung von Kuriositäten
und Vermächtnissen, mit der alle kleinen Museen anfangen. Sie
fand ihren Schwerpunkt bald in der regionalen Naturgeschichte.
Da die Bevölkerung in dieser Region hauptsächlich vom Fischfang lebte, beschloß sie, sich auf das Meeresleben zu konzentrieren, und sie baute rasch ein Netzwerk von Kontakten zu den
örtlichen Fischern auf, die ihr alle besonderen und ungewöhnli-
chen Exemplare für ihr Museum brachten.

In einem autobiografischen Artikel aus dem Jahre 1979 erinnerte sich Majorie Courtenay-Latimer daran, daß sie als Kind
häufig das Haus ihrer Großmutter an der Küste besuchte. Von dort
aus sah sie nachts das Licht des Leuchtturmes auf Bird Island,
einer Inselgruppe im Indischen Ozean, etwa 40 km östlich von Port
Elizabeth.[1] Nur wenige von uns können sich der Romantik eines
Leuchtturmstrahls bei Nacht entziehen, der den Ozean von einem
wilden, unzugänglichen Platz aus überstreicht. Diese Inseln waren im Jahre 1755 Schauplatz eines berühmten Schiffuntergangs,
dem der *Doddington*. Damals saßen 23 Schiffsbrüchige dort sieben
Monate lang fest, bis sie ein Boot bauen und entkommen konnten.
Als Mädchen wünschte sie sich sehnlich, diese Inseln zu besuchen.
Als angehende Naturforscherin wollte sie die Seevogelkolonien
sehen und die abgelegene Felsküste mit ihren Gezeitentümpeln
und ihrem vielfältigen Meeresleben erforschen. Doch es hatte den
Anschein, daß es niemals dazu kommen sollte – besonders, weil
sie ein Mädchen war.

Viele Jahre später, nachdem Mrs. Courtenay-Latimer zur Kuratorin des neuen Museums ernannt worden war und sich daran
machte, Exponate des Meereslebens der Provinz zu sammeln,
entschied sie sich nochmals, diese einsame Inselgruppe vor der
Küste zu besuchen. Im Jahre 1935 traf sie Kapitän Patterson, den
Regierungsadministrator für die „Insel vor Südafrika", und rang
ihm die Erlaubnis ab, die Fauna der Inseln sechs Monate lang zu
studieren und zu sammeln. Sie mußte zustimmen, sich dabei
begleiten zu lassen (ursprünglich allein von ihrer Mutter, obwohl
sich am Ende zu ihrem großen Mißfallen ihr Vater entschloß,
ebenfalls mitzukommen.)[2] Doch schließlich gelangte sie auf die

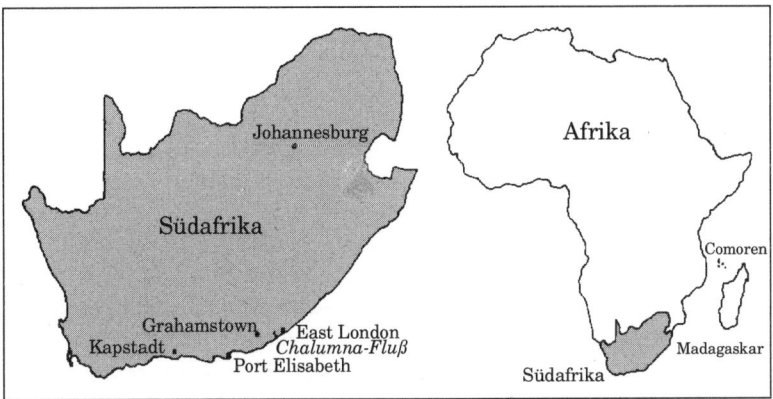

Abb. 1: East London liegt in Südafrika, in der östlichen Kap-Provinz. Ganz in der Nähe mündet der Fluß Chalumna ins Meer.

Inseln und verbrachte eine herrliche, aber arbeitsreiche Zeit damit, Fische und Seevögel zu sammeln.

Während sie auf Bird Island arbeitete, fand Courtenay Latimer heraus, daß die Inseln häufig von Fischern angelaufen wurden. Sie lernte diese Männer kennen und sammelte und konservierte die interessanten Geschöpfe, die sie in ihren Netzen, mit Angeln oder in Fallen fingen. Einer derjenigen, den die junge Wissenschaftlerin, die ihr Museum aufzubauen versuchte, besonders sympathisch fand, war Kapitän Hendrik („Harry") Goosen von der Irvin and Johnston Company. Er fischte mit dem Trawler *Nerine* vor der Küste, und als die sechs Monate vorbei waren, war es Goosen, der ihre 15 Lattenkisten voll Material für das Museum mitnahm. In den kommenden Jahren hielt der Kapitän Ausschau nach allem, was seine Freundin, die Kuratorin, interessieren könnte, und gelegentlich sammelte er sogar Lebendmaterial für das East London Aquarium.

Viel von dem, was Mrs. Courtenay-Latimer an der südöstlichen Küste von Südafrika sammelte, war neu für die Wissenschaft. Südafrika war damals noch kaum erforscht, und das galt besonders für das Meer. Häufig mußte sie Exemplare zum Bestimmen und Untersuchen wegschicken, wenn es auch nur wenige Experten in ganz Afrika gab, die ihr in schwierigen Fällen weiterhelfen konnten. Besonders ein Mann, Dr. J. L. B. Smith, der Chemie am Rhodes University College in Grahamstown lehrte, verstand ihre Interessen, denn auch er verbrachte immer wieder Zeit auf Fischkuttern auf dem Meer.

Am 22. Dezember 1938 legte Kapitän Goosen mit der *Nerine* (Smith meinte später irrtümlich, es habe sich um die *Aristea* gehandelt) und einem gemischten Fang von Fischen im Hafen von East London an. Wie gewöhnlich gab es Haie, Rattenschwänze (Grenadierfische) und Sägebäuche (Schleimfische), doch die Crew der *Nerine* hatte auch einen großen, etwa 1,50 m langen Fisch von so ungewöhnlichem Äußeren gefangen, wie es weder Goosen noch seine Crew jemals zuvor gesehen hatten. Die Seemänner bezeichneten den Fisch wegen seiner seltsamen Flossen, die wie Stummelbeine aussahen, als „große Meereseidechse". Als sie am Morgen in den Hafen zurückkehrten, legte Goosen wie gewöhnlich diesen sonderbaren Fisch und all die anderen, die sich nicht verkaufen ließen, zur Seite, für den Fall, daß Courtenay-Latimer sie haben wollte. Am besten lassen wir Majorie Courtenay-Latimer die Geschichte mit ihren eigenen Worten weitererzählen:

Der Morgen des 22. Dezembers 1938 versprach einen sonnigen, heißen Tag. Um 10:30 klingelte mein neu installierte Telefon, um mir mitzuteilen, daß der Trawler *Nerine* mit einer Reihe von Exemplaren für mich an Bord angelegt hatte. Ich war gerade damit beschäftigt, ein fossiles Reptil für einen Schaukasten fertigzustellen, und dachte zuerst: „Was soll ich jetzt mit Fischen anfangen? So kurz vor Weihnachten." Dann überlegte ich, daß ich doch hinuntergehen und den Männern auf dem Trawler „Frohe Weihnachten" wünschen sollte. Daher rief ich ein Taxi und ließ mich zum Fischereihafen bringen. Es war jetzt 11:45, und alle Männer hatten das Schiff bereits verlassen – bis auf einen alten Schotten, der meinte: „Sie sind alle weg, Mädchen, doch ich zeig' dir die Fische, die Kapitän Goosen zur Seite gelegt hat." Ich stieg ans Deck des Trawlers *Nerine*, und dort fand ich einen Haufen kleiner Haie und Rochen. Ich sagte zu dem alten Mann: „Sie sehen alle ziemlich ähnlich aus, vielleicht gebe ich mich heute nicht mit ihnen ab." Dann, als ich mich abwandte, entdeckte ich eine blaue Flosse, und als ich die darüberliegenden Fische wegstieß, kam der wunderbarste

Fisch zum Vorschein, den ich jemals gesehen hatte. Er war
1,50 m lang und blaß violettblau gefärbt, mit silbrig schillern-
den Flecken. „Was ist das?" fragte ich den alten Mann. „Naja,
Mädchen", antwortete er, „dieser Fisch schnappte nach dem
Finger des Kapitäns, als er im Netz des Trawlers nach ihm sah.
Er kam mit anderthalb Tonnen Fisch und allen diesen Dorn-
haien und den anderen nach oben." „Oh", sagte ich, „den nehme
ich auf jeden Fall mit zum Museum ..."[3]

Der seltsame Fisch war in einer Tiefe von ca. 70 m gefangen
worden. Der Tawler befand sich gerade auf einer elliptischen
Bahn, die ihn etwa 8 km vor der Küste und 30 km südwestlich von
East London nahe an der Mündung des Chalumna (manchmal
auch Tyolomnga genannt) vorbeiführte. Das ist keine Region, in
der häufig gefischt wird. Der Meeresboden ist dort etwas gestuft
und schlammig, doch nur ein wenig weiter von der Küste entfernt
wird der Untergrund felsig, und die Klippen fallen steil bis auf fast
200 m oder mehr in die Tiefe ab.[4] Der Fisch war in der Nähe der
Spitze des Schleppnetzes gefunden worden, daher mußte er relativ
früh ins Netz gegangen sein. Dennoch hatte ihn der Druck der
anderen Fische, die sich über ihm stapelten, nicht getötet. Unter
solchen Bedingungen wären die meisten Fische tot gewesen, bevor
man sie an die Oberfläche zog. Tatsächlich hatte Goosen eine letzte
Runde gezogen, um lebende Exemplare für das Aquarium zu
fangen, doch es gingen so viele Fische ins Netz, daß die meisten
darin erstickten und nutzlos waren. Dieser große blaue Fisch war
wahrscheinlich länger als vier Stunden im Netz mitgeschleppt
worden. Bemerkenswerterweise hatte er nach dem Leeren des
Netzes noch weitere drei bis vier Stunden am Deck des Fischdampfers überlebt. Wie lebendig er noch war, als man ihn aus dem Netz
zog, darüber läßt sich streiten. Smith sagte in seiner Monografie
von 1940, daß der Fisch „aggressiv war und wütend nach den
Händen in seiner Nähe schnappte", wie es der Fischer Courtenay-
Latimer erzählt hatte.[5] Im Jahre 1956 war daraus geworden.
„Sobald [Goosen] den Körper berührte, bäumte sich der Fisch
plötzlich auf, schnappte wütend mit den Kiefern und hätte fast
seine Hand in seinem furchtbaren, zahnbewehrten Maul gefangen."[6] In einem Interview sagte Kapitän Goosen 50 Jahre später,
daß der Fisch einfach „ruckartig seine Kiefer schloß", als er ver-

suchte, sich die Zähne anzusehen.[7] Der Fisch lebte also offensichtlich noch, wenn er auch sonst kaum mehr Lebenszeichen von sich gab.

Natürlich kostete es einige Überredungskünste, den Taxifahrer dazu zu bringen, solch einen großen, übelriechenden Fisch zu befördern, doch Mrs. Courtenay-Latimer und ihr Assistent Enoch gelangten schließlich mit ihrer Beute zum Museum. Was für ein Fisch konnte das sein? Latimer war zu diesem Zeitpunkt mit den Fischen der küstennahem Regionen und denjenigen Arten, die die Fischer in tieferen Gewässern fingen, bereits gut vertraut. Doch dieser Fisch war anders als alles, was sie bisher gesehen oder von dem sie gehört hatte. Der Fisch maß von Kopf bis Schwanzspitze 150 cm und wog 57,5 kg. Sobald er im Labor lag, begann sich seine Farbe langsam zu verändern. Zum Zeitpunkt des Fangs war der Fisch leuchtend stahlblau mit blassen, unregelmäßigen Flecken gewesen. Nun wandelte sich seine Farbe zu Schwarzgrau, wobei die Flecken erhalten blieben. Der Fisch besaß nur wenige Zähne, und der ganze Körper, einschließlich der Flossen, war von großen, harten Knochenschuppen mit feinen, spitzen Höckern bedeckt. Am sonderbarsten erschienen ihr jedoch die Flossen. Die Schwanzflosse war sehr ungewöhnlich geformt, ganz symmetrisch mit einem zusätzlichen kurzen, mittleren Flossenabschnitt, der nach hinten herausragte. Daneben wies der Fisch zwei Rückenflossen auf, wohingegen die meisten anderen Fische (mit Ausnahme der Haie) nur eine besitzen. Die vordere der beiden Rückenflossen war fächerförmig, ähnlich der eines großen Zackenbarsches, die hintere hingegen stummelig, mit einer beschuppten Basis und einem endständigen Quaste aus Flossenstrahlen. Genauso wie die zweite Rückenflosse war die Afterflosse gebaut. All das erinnert sie an keinen ihr bekannten Fisch. Doch das Ungewöhnlichste waren die gliedartigen paarigen Brust- und Bauchflossen. Auch sie besaßen eine kräftige, stielförmige Basis, die in eine Quaste auslief, und sie ließen sich in alle Richtungen bewegen, ganz wie Beine.

Courtenay-Latimer erinnerte sich daran, daß Lungenfische (insbesondere der Australische Lungenfisch, *Neoceratodus forsteri*) paarige Flossen besaß, die den Flossen ihres Fisches entfernt ähnelten, doch alle modernen Lungenfische leben im Süßwasser und sehen ganz anders aus. Das war kein Lungenfisch. Sie wußte aus ihrer Lektüre über fossile Fische, daß man große, panzerartige Schuppen manchmal bei sehr primitiven, ausgestorbenen Fischen findet. Sie werden von den Paläontologen gelegentlich als ganoide Fische bezeichnet und sind mit den Lungenfischen verwandt. Was dieser Fisch auch immer sein mochte, er war wahrscheinlich wichtig; sie würde Hilfe brauchen. Zuerst mußte sie den Fisch irgendwie konservieren. Sie wußte, wie man kleinere Fische in Gläsern mit Alkohol oder Formalin aufbewahrte und hatte auch schon kleine Fische für Ausstellungen präpariert. Doch dieser große Fisch überstieg ihre Fähigkeiten, und wegen der Hitze mußte schnell etwas geschehen.

Sie machte eine Reihe von Aufnahmen und gab sie einem Mr. Kirsten, der oft Fotoarbeiten für das Museum übernahm, zum Entwickeln. Der Vorsitzende des Museumskuratoriums, ein ortsansässiger Arzt, J.Bruce-Bays, „ein sehr sarkastischer alter Herr", kam vorbei und erklärte, der Fisch sei nichts weiter als eine Art Zackenbarsch, doch Majorie Courtenay-Latimer wußte es besser.[8] Sie versuchte es bei einem Kühlhaus und wandte sich schließlich an die Leichenhalle des örtlichen Krankenhauses mit der Bitte, den Fisch vorübergehend aufzubewahren, während sie überlegte, was weiter zu tun sei. Doch niemand wollte etwas mit einem so großen und durchdringend riechenden Kadaver zu tun haben. Daher lieh sie sich bei einem anderen Vorstandsmitglied des Museums, W. E. Sargent, einen Handwagen aus (offensichtlich war das Museum so arm, daß es keinen eigenen besaß) und zog den Fisch zusammen mit Enoch durch die Straßen von East London zu einem Präparator, Robert Center. Er erledigte die größeren Arbeiten für sie, obwohl sie wußte, daß er „kein guter Fischpräparator war." Center sagte ihr sofort seine Hilfe zu, und zuerst versuchten sie, den Kadaver mit formalingetränkten Tüchern – sie hatten eine kleine Menge dieses Konservierungsmittels in der Apotheke erhalten – abzudecken, und umwickelten das ganze dann mit Papier.

Majorie Courtenay-Latimer wußte, wo sie über den Fisch fachmännichen Rat einholen konnte. Zuerst versuchte sie zu telefonieren, dann sandte sie einen Brief mit einer Skizze des Fisches an den Mann, der damals der einzige aktive Ichthyologe in Südafrika war: an James Leonard Brierly Smith, ihren Briefpartner und Freund, der über 500 km entfernt in Grahamstown lebte.

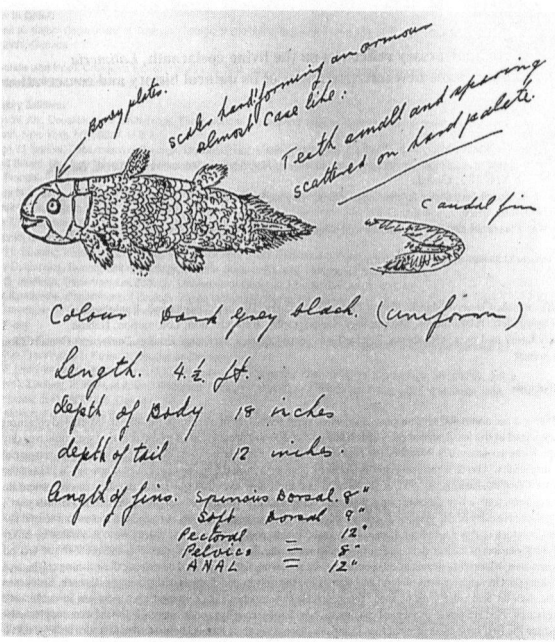

Abb. 2: Die Skizze, die Majorie Courtenay-Latimer an J. L. B. Smith sandte.
Mit freundlicher Genehmigung des J. L. B. Smith Institute of Ichthyology.

Obwohl Dr. Smith an der Universität Chemie unterrichtete,
war er ein engagierter Zoologe und wohl der erfahrenste aktive
Ichthyologe in Afrika. Seitdem er als Junge im Meer geangelt
hatte, galt seine große Liebe und Leidenschaft den Fischen und
der See. Smith hatte den größten Teil seines Lebens dem Studium
der Fische von Südafrika gewidmet. Seine gesamte Freizeit verbrachte er auf Expeditionen entlang der Küste von Mosambik bis
ins Roten Meer. Wie Latimer hatte er den Respekt der Trawlerbe-
satzungen und der kommerziellen Fischer dadurch erworben, daß
er mit ihnen herausfuhr und bei jedem Wetter auf ihren Booten
arbeitete. Neben Dr. K. H. Barnard vom Museum in Kapstadt (der
1927 eine Untersuchung über die Fische von Südafrika veröffentlicht, sich dann aber den Wirbellosen zugewandt hatte) war er
wirklich die einzige Person, die Courtenay-Latimer nach diesem
wundervollen Fisch befragen konnte.

1938 war Smith 41 Jahre alt. Seine Karriere hatte sich bis dato größtenteils außerhalb des öffentlichen Rampenlichtes abgespielt. Während des 1. Weltkrieges war er MG-Schütze beim 12. Südafrikanischen Infanterieregiment. Während des Ostafrika-Feldzuges von 1916 bekam er Malaria, Ruhr und Gelenkrheuma und wurde als Invalide nach Hause geschickt, um sein unterbrochenes Studium in Stellenbosch wieder aufzunehmen. Seine Gesundheit war seit dieser Zeit stark angeschlagen und blieb es für den Rest seines Lebens. Er promovierte in Cambridge in Chemie und kehrte dann nach Südafrika zurück, um am Rhodes University College in Grahamstown zu lehren. Seine zweite Frau, Margaret, weckte wieder seine alte Liebe zu Fischen, doch es war eine schwierige Aufgabe, ein ernsthafter Ichthyologe zu werden und gleichzeitig Chemie zu unterrichten, um den Lebensunterhalt zu verdienen. Dennoch hatte er sich seit seiner ersten Veröffentlichung im Jahre 1931 durch eine Reihe von Artikeln in zoologischen Fachzeitschriften, in denen er neue Fische von der Ostküste Südafrikas beschrieb, einen guten Ruf auf diesem Gebiet erworben. Viele der neuen Arten wurden ihm von seinen emsigen Feldforschern überbracht, andere stammten aus seinem breiten Freundes- und Bekanntenkreis, und er wußte, daß dieses Arbeitsgebiet Neuland war.

Smith war ein magerer und sehniger Mann – genauso genügsam in seinen Gewohnheiten wie in seinen körperlichen Bedürfnissen. Er plante sein Leben nüchtern, ohne Luxus oder Schnörkel. Sein Haar war militärisch kurz geschnitten, und er legte wenig Wert auf seine Kleidung. Mit seiner Ernährung nahm er es jedoch sehr genau; viele Jahre lang aß er abwechselnd einen Tag als Fleischbeilage allenfalls Fisch, den nächsten nur Früchte und Nüsse. Er neigte zum Grübeln und schien ständig unter einer starken inneren Anspannung zu stehen. Wahrscheinlich war er auch ein schwieriger Kollege, doch gleichzeitig achtete man ihn wegen seiner Energie und seiner Hingabe an seine Sache. Das Einzige, für das er sich wirklich begeistern konnte, waren Fische, und dabei war seine zweite Frau, Margaret, seine ständige Begleiterin und eifrigste Publizistin; sie arbeitete auch auf seinen Exkursionen mit ihm zusammen und hat viele seiner Veröffentlichungen mit ihren Zeichnungen und Aquarellen illustriert. Als sie einmal gefragt wurde, wie es denn sei, mit JLB zusammenzuleben, antwortete sie: „Eine Ehefrau kann unabhängig oder unentbehrlich sein, aber nicht beides; ich habe mich dafür entschieden, unentbehrlich zu sein."[9] Es war eine gute Partnerschaft, und Smith brauchte einen solchen Partner wie Margaret, denn die meiste Zeit befand sich der Rest der Welt, zumindest seiner Meinung nach, im Irrtum oder war gegen ihn oder beides.

Ein Großteil von Smith' Studien und Artikeln entstand in dem Laboratorium, das er sich auf seinem Familienstammsitz bei Knysna an der südlichen Kapküste (heute ein beliebter Erholungsort) erbaut hatte. Im Dezember 1938 wollten die Smith dort die Weihnachtsferien verbringen. Wie es in diesen Tagen immer öfter der Fall war, fühlte sich Smith nicht gut, und zudem türmte sich auf seinem Schreibtisch ein riesiger Stapel Examensarbeiten. Er hatte vom College die Erlaubnis erhalten, an der Küste zu bleiben, um seine Gutachten fertigzustellen. Courtenay-Latimer hatte ihren Brief nach Grahamstown gesandt; wegen der Ferien und dem Nachsenden erreichte der Brief Smith erst am 3. Januar.

Wirklich große Entdeckungen setzen eine Kombination von Glück, Wissen und Phantasie voraus. Doch sie verlangen auch intellektullen Mut und sogar physisches Durchhaltevermögen. Sie stellen eine schwere Verantwortung dar, und es erfordert eine starke, ausdauernde Persönlichkeit, damit umzugehen. In vieler Hinsicht war Smith für die Bürde einer großen Entdeckung vom Temperament her ungeeignet. Er war ein Exzentriker, ein Eigenbrötler, stets angespannt, vor sich hin brütend, von Ängsten gequält. Andererseits paßte er jedoch zu dieser Aufgabe. Er hatte sich gründlich in die Biologie der Fische Südafrikas eingearbeitet und war in allem, was dieses Thema betraf, sehr belesen. Er war kein verknöcherter Akademiker, sondern stets bereit (vielleicht sogar allzu gern), eine unpopuläre oder unkonventielle Meinung zu vertreten, wenn er sich seiner Sache sicher fühlte. Obwohl er vorgab, Publicity zu hassen, hofierte er die Öffentlichkeit und verstand sich gleichzeitig meisterhaft auf den Umgang mit der Presse. Die Entdeckung von *Latimeria* sollte ihn völlig vereinnahmen, ja fast umbringen, doch sie gab ihm die Gelegenheit, ein weltweit bekannter und anerkannte Zoologe zu werden.

Sobald Smith den Brief von Majorie Courtenay-Latimer geöffnet hatte und die Skizze erblickte, erkannte er an den Flossen, dem Schwanz und den Schuppen, daß es sich um etwas Neues und ganz

Besonderes handeln mußte – ein Fisch, der der Wissenschaft bisher unbekannt war. Er hatte den selben Eindruck wie Courtenay-Latimer; der Fisch erinnerte ihn an einen Lungenfisch. Doch der Gedanke, daß dieser Fisch etwas viel Aufregenderes sein könnte, gewann schnell an Boden. Er ließ vor seinen inneren Augen alles Revue passieren, was er über urtümliche Fische gelesen oder gesehen hatte. Und dann, schrieb er, „schien in meinem Gehirn eine Bombe zu platzen ... und ... ich sah wie auf einer Leinwand eine Reihe von Fischgeschöpfen aufleuchten, Fische, die es längst nicht mehr gibt ... Ich befahl mir streng, mich nicht zum Narren zu machen, aber da war etwas an dieser Skizze. Es war, als ob mein gesunder Menschenverstand mit dem kämpfte, was ich sah, und ich starrte weiter auf die Skizze."[10]

Wie er später schrieb, war er so gefesselt von dem Brief und der Skizze, daß ihn seine Frau besorgt fragte, was denn los sei. „Ich sagte recht ruhig: 'Ein Brief von Latimer, und wenn ich nicht völlig falsch liege, hat sie etwas ganz Außergewöhnliches gefunden. Halte mich bitte nicht für verrückt, doch ich glaube, es handelt sich wahrscheinlich um einen Typ Fisch, der seit vielen Millionen Jahren als ausgestorben gilt.'"

Wenn es stimmte, was er annahm, dann war das der sensationellste zoologische Fund des Jahrhunderts. Smith hatte persönlich nicht viele Fossilien untersucht, doch er kannte die Literatur, und er glaubte zu wissen, wo er ein Bild eines fossilen Fisches finden konnte, der dem auf der Skizze sehr ähnlich sah. Und wenn es wirklich derselbe war, dann mußte der Fisch ein *Coelacanth* sein, ein Vertreter der *ausgestorbenen* Ordnung Coelacanthini aus der Gruppe der Crossopterygier, der Quastenflosser – ein Fleischflosser, der mit den Fischen verwandt war, die einst vor mehr als 300 Millionen Jahren im Devon lebten. Der Mut und die Phantasie, die es erforderte, sich so etwas vorzustellen, waren enorm, denn er wußte nur zu gut, daß die einzigen anderen bisher bekannten Vertreter der Quastenflosser Fossilien waren. Man nahm an, daß die ganze Gruppe seit wenigstens 70 Millionen Jahren ausgestorben war. Vor Kapitän Goosen, der Mannschaft der *Nerine* und Courtney-Latimer hatte noch kein Abendländer einen rezenten Quastenflosser gesehen.

Smith war sich seiner Sache ziemlich sicher. Doch es gab zu viel zu tun. Er brauchte das richtige Buch, um sein Gedächtnis aufzufrischen. Er mußte mit Courtenay-Latimer in Verbindung treten, um sicher sein zu können, daß sie den Fisch aufbewahrt hatte. Doch gleichzeitig wollte er die ganze Angelegenheit möglichst geheim halten. Wenn er irgend etwas gegenüber irgend jemandem verlauten ließe und sich dann herausstellen sollte, daß er unrecht gehabt hätte, wäre er der Lächerlichkeit preisgegeben. Und falls er recht hatte, wollte er den Ruhm mit niemanden teilen. Der Druck würde enorm groß sein, das wußte er, und er kannte sich gut genug, um sich deswegen zu sorgen. „Die ganze Angelegenheit beunruhigte mich tief, denn ich konnte mir ungefähr ausmalen, was passieren würde, wenn ich richtig vermutete, wußte aber auch nur zu gut, was es bedeuten würde, wenn ich meine Meinung aussprach und sie sich als falsch herausstellen sollte. Anhand der Skizze allein konnte ich gar nichts entscheiden; ich mußte das Geschöpf sehen. Das bedeutete fast sicher eine Reise nach East London." Doch er konnte wegen der Examensarbeiten nicht aus Knysna fort und scheute gefühlsmäßig wohl auch die Enttäuschung, die dort möglicherweise auf ihn wartete.

Darum brach er nicht direkt auf schnellstem Wege nach East London auf, eine Reise, die auf jeden Fall schwierig geworden wäre. Statt dessen telegrafierte er an Majorie Courtenay-Latimer, dann sandte er ihr einen Brief. Und er schrieb an einen seiner Freunde, Barnard vom Südafrikanischen Museum in Kapstadt, und bat ihn um eine Kopie des zweiten Bandes von Arthur Smith Woodwards *Katalog der fossilen Fische des Britischen Museums.*[11] Hier ein Ausschnitt aus seinem Brief an Courtenay-Latimer – vorsichtig in Bezug auf die Identifikation, aber sicher, was die Bedeutung des Fisches angeht.

Nachdem er sie angewiesen hat, Kiemen und Eingeweide aufzubewahren, schreibt er: „Ich kann im Augenblick nicht einmal eine Vermutung über den Fisch wagen, doch bei allernächster Gelegenheit komme ich und sehe ihn mir persönlich an. Nach Ihrer Zeichnung und Beschreibung ähnelt der Fisch Formen, die seit langem ausgestorben sind, doch ich möchte ihn unbedingt erst sehen, bevor ich mich genauer festlege. Es wäre höchst bemerkenswert, wenn sich herausstellen sollte, daß der Fisch in enger Verbindung mit der Vorgeschichte steht. Hüten Sie ihn in der Zwischenzeit sorgfältig und riskieren Sie nicht, ihn zu verschicken. Ich habe das Gefühl, daß er von großem wissenschaftlichen Wert ist."[12]

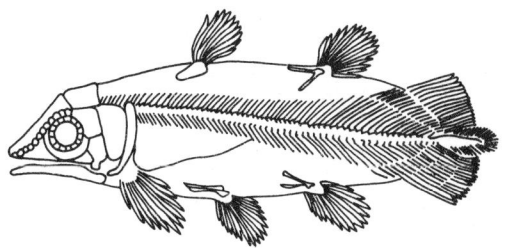

Abb. 3: Smith Woodwards Zeichnung des jurassischen Quastenflossers *Undina* (vereinfacht).

Nun folgte für Smith eine Zeit quälender Unsicherheit:

> Meine innere Unruhe ließ mich nicht ruhen, in meinem Kopf drehte sich alles. Handelte es sich wirklich um ein prähistorisches Relikt? ... Ich stellte mir immer wieder die Skizze vor und versuchte, daraus ein klares Bild zu gewinnen. Sie erinnerte in gewisser Weise an einen Hai, doch das galt auch für diese frühen Crossopterygier ... Es waren schreckliche Tage, und die Nächte waren noch schlimmer. Zweifel und Befürchtungen quälten mich ... Ja, alles sprach dagegen, daß es sich wirklich um einen Coelacanthen handelte ... und doch, jedesmal, wenn ich die Skizze vornahm, sagte ich mir „Ja" und immer wieder „Ja"[13]

Es würde leichter gewesen sein, wenn er den Fisch vor sich liegen gehabt hätte, in einem modernen Labor im Britischen Museum, mit allen verfügbaren Nachschlagwerken und einer großen Sammlung von mehreren tausenden Fossilien zum Vergleich. Doch da saß er nun, in einem abgelegenen Strandhaus, und er war zudem praktisch der einzige Ichthyologe auf dem ganzen Kontinent. Am 6. Januar kam Woodwards Buch an, Barnard hatte promt geantwortet. Smith fand die Beschreibung der fossilen Quastenflosser auf der Gruppe der Coelacanthini, die Abbildung eines Fossil namens *Macropoma* aus der Kreidezeit und eine Zeichnung von aus dem Jura, die beide eine große Ähnlichkeit mit der Skizze von Courtenay-Latimer aufwiesen. Das machte ihn seiner Sache grundsätzlich sicher. Zudem gab es nichts, was ihm sonst noch hätte weiterhelfen können.

Doch über Tage und dann Wochen konnte er sich nicht dazu überwinden, sich der unausweichlichen Entscheidung zu stellen und nach East London zu reisen. Noch immer standen seine Urteilsfähigkeit und sein Ruf auf dem Spiel. Er wagte sich vorsichtig vor, schrieb nochmals an Barnard und teilte ihm seine Vermutung über den Fisch mit. Genau, wie er befürchtet hatte, reagierte Barnard äußerst skeptisch. (Die Briefe sind offensichtlich verlorengegangen.) Er schrieb am 9. Januar nochmals an Courtenay-Latimer und gab seiner Überzeugung Ausdruck, daß es sich bei dem Fisch „fast sicher um einen Crossopterygier handelt, der mit Formen verwandt ist, die zu Beginn des Mesozoikum oder noch früher lebten."[14] Doch er blieb in Knysna, korrigierte Examensarbeiten und kaute an den Fingernägeln.

Währenddessen waren die Schwierigkeiten in East London gewachsen. Die Weihnachtszeit in East London ist heiß, und der Fisch war groß. Keiner der verfügbaren Behälter war geräumig genug für Center oder Courtenay-Latimer, um den Fisch wie gewöhnlich in Formaldehyd zu konservieren. Am 26. Dezember untersuchten sie den Fisch. Die Formalaldehyd-getränkten Tücher zeigten, wie zu erwarten, nicht die erhoffte Wirkung. Der Fisch schwitzte zudem große Mengen von Öl aus. Courtenay-Latimer hatte bis zu diesem Zeitpunkt noch nichts von Smith gehört, doch sie mußte nun eine Entscheidung treffen. Wenn man die beschränkten Möglichkeiten in der kleinen Stadt betrachtete, gab es keine Wahl. Der Präparator würde eine Art „Anglertrophäe", eine Dermoplastik, herstellen. Das hieß den Fisch enthäuten, und während der größte Teil des knöchernen Schädels erhalten bliebe, um die Kopfform zu modellieren, würden der Rest des Körpers, die Muskulatur und die verwesenden Eingeweide nicht gerettet werden können. Mr. Center machte sich also an die Arbeit. Der Zungenapparat wurde herausgeschnitten, um davon einen Gipsabdruck herzustellen, der später im offenen Maul der Dermoplastik installiert werden sollte. Er war klein genug, daß Mrs. Courtenay-Latimer ihn mit ins Museum zurücknehmen und in Formalin legen konnte.

Am 3. Januar, um 10 Uhr vormittags, traf endlich Smith' Telegramm ein: „Äußerst wichtig, heben Sie Skelett und Kiemen des beschriebenen Fisches auf."[15] Aber es war zu spät. Alle die „überflüssigen" Körperteile waren in den Abfall gewandert, und

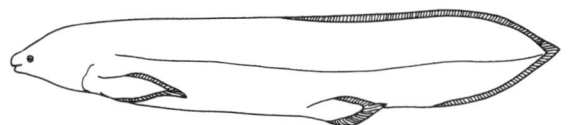

Abb. 4: Der rezente Australische Lungenfisch *Neoceratodus*.

obwohl sie versuchten, etwas davon auf der örtlichen Müllablade-
platz wiederzufinden, waren ihre Mühen erfolglos. (Wahrscheinlich war alles ins Meer geschüttet worden.) Ebenso schlimm war
es, das die Fotos nichts geworden waren, der Film war verdorben.
Dazu kam, daß niemand aus dem Kuratorium des Museums sehr
an der ganzen Angelegenheit interessiert zu sein schien.

Smith und Courtenay-Latimer tauschten verzweifelte Briefe
über den Verlust der Weichteile aus. Doch endlich konnte Majorie
Courtay-Latimer ihm aufgrund dessen, was sich beim Präparieren
des Fisches beobachten ließ, einige weitere Details übermitteln:
„Ein Skelett war nicht vorhanden. Das Rückgrat war eine Säule
aus weichem, weißem, knorpelartigem Material, die sich vom
Schädel bis zum Schwanz zog – etwa 2,5 cm dick und voller Öl, das
beim Durchtrennen herausspritzte –, das Fleisch war plastisch
und konnte wie Lehm geformt werden – der Magen war leer ... die
Kiemen weisen kleine Stachelreihen auf ... Öl rinnt noch immer
aus der Haut, in der unter jeder Schuppe Ölzellen zu sitzen
scheinen. Die Schuppen bilden eine Art Panzer und sitzen in tiefen
Taschen ...“[16]

Am 17. Januar und noch einmal am 24. Januar schrieb Smith
an Barnard in Kapstadt, daß er nun praktisch sicher sei, bei
dem Fisch in East London handele es sich um einen Quastenflosser. Barnard blieb skeptisch und teilte Smith mit, er habe
diese Information vertraulich an Dr. E. G. Gill, den Direktor des
Museums, weitergegeben. Gill selbst arbeitet an fossilen Fischen
und hatte auch zusammen mit Professor D. M. S. Watson von
der Universität London einen wichtigen Artikel über fossile
Lungenfische veröffentlicht. Doch offensichtlich war Gill ebenso
wie Barnard der Meinung, daß sich Smith gefährlich verrannt
habe. Schließlich konnte er ihnen keinerlei Beweise vorlegen,
nicht einmal ein Foto des Fisches. Endlich erkannte Smith, daß

Abb. 5: Eine Aufnahme von Majorie Courtenay-Latimer auf dem Dock, wo sie fünfzig Jahren zuvor die erste *Latimeria* entdeckt hatte. Mit freundlicher Genehmigung von Dr. Richard Greenwell und der International Society of Cryptozoology.

er alles werde selbst tun müssen, und er verstieg sich zu den wildesten Hypothesen, um seine Identifikation glaubhaft zu machen. So versuchte er sich selbst z.B. davon zu überzeugen, das es sich sich um ein mumifiziertes Exemplar einer ausgestorbenen Art aus dem Erdmittelalter handele, das die Jahrmillionen im Schlamm am Meeresboden überdauert hatte (andere sollten diese Vorstellung später aufgreifen) – aber nein, das konnte nicht sein: es hatte mit den Kiefern geschnappt, als Goosen es berührte. Dann, am 1.Februar, sandte Courtenay-Latimer ihm einige Schuppen. Tatsächlich lassen sich die Schuppen von modernen Quastenflossern, obwohl sie fest und lederartig sind, sehr leicht aus der Haut lösen, und es ist erstaunlich, daß sie ihm nicht bereits vorher ein paar Schuppen übersandt hatte. Endlich besaß Smith einen anfaßbaren Beweis, und nun konnte es wirklich keinen Zweifel mehr geben. Der Fisch existierte, er war real, und er war ein Coelacanth. Die Schuppen entsprachen exakt denjenigen fossiler Quastenflosser, wie sie z.B. bei Smith Woodward beschrieben waren; es gab keinen anderen Fischtyp mit derartigen Schuppen.

Abb. 6: Auf Smith' offizieller Fotografie von *Latimeria* findet sich ein Pfeil, der auf eine Struktur weist, die man Spiracularorgan nennt. Der zerrissene hintere Rand der ersten Rückenflosse ist hineinschattiert worden.

Am 8.Februar 1939, sechs Wochen nach dem Fang des Fisches, machten sich Smith und seine Frau endlich von Knysna über Grahamstown auf den Weg nach East London, doch wegen des Regens und der schlechten Straßen dauerte es eine Woche, bis sie dort ankamen.

Majorie Courtenay-Latimer erinnerte sich: „Es war am 16. Februar 1939. Wir hatten schreckliche Regenfälle gehabt ... als er [Smith] in mein kleines Büro trat, wo ich den frisch präparierten Fisch aufgestellt hatte, sagte er: 'Ich *wußte* stets, daß irgendwo und irgendwie eine derartiger urtümlicher Fisch auftauchen würde.'"[17] Smiths eigener Bericht klingt ein wenig anders.

Wir fuhren direkt zum Museum. Latimer war gerade unterwegs, und der Wärter führte uns in den inneren Raum, und dort war der Coelacanth, ja, bei Gott! Obwohl ich darauf vorbereitet war, traf mich der erste Anblick dieses Fisches wie ein Faustschlag. Ich fühle mich schwindlig und benommen, meine Glieder zitterten. Ich stand da, als ob ich zu Stein geworden wäre ... ich vergaß alles um mich herum und starrte nur und starrte und ging dann fast furchtsam näher und berührte und streichelte den Fisch, während meine Frau schweigend zusah. Latimer kam herein und begrüßte uns herzlich. Erst da gewann ich meine Sprache zurück, den genauen Wortlaut habe ich vergessen, doch ich konnte ihnen sagen, daß es wahr sei, wirklich wahr sei – es war ohne Frage ein Coelacanth. Nicht einmal ich selbst konnte noch daran zweifeln.[18]

Zu dieser Episode gibt es eine eigenartige Fußnote. Die Geschichte, daß Mrs. Courtenay-Latimer nicht anwesend war, als die Smith nach diesen sechs Wochen Verzögerung ankamen, geht offensichtlich auf Mrs. Smith zurück, die sogar andeutete, Majorie Courtenay-Latimer sei einkaufen gegangen. All dies wird von Mrs. Courtenay-Latimer heftig abgestritten, die sich auch empörte, als Mrs. Smith bei anderer Gelegenheit behauptete, daß Courtenay-Latimer dem Präparator erlaubt habe, die verwesenden Eingeweide wegzuwerfen, da sie „annahm, der Fisch könne nicht so wichtig sein."[19]

Am nächsten Tag erschien ein Reporter. Das war etwas, das Smith befürchtet hatte. Inmitten seiner intensiven persönlichen Beschäftigung mit diesem Fisch, den er endlich gesehen hatte und dessen Identität er sich jetzt sicher war, wurde Smith nun von der Sorge darüber gequält, wie er die Welt von dieser Entdeckung in Kenntnis setzen sollte. Er mußte genügend Informationen durchsickern lassen, damit man ihm glaubte, doch er wünschte nicht, daß etwas geschrieben würde, das ihn in irgendeiner Weise um den Ruhm betrügen könnte. Es war z.B. wichtig, daß ihm selbst die Ehre verblieb, dem Fisch seinen wissenschaftlichen Namen zu geben, und er hatte sich bereits für einen Namen entschieden: *Latimeria chalumnae* zu Ehren von Majorie Courtenay-Latimer und um den Fundplatz zu bezeichnen. Er plante eine kurze Notiz an die angesehene Wissenschaftszeitung *Nature* in London zu schicken, um der naturwissenschaftlichen Welt die Entdeckung mitzuteilen. Und dann wollte er eine umfangreiche und ausführliche Monographie schreiben, eine Aufgabe, die Monate, wenn nicht Jahre in Anspruch nehmen konnte. Doch wenn die Neuigkeit zuerst in der Zeitung erschien, bestand die Gefahr, daß ihm ein skrupelloser Rivale bei der Namensgebung zuvorkommen könnte. Dann wäre dieser Namansschöpfer derjenige, den man auf ewig in der wissenschaftlichen Literatur mit dem Quastenflosser assoziieren würde. Das war je nach Art der Information in dem Zeitungsartikel durchaus nicht ausgeschlossen. (Solches Freibeutertum ist selbst in der zivilisierten akademischen Welt nicht unbekannt; in

den vierziger Jahren gab es einen besonders notorischen akademischen „Piraten" in Australien, der die wissenschaftliche Literatur
nach Unterlassungen durchkämmte, die er ausbeuten konnte, um
eine neue Art zu benennen.) Smith brauchte Zeit, um an dem Fisch
zu arbeiten und um die erste wissenschaftliche Notiz vorzubereiten, doch die Presse konnte nicht warten. Zu viele Leute wußten
bereits von der Sache, zumindest in East London. So stimmte er
schließlich einem kurzen Artikel zu, doch er drängte darauf, keine
Fotos zu veröffentlichen. Courtenay-Latimer hingegen wußte, daß
es ohne Fotos nicht ging. Der Reporter wußte natürlich ebenfalls,
daß niemand ohne fotografischen Beweis einer Story Glauben
schenken würde, die ausgerechnet aus East London kam. Er bat
um die Erlaubnis, Aufnahmen zu machen und versprach, daß sie
nur in der *East London Daily Dispatch* erscheinen würden und
nirgendwo sonst. Schließlich gab Smith nach.

Das Ergebnis war vorherzusehen: Im *Dispatch* (Depesche) vom
20 Februar erschien ein sensationell aufgemachter Artikel mit
zwei Fotos, der bald samt der Fotos rund um die Welt ging. Der
Reporter machte im Laufe der nächsten Monate mit dem Verkauf
der Bilder offensichtlich ein gutes Geschäft und hatte sogar die
Frechheit, dem East London Museum Kopien der Aufnahmen zum
Preis von zwei Pfund anzubieten! Damit war der Coelacanth *die*
Neuigkeit; der Fisch und Smith wurden zum öffentlichen Eigentum. Majorie Courtenay-Latimer trat in den Hintergrund.

Anfang März hatte Smith bereits eine vorläufige Notiz samt
Fotos an *Nature* gesandt, und seitdem gab es keinen weiteren
Widerstand mehr gegen Smith' Identifikation des Fisches als Qua-
stenflosser. Der Artikel wurde am 18. März 1939 unter dem Titel
„A Living Fish of Mesozoic Type (Ein lebender Fisch, dem Typ nach
aus dem Erdmittelalter)" publiziert.[20]

Dennoch reagierte Smith verärgert auf einen Bericht, der eine
Woche vorher (am 11.März) in den *London illustrated News* veröf-
fentlicht worden war. Dieser Bericht – „Eines der erstaunlichsten
Ereignisse in der Naturgeschichte des 20. Jahrhunderts" samt der
Fotografien, die zu Monatsbeginn im Britischen Museum einge-
troffen waren, war von Dr. E. I. White, einem Paläontologen am
Britischen Museum in London, verfaßt worden. Am 16. März hielt
J.R. Norman, Ichthyologe am gleichen Museum, einen Vortrag
über die Entdeckung des Quastenflossers vor der Linné-Gesell-

schaft in London.[22] Dieser Vortrag war eine Darstellung des Artikels, den Smith an *Nature* gesandt hatte. Nachdem Norman geendet hatte, sprach Sir Arthur Smith Woodward (Direktor des Museums und Autor des Werkes über fossile Fische, das Smith zu Rate gezogen hatte), über die Ähnlichkeiten zwischen dem rezenten Quastenflossers und fossilen Formen wie *Macropoma*. Er strich heraus, daß man den außerordentlichen Konservatismus von Strukturen zwischen Formen aus der Kreidezeit und ihren modernen Abkömmlingen auch bei anderen Gruppen findet, so z.B. bei den Fischfamilien Bercydae und Halosauridae. Professor D. M. S. Watson vom University College London betonte den Wert der Entdeckung als Test für die Genauigkeit, mit der Paläontologen Fossilien rekonstruieren und deuten konnten, und Dr. White fügte hinzu, daß es sich möglicherweise um die bedeutendste zoologische Entdeckung seit dem Australischen Lungenfisch handele, der 1870 aufgefunden worden war (und zunächst für eine Amphibie gehalten wurde).

Über diese Zusammenkunft der Linné-Gesellschaft erschien in der Londoner *Times* vom 17. März ein ausführlicher Bericht auf der Titelseite, und nun nahm auch die Weltpresse von der Geschichte Notiz.[22] Überall diskutierten Wissenschaftler den Fall, doch nur in Südafrika stieß Smith' Identifikation im allgemeinen auf Zweifel. In Übersee wurde die Nachricht für wahr gehalten, und daran hatten die Fotos sicherlich einen entscheidenden Anteil. Ichthyologen in aller Welt konnten sich mit eigenen Augen überzeugen, wenn sie auch darauf vertrauen mußten, daß es sich nicht um eine Fälschung aus Knetmasse und Draht handelte. Aber Smith' guter Ruf als Freilandbiologe ließ einen solchen Verdacht gar nicht erst aufkommen.

Unterdessen war das Interesse der Kuratoriumsmitglieder des East London Museum für *ihren* berühmten Fisch plötzlich stark gestiegen. Für die Öffentlichkeit wurde eine Spezialausstellung arrangiert. Courtenay-Latimer berichtete später, daß damals mehr als 20'000 Menschen das Museum besucht hätten (diese Anzahl ist sicherlich übertrieben). Im Licht dieses öffentlichen Interesses ist es vielleicht erstaunlich, daß es Smith gelang, die sehr widerstrebenden Mitglieder des Kuratoriums zu überzeugen, den Fisch per Bahn nach Grahamstown zu schicken, wo er sich daranmachen konnte, eine gründliche wissenschaftliche Beschreibung anzufertigen. Der Fisch kam begleitet von einer Polizeieskorte an! Inzwischen wurde der Publicitywert des Fisches von allen Beteiligten weidlich ausgenutzt.

Smith hatte keine Möglichkeit, sich von seinen Pflichten in der chemischen Fakultät entbinden zu lassen, daher arbeitete er jeden Morgen von 3–6 h an seiner geplanten großen Monographie über *Latimeria*. Dann machte er gewöhnlich einen 6 km langen Spaziergang über die Berge, kam zurück, schrieb seine Beobachtungen nieder, und verließ das Haus erneut um 8:30, um zum College zu gehen. Abends arbeitete er wieder bis 10:30 an seiner Monographie. Hier kam die ganze Beharrlichkeit und Zielstrebigkeit, ja Sturheit seines Charakters zum Vorschein. „Es war dieselbe alte Mischung, die mein Leben schon immer bestimmt hatte, Turbulenzen und Schwierigkeiten, nur intensiver. Wir hatten keine geselligen Kontakte, geschäftliche und finazielle Angelegenheiten traten in den Hintergrund, und unsere Nahrung erreichte ihren Bestimmungsort nur über und zwischen Manuskriptseiten."[24] Der Fisch, den Smith charakteristischerweise nicht in der Universität, sondern in einem separaten Raum in seinem Haus aufgestellt hatte, beherrschte das Leben der Smith' vollständig, bis zu seinem durchdringendem Geruch, ganz so, wie Smith es vorausgesehen hatte.

Smith wurde schnell mit der üblichen verschrobenen Post überschüttet, mit der er leicht fertig werden konnte. Seine wissenschaftlichen Kollegen rund um die Welt waren eine andere Sache. Es war unausweichlich, daß andere Wissenschaftler damit begannen, Artikel zu schreiben, die auf seinen Beschreibungen basierten, und die Bedeutung der Entdeckung diskutierten. Genauso unausweichlich war es, daß Smith darauf feindselig reagierte. Der erste, der seinen Zorn erweckte, war Whites Artikel in der *London Illustrated News.* „Ich fand ihn für den Wissenschaftler eines entlegenen Landes wie mich wenig schmeichelhaft,"[25] bemerkte Smith. White konnte außerordentlich charmant sein, aber er war auch sehr direkt und oft taktlos, vielleicht teilweise bedingt durch die Schmerzen, die er einer Rückenverletzung verdankte. Er war sich seiner Meinung gewöhnlich sehr sicher. Er schrieb auf seine selbstsichere Art, daß „der Grund für das Überleben eines archaischen Typus unzweifelhaft der Wettbewerb mit höher entwickelten und besser angepaßten Formen ist. Unter dem Druck eines solchen Wettbewerbs sind die älteren Formen gezwungen, sich in weniger günstige und immer weniger günstige Lebensräume zurückzuziehen ... Es kann kaum einen Zweifel geben, daß unser moderner Quastenflosser ein Wanderer aus tieferen Meeresgründen ist ...“[26] Whites Gebrauch des Wortes *unser* hat Smith wahrscheinlich genauso stark getroffen wie dessen Ansicht, beim Quastenflosser handele es sich um eine degenerierte Form. Doch am wenigsten konnte er, wie wir später noch sehen werden, Whites Vermutung zustimmen, der Fisch stamme aus der Tiefsee.

Smith schickte einen zweiten Artikel an *Nature*, der am 6. Mai 1939 veröffentlicht wurde. Darin schilderte er weitere Details über den Fisch, einschließlich eines mikroskopischen Dünnschnittes durch eine Schuppe. Er konnte auch (aufgrund der Aussage des Präparators über die weggeworfenen Eingeweide) mitteilen, daß der Fisch wie Lungenfische eine Schwimmblase oder Lunge besaß, die eher mittig lag, als daß sie paarig gewesen wäre. Er beschrieb viele wichtige Einzelheiten des Skeletts und einiges über die Sinnesorgane; dabei kam einem eigenartigen Strukturenkomplex in der Schnauzenregion besondere Bedeutung zu. Zusätzlich zu mehr oder weniger gewöhnlichen Nasenöffnungen wies der Fisch eine große mediane Kammer mit drei Paar Röhren auf, die sich nach außen öffneten. Dieses Organ, das man heute Rostralorgan nennt, wurde von Smith für einen Teil des Geruchsapparates gehalten, doch wie wir heute wissen, gehört es zu einem anderen sensorischen System (s. Kap. 8). Smith benutzte diesen Artikel auch, um der Kritik an Majorie Courtenay-Latimer wegen des Verlustes der Eingeweide entgegenzutreten: „Nur wenige Menschen außerhalb Südafrikas machen sich eine Vorstellung von den hiesigen Arbeitsbedingungen ... Es ist allein der Energie und der Entschiedenheit von Latimer zu verdanken, daß so viel von dem Fisch gerettet wurde, und Wissenschaftler haben guten Grund, ihr dankbar zu sein. Der Gattungsname *Latimeria* ist mein Tribut an sie.“[27]

Interessanterweise vermutete J. R. Norman bereits in seinem Vortrag vor der Linné-Gesellschaft am 11. März in London ganz vernünftig, daß der Quastenflosser *entweder* gewöhnlich in viel größeren Tiefen als der Fangtiefe vorkommt *oder* Plätze bewohnt, wo der Meeresboden felsig ist und daher nicht mit Schleppnetzen befischt werden kann. Vorausschauend meinte er, daß „mit Ködern bestückte Langleinen vielleicht die beste Chance bieten, lebende Exemplare zu fangen."[28]

Um eine möglichst gründliche wissenschaftliche Beschreibung anzufertigen, mußte Smith jeden erdenklichen Schnipsel an Information aus dem recht und schlecht präparierten Fisch herausholen. In seinem Laboratorium öffnete er die Dermoplastik und begann sie von der Seite her zu sezieren. Zu seiner Freude lagen die meisten dünnen Schädelknochen noch unversehrt unter der Haut. Es war eine mühsame Arbeit, und ohne Entlastung von seiner Lehrtätigkeit kam er nur langsam voran. Doch selbst wenn Smith sich völlig seiner Forschung hätte widmen können, hätte er kaum schneller gearbeitet; er war viel zu vorsichtig und genau.

Nach einige Monaten forderten die Kuratoriumsmitglieder des East London Museum den Fisch jedoch zurück. Aus ihrer Sicht schien Smith das Exemplar ganz allein für sich reklamieren zu wollen; niemand außer ihm bekam es auch nur zu Gesicht. (Das Kuratorium wäre ohne Zweifel entsetzt gewesen, hätten sie es im sezierten Zustand gesehen.) Es wurde im Kuratorium auch über die Möglichkeit diskutiert, das Exemplar zu verkaufen. Vielleicht dachte manch einer sogar an die Gewinne, die es bringen könnte, wenn man den Fisch rund um die Welt als eine Art Rummelplatz-Kuriosität zeigen würde. Aber es gab auch genügend reiche Museen in Europa und Nordamerika, die alles dafür gegeben hätten, um dieses Exemplar in ihre Sammlung einzureihen. Dazu kamen einflußreiche einheimische Stimmen, die argumentierten, daß ein so wichtiges Exponat an einen zentralen und bedeutenden Ort wie dem Britischen Museum oder zumindest im Südafrikanischen Museum in Kapstadt ausgestellt werden sollte. Sicherlich dürfe der Fisch nicht in der Kap-Provinz verstauben, meinten sie ...

Das war genau die Art von Argumentation, die Smith auf die Palme bringen konnte. Zudem benötigte er viel mehr Zeit für seine Untersuchungen. Doch das Kuratorium erlaubte ihm nur, den Fisch noch bis zum 2. Mai zu behalten. Daher arbeitete er ununterbrochen wie in einem „wüsten Alptraum."[29]

Der Fisch kehrte im Mai in das East London Museum zurück und wurde später von dem besten verfügbaren Präparator, Mr. Drury aus dem Südafrikanischen Museum, wieder vollständig zusammengesetzt. Sobald der Fisch in East London ausgestellt wurde, drängten sich Scharen von Menschen ins Museum, um ihn zu sehen. Dann, im Juni, gab der Vorsitzende des East London Kuratoriums Mrs. Courtenay-Latimer einen Brief zum Tippen. Er war an die naturwissenschaftliche Abteilung des Britischen Museums gerichtet und bot den Fisch zu Kauf an. Sie las den Brief und entschied, daß sie ihn keinesfalls schreiben, sondern eher ihren Posten niederlegen würde. Einige Tage später, als Dr. Bruce-Bays kam und sie nach dem Brief fragte, explodierte sie und erklärte ihm „in deutlichen Worten, was sie von der ganzen Sache hielt."[30] Bruce-Bays war von ihrer Vehemenz und ihren Argumenten derart beeindruckt, daß von diesem Zeitpunkt an niemals mehr die Rede von einem solchen Schritt war. Daher blieb der Fisch in East London, wo man ihn auch heute noch besichtigen kann. Und das ist auch besser so, denn wenn er nach Großbritannien gegangen wäre, hätte sich in den folgenden Jahren sicher ein enormer Druck aufgebaut, den Fisch zurückzuholen, und es hätte deshalb viel böses Blut gegeben.

Smith' Monographie „A Living Coelacanthid Fish from South Africa" (Ein lebender Coelacanthide aus Südafrika) wurde im Februar 1940 in den *Transactions of the Royal Society of South Africa* veröffentlicht.[31] Sie enthielt, wenn man den Zustand des Exemplares bedenkt, eine bemerkenswert vollständige Beschreibung von *Latimeria chalumnae*. Smith konnte das Skelett sehr genau beschreiben. Besonders interessant war, daß der Schädel den gleichen Bau wie bei fossilen Coelacanthini und vielen der ausgestorbenen Quastenflossern (Crossopterygier) aufwies; auch *Latimeria* besaß ein sonderbares Gelenk in der Schädelmitte, ein Intercranialgelenk, das den Hirnschädel in zwei Hälften, eine vordere und eine hintere, teilte. Am Boden des Hirnschädels lag im Bereich dieses Gelenkes eine Muskelschicht, deren Funktion unklar blieb. Es gab kein Zeichen von inneren Nasenöffnungen oder Choanen, wie man sie bei Tetrapoden oder Lungenfischen findet. Dem Schädel fehlten die zahntragenden Randknochen des Oberkiefers (Maxillaria), die die meisten Vertebraten besitzen, völlig; Zähne fanden sich nur im Gaumendach (Palatina) und im Unterkiefer. Smith bemerkte, daß die innere Oberfläche der Schuppen Wachstumsringe zeigte, aus denen er schloß, daß der Fisch beim Fang 22–25 Jahre alt gewesen sein müsse. Wegen dieser Wachstumsringe war es unwahrscheinlich, daß der Fisch in großen Meerestiefen lebte, denn dort wirken sich die Jahreszeiten nicht aus. Interessanterweise enthält diese Monographie mit ihren 106 Textseiten und 44 fotografischen Platten anders als die allermeisten wissenschaftlichen Abhandlungen keinerlei Literaturverweise. In seiner ganzen Arbeit nimmt Smith nicht ein einziges Mal Bezug auf Veröffentlichungen anderer Wissenschaftler.

Sir Arthur Smith Woodward veröffentlichte daraufhin in *Nature* (am 3. Juli 1940) einen außerordentlich schmeichelhaften Reviewartikel über Smith Monographie; während er jedoch Smith dazu gratuliert, daß es ihm gelungen sei, so viele Informationen von dem Exemplar zu gewinnen, macht er folgende sonderbare (und im Grunde unfaire) Bemerkung: „Als das Exemplar ins East London Museum gelangte, wurde sein wissenschaftlicher Wert nicht erkannt, und es wurde an einen Präparator übergeben ...“[32] Es scheint für Smith und Courtenay-Latimer (und natürlich auch für Kapitän Goosen) unmöglich gewesen zu sein, eine deutliche Anerkennung für das zu bekommen, was sie unter den herrschenden schwierigen Umständen geleistet hatten. Noch heute, rund fünfzig Jahre später, verursacht diese überzogene Kritik am Erhaltungszustand des Exemplares manch böses Blut.

In den folgenden Kapiteln werden wir den modernen Quastenflosser in den richtigen wissenschaftlichen Zusammenhang stellen. Diese Quastenflosser waren für Zoologen nicht nur deshalb von so großem Interesse, weil sie eine ausgestorbene Fischform repräsentieren oder weil die ganze Fischgruppe, zu der sie gehören, sehr primitiv ist, sondern vor allem, weil der direkte Vorfahr aller landlebender Wirbeltiere im Devon aus einer Gruppe fleischflossiger Fische, den Crossopterygiern (Quastenflosser), hervorgegangen war. Paläontologen haben den Ursprung der Amphibien, Reptilien Vögel und Säuger auf diese Gruppe zurückführen können. Niemand wußte genau, wer der Vorfahr war (wir wissen es heute übrigens noch immer nicht), doch man stimmte weitgehend darin überein, daß dieser Vorfahr zwar nicht direkt aus der Gruppe der Coelacanthini stammte, aber eng mit ihr verwandt war. Ein lebendes Beispiel für eine Gruppe zu finden, die seit 70 Millionen Jahren als ausgestorben galt, war zumindest ungewöhnlich. Einen rezenten Quastenflosser zu finden, war außerordentlich, und wie wir im nächsten Kapitel sehen werden, bot dieser Fund die Möglichkeit, viele neue Erkenntnisse über die frühe Evolution von Fischen und den Ursprung von Landwirbeltieren (und damit letztlich auch den Ursprung des Menschen) zu gewinnen.

Mit der Veröffentlichung seiner Monographie hatte sich Smith als bedeutender Zoologe ausgewiesen, wenn er selbst auch davon ausging, daß seine Arbeit am Quastenflosser gerade erst begonnen hatte. Die Entdeckung, daß es diesen Fisch wirklich gibt, war erst ein Anfang. Wo es einen gab, da mußte es noch mehr geben. Aber wo? Er glaubte nicht einen Moment, daß der Fisch aus den tiefsten Abgründen des Meeres stammte. Nach all seinen Erfahrungen mit marinen Fischen sah *Latimeria* für ihn wie ein Fisch aus, der die tiefer gelegenen Zonen des Riffs bewohnte, doch wahrscheinlich nicht unterhalb von wenigen hundert Metern. Für einen Fisch, der tiefer im Meer lebte, hatte *Latimeria* z.B. eine ganz falsche Farbe (s. Kapitel 6). Doch warum hatte man in diesem Fall nicht früher ein Exemplar gefangen? Bezeichnenderweise hatten sich zwar die üblichen verschrobenen Typen gemeldet, doch keiner seiner zuverlässigen Freunde unter den Meeresanglern oder den Berufsfischern, die ihre Netze vor der südafrikanischen Küsten auswarfen, um ihm zu sagen: „Oh ja, diesen Fisch fangen wir dann und wann." Nur ein Mann schwor, daß er vor Jahren einen ähnlichen Fisch, an den Strand gespült, gefunden habe, doch die Geschichte ließ sich nicht bestätigen.[34] Das konnte nur bedeuten, daß der Fisch nicht in den eher flachen Meereszonen lebte, in denen die meisten örtlichen Fischer arbeiteten, und daß er wahrscheinlich als Irrläufer an die südafrikanische Küste verschlagen worden war. Um sich zu vergewissern, ließ Smith Fotos machen und verteilte sie an alle möglichen Leute, die etwas mit Fischen zu tun hatten. Die South African Fisheries Commision sandte ein Forschungsschiff aus, das die Gegend um East London intensiv mit Schleppnetzen nach einem weiteren Exemplar absuchte. Doch die Suche blieb erfolglos, und Smith kam immer stärker zu der Überzeugung, daß der Fisch nicht in südafrikanischen Gewässern endemisch war.

Wenn *Latimeria* kein echter Tiefseefisch war, den es aus den Tiefen der Straße von Mosambik zwischen Südafrika und Madagaskar an die Küste verschlagen hatte, dann mußte er von den Küsten weiter nördlich stammen oder aber von den kleinen, verstreuten Inseln im westlichen Indischen Ozean. Die Stammpopulation(en) des Fisches zu finden, würde eine gewaltige Aufgabe sein. Der größte Teil der afrikanischen Küste war, wissenschaftlich gesehen, noch ein Weißer Fleck. Man kannte eine Reihe von Küstenfischen und all die Fische, die üblicherweise von den einheimischen Fischern als Nahrung gefangen wurden. Doch man wußte kaum etwas über die Bewohner der tieferen Küstengewässer, höchsten über die Zonen, in denen südafrikanische Fischtrawler arbeiteten. Die Inseln im westlichen Indischen Ozean stellten ein noch größeres Problem dar. Direkt im Osten lag die große Insel Madagaskar, auf der die Franzosen seit langem ein Kolonialregime errichtet hatten, doch die madagassische Fischfauna war noch kaum erforscht. Westlich und nördlich der Spitze von Madagaskar traf man überall auf kleine Inseln, Riffe und Sandbänke, die sich von den Comoren bis nach Aldabra zogen. Weiter entfernt erstreckte sich eine nordsüdliche Inselkette von den Seychellen bis nach Réunion, die durch den nicht besonders tief liegende Maskarenen-Rücken verbunden waren. Noch weiter nach Osten verlief eine weitere Inselkette in Nord-Süd-Richtung – die Lakkadiven, die Malediven und das Chagos-Archipel –, die bis zum indischen Subkontinet reichte. Weiter südlich, in den kühleren Südseeregionen, lagen ebenfalls zahlreiche Inseln verstreut. Die Tatsache, daß die vorherrschenden Strömungen in der Straße von Mosambik nach Süden verliefen, ließ Smith vermuten, daß er im Norden und Osten suchen mußte.

Majorie Courtenay-Latimer brachte den Quastenflosser im September 1939 von East London ins Südafrikanischen Museum in Kapstadt, um ihn wiederaufbauen zu lassen. Als sie zurückkam, erfuhr sie beim Verlassen des Zuges, daß Südafrika Deutschland den Krieg erklärt hatte. Sehr bald mußte jede ernsthafte ichthyologische Arbeit wegen des Kriegszustandes eingestellt werden. Während der nächsten fünf Jahre hatte für Smith seine Tätigkeit als Chemiedozent an erster Stelle zu stehen. Die Universität hatte ihre Klassenstärke verdoppelt und ließ ihm wenig Zeit für Fische, obwohl Smith auch unter diesen Umständen noch jede freie Minute, die er und seine Frau finden konnten, dazu benutzte, seine geliebten Fische von den südafrikanischen Küsten zu sammeln und zu studieren.

Mit Ende des Krieges verbesserte sich Smith' wissenschaftliche Fortune. Wie die meisten entwickelten Länder hatte Südafrika aus dem Krieg gelernt, wie wichtig es war, in Wissenschaft und Technik zu investieren, insbesondere, indem man jungen Leuten die

Grundzüge naturwissenschaftlichen Arbeitens beibrachte und Forschungsinitiativen auf breiter Basis förderte. Wissenschaft galt nicht länger als ein Vergnügen für Amateure, bei dem man allein mit Hilfe von Stöcken, Siegelwachs und Stricken große Entdeckungen machen konnte, oder bei dem ein großer Gelehrter höchstens ein Stapel Notizpapier und genügend Stifte für seine Erfindungen benötigte. Die südafrikanische Regierung richtete einen Rat für wissenschaftliche und industrielle Forschung, den Council for Scientific and Industrial Research, ein. (Parallel dazu gründeten die Vereinigten Staaten die National Science Foundation und Großbritannien das Department of Scientific and Industrial Research.) Forschung erhielt Priorität, und Wissenschaft wurde zu einer nationalen Prestigefrage. Smith erhielt eines der ersten Stipendien und eine Stellung, die ihm genug Einkommen garantierte, um ihn von der Notwendigkeit zu befreien, seinen Lebensunterhalt durch Chemieunterricht zu bestreiten. Die Universität richtete eine Fakultät für Ichthyologie ein, die größtenteils von dem oben erwähnten Rat finanziert wurde, und Smith konnte sich endlich ungeeingeschränkt seinen Fischstudien widmen. Außerdem bat man ihn, ein Buch über die Fischfauna Südafrikas zu schreiben, ein Projekt, mit dem er schon einmal begonnen hatte, das er aber aus zeitlichen und finanziellen Gründen nicht hatte beenden können. Nun machte seine Arbeit über die südafrikanische Fischwelt rasche Fortschritte.

Das internationale Interesse am Quastenflosser nahm nach dem Krieg schnell wieder zu, und in Südafrika wurde ein Komitee mit dem Ziel gegründet, eine große ozeanographische Expedition auszurüsten, die zum einen nach Quastenflossern suchen, zum anderen die Ozeanographie der Straße von Mosambik erforschen sollte. Wie es bei solchen Komitees oft der Fall ist, geriet das ganze Unternehmen bald ins Stocken. Es entwickelte sich insbesondere ein Konflikt zwischen Smith, der genau wußte, was er wollte – nämlich nach Quastenflossern suchen –, und den übrigen Komiteemitgliedern, die gerne ihre eigenen Lieblingsprojekte verwirklicht hätten. Zudem gab es 1946 in Südafrika kein geeignetes Schiff für eine solche Expedition, und als man bei Premierminister Jan Smuts anfragte, was er von einer Zusammenarbeit mit dem britischen Forschungsschiff *William Scoresby* hielte, das in der Region nach Quastenflossern suchen wollte, lehnte er die Idee rundweg ab. Wie Smith es vorausgesehen hatte, blieb die Expedition der *William Scoresby* ohne seine Teilnahme erfolglos, und sein instinktives Mißtrauen gegenüber „Regierungen" und Politikern verstärkte sich.[35]

Ein positives Ergebnis kam jedoch zustande. Smith konnte das Komitee davon überzeugen, ein Flugblatt (in Portugiesisch, Englisch und Französisch) anfertigen zu lassen, das im ganzen Westindischen Ozean, von den französischen Territorien auf Madagaskar und den Comoren über das portugiesische Mosambik bis ins britische Ostafrika, verteilt werden sollte. Das Flugblatt enthielt ein Foto des Quastenflossers und bot jedem, der einen solchen Fisch fangen konnte, eine Belohnung von 100 Südafrikanischen Pfund an. Es wurde an Regierungsstellen und Fischereikonzerne in der ganzen Region gesandt, obwohl Smith und andere sich fragten, ob sich Regierungsangestellte die Mühe machen würden, das Flugblatt zu verteilen.

Unterdessen unternahmen andere Organisationen Forschungsfahrten in diese Region, doch sie alle blieben ebenso ergebnislos wie eine dänische Expedition und ein bescheidenes südafrikanisches Fangprojekt. Das alles war für Smith außerordentlich frustrierend, denn er war überzeugt davon, daß er bei größerer finanzieller Unterstützung Erfolg haben würde. Ohne dieses Geld mußte er mit seinen eigenen Methoden weiterkommen, und das hieß Freilandarbeit, bei jeder Gelegenheit ans Meer gehen, entlegene Küsten besuchen, mit Einheimischen und Fischern sprechen und dabei ständig neue Fische sammeln. All diese Knochenarbeit war wichtig für sein großes Werk über Meeresfische, und früher oder später würde sicherlich ein weiterer Quastenflosser auftauchen.

Im Jahre 1949 veröffentlichte Smith sein *Sea Fishes of Southern Africa (Meeresfische des südlichen Afrika)*. Er war jetzt als Wissenschaftler international anerkannt, und auch seine Stellung zuhause war endlich abgesichert. So konzentrierte er sich wieder mehr und mehr auf die Coelacanthen-Frage.[36] Wo konnten die Quastenflosser nur leben? Mehrere Expeditionen nach Mosambik waren erfolglos geblieben, daher entschlossen sich Smith und seine Frau, weiter nach Norden zu gehen.

Im Jahre 1952 rüstete Smith eine große Expedition nach Sansibar, Pemba, Tanganjika und Kenia aus. Überall, wohin die

PREMIO £ 100 REWARD
RÉCOMPENSE

Examine este peixe com cuidado. Talvez lh e dê sorte. Repare nos dois rabos que possui e nas suas estranhas barbatanas. O único exemplar que a ciência encontrou tinha, de comprimento, 160 centímetros. Mas já houve quem visse outros. Se tiver a sorte de apanhar ou encontrar algum NÃO O CORTE NEM O LIMPE DE QUALQUER MODO — conduza-o imediatamente, inteiro, a um frigorífico ou peça a pessoa competente que dele se ocupe. Solicite, ao mesmo tempo, a essa pessoa, que avise imediatamente, por meio de telegrama, o professor J. L. B. Smith, da Rhodes University, Grahamstown, União Sul-Africana.
Os dois primeiros especimes serão pagos à razão de 10.000$, cada, sendo o pagamento garantido pela Rhodes University e pelo South African Council f or Scientific and Industrial Research. Se conseguir obter mais de dois, conserve-os todos, visto terem grande valor, para fins científicos, e as suas canseiras serão bem recompensadas.

CŒLACANTH

Look carefully at this fish. It may bring you good fortune. Note the peculiar double tail, and the fins. The only ever saved for science was 5 ft (160 cm.) long. Others have been seen. If you have the good fortune to catch or find one DO NOT CUT OR CLEAN IT ANY WAY but get it whole at once to a cold storage or to some responsible official who can care for it, and ask him to notify Professor J. L. B. Smith of Rhodes University Grahamstown, Union of S. A., immediately by telegraph. For the first 2 specimens £ 100 (10.000 Esc.) each will be paid, guaranteed by Rhodes University and by the South African Council for Scientific and Industrial Research. If you get more than 2, save them all, as every one is valuable for scientific purposes and you will be well paid.

Veuillez remarquer avec attention ce poisson. Il pourra vous apporter bonne chance, peut-être. Regardez les deux queux qu'il possède et ses étranges nageoires. Le seul exemplaire que la science a trouvé avait, de longueur, 160 centimètres. Cependant d'autres ont trouvé quelques exemplaires en plus.
Si jamais vous avez la chance d'en trouver un NE LE DECOUPEZ PAS NI NE LE NETTOYEZ D'AUCUNE FACON, conduisez-le immédiatement, tout entier, à un frigorifique ou glacière en demandant à une personne compétente de s'en occuper. Simultanément veuillez prier à cette personne de faire part télégraphiquement à Mr. le Professeur J. L. B. Smith, de la Rhodes University, Grahamstown, Union Sud-Africaine.
Les deux premiers exemplaires seront payés à la raison de £ 100 chaque dont le payment est garanti par la Rhodes University et par le South African Council for Scientific and Industrial Research.
Si, jamais il vous est possible d'en obtenir plus de deux, nous vous serions très grés de les conserver vu qu'ils sont d'une très grande valeur pour fins scientifiques, et, neanmoins les fatigues pour obtantion seront bien recompensées.

Abb. 7: Smith' Flugblatt, in dem in Portugiesisch, Englisch und Französisch eine Belohnung angeboten wird. Mit freundlicher Genehmigung des J. L. B. Smith Institute of Ichthyology.

Smiths kamen, sammelten sie nicht nur Fische, sondern sprachen mit Reportern, örtlichen Beamten und allen, die es hören wollten, über ihre Suche nach dem Quastenflosser. Smith war ein herrlich exzentrischer Charakter, ein gefundenes Fressen für jeden Reporter, und die Presse blieb dem Paar auf den Fersen, wohin die beiden auch gingen. Die Smiths veranstalteten häufig öffentliche Demonstrationen ihrer Arbeit und verteilten dabei überall das Quastenflosser-Flugblatt.

Auf Sansibar trafen sie einen jungen Mann namens Kapitän

Abb. 8: Hunt und seine Mannschaft an Bord der *N'duwaro* im Hafen von Dsaudsi, im Dezember 1952. Mit freundlicher Genehmigung des J. L. B. Smith Institute of Ichthyology.

Eric Hunt, der mit dem kleinen Handels- und Fischschoner *N'duwaro* zwischen den Comoren (damals französisches Territorium) und dem afrikanischen Festland verkehrte. Die Comoren gehörten zu den Gebieten, von denen die Smiths schon lange dachten, es sei wichtig, sie zu überprüfen, doch beide hatten es noch nicht getan, sondern konzentrierten sich statt dessen darauf, sich entlang der afrikanischen Küste nach Norden vorzuarbeiten. Hunt war ein hochgewachsener Mann in den Dreißigern mit einem kleinen Schnauzbart und einem einnehmenden Grinsen. Er wurde sofort gefangengenommen von der Persönlichkeit der Smiths, und ihre Suche nach dem Quastenflosser faszinierte ihn. Sorgfältig studierte er das Flugblatt. Er war mit den meisten Meeresfischen der Region vertraut und kannte die einheimischen Märkte. Doch er war sich sicher, daß er noch niemals einen Quastenflosser gesehen hatte. Da er häufig die Comoren besuchte, versprach er, einige Flugblätter mitzunehmen und dort zu verteilen.

Es gab in Tananarive, an der Westküste von Madagaskar, ein ständig besetztes französisches Forschungslaboratorium, und dem waren die Flugblätter bereits zugesandt worden. Als Hunt im September die Comoren anlief, fand er jedoch bald heraus, daß die Flugblätter, wie Smith befürchtet hatte, anscheinend nicht weitergeleitet worden waren. Vielleicht waren sie von den Offiziellen, die sie erhalten hatten, als zu verrückt angesehen und beiseite gelegt worden. Als Hunt jedoch mit dem Gouverneur der Inseln sprach, zeigte der sich sehr interessiert und ließ die Flugblätter sofort überall auf den Comoren verteilen.

Anfang Dezember 1952 beendeten Smith und seine Frau ihre Ostafrikaexpedition und schifften sich in Mombasa auf den Dampfer *Dunnotar Castle* der Union-Castle-Linie ein, um mit all dem, was sie gesammelt hatten, und mit ihrer gesamten Ausrüstung nach Kapstadt zurückzukehren. Am 14. Dezember legten sie wieder in Sansibar an, und Mrs. Smith ging an Land, um den örtlichen Markt zu besuchen. Hunts Schoner ankerte im Hafen. Er war gerade von seinem Trip zu den Comoren zurückgekehrt und wollte bald wieder dorthin aufbrechen. Er erzählte Margaret Smith, daß er die Flugblätter verteilt habe und fragte sie halb lachend, was er tun sollte, wenn er wirklich einen Quastenflosser in die Finger bekäme, denn auf den Comoren gebe es keine Kühltruhe und wahrscheinlich auch kein Formalin. Sie entgegnete ihm, daß man in diesem Fall nur versuchen könnte, das Exemplar mit Salz zu konservieren. Als sie sich verabschiedeten, scherzte er noch: „Okay, danke. Wenn ich einen Quastenflosser finde, schicke ich Ihnen auf jeden Fall ein Telegramm."[37]

2 Aufbruch zu den Comoren

„une très belle pièce ..."
Affane Mohamed, Abdallah Houmadi zitiernd

Weder Professor Smith noch seine Frau, die sich auf der Heimreise befanden, konnten ahnen, daß sich die Geschichte wiederholen sollte.

Am 24. Dezember erreichte die *Dunnotar Castle* Durban. Von den vielen Briefen und Telegrammen, die Smith erwarteten, wurde ihm eines von einem Schiffoffizier als besonders dringend in die Hand gedrückt. Es kam von Hunt und war Smith aus Grahamstown entgegengesandt worden – offensichtlich eine Folgedepesche auf ein erstes Kabel. Der Text lautete: „Wiederhole eben erhaltenes Telegramm Habe fünf Fuß Exemplar Coelacanth Formalin eingespritzt Hier getötet am 20. Erbitte Antwort Hunt Dsaudsi."[38]

Ein Coelacanth! Aufregung, ja Panik ergriff Smith. „Das Herz drehte sich mir im Leibe, jedenfalls war mir so ...", schrieb Smith später. Nach 14 langen Jahren des Wartens schien es unmöglich. Smith wußte nicht einmal, wo Dsaudsi war, doch einer der Schiffsoffiziere stellte rasch fest, daß der Ort auf einer kleinen Insel namens Pamanzi lag, direkt vor der größeren Insel Mayotte im Comoren-Archipel. Es war der Sitz der französischen Kolonialverwaltung für die Inseln und hatte eine Rollbahn. Smith kabelte umgehend eine Antwort: „Wenn möglich zur nächsten Kühlanlage schaffen auf jeden Fall soviel Formalin wie möglich injizieren Bestätigung telegraphieren daß Exemplar sicher Smith."[39]

Wieder einmal stand Smith unter starkem Druck. Die Situation hätte kaum schlimmer sein können. Er mußte so schnell wie möglich auf die Comoren gelangen, und das war nur mit dem Flugzeug möglich. Doch es gab keine Linienflüge. Wie konnte er an ein Flugzeug gelangen? Er befand sich weit weg von Zuhause, und seine gesamte Ausrüstung befand sich tief im Bauch der

Dunnator Castle. Es war Weihnachtsabend. Und der Fisch war bereits seit vier Tagen tot! Hatte Hunt wirklich einen Quastenflosser gefunden? Und besaß er genügend Formalin, um ihn zu konservieren? „Eine Zeitlang wurde ich fast verrückt", schrieb Smith.

Bald kam eine Kopie des Originaltelegramms an, daß zu Smiths Büro in der Universität gesandt worden war. „Habe fünf Fuß Exemplar Coelacanth Formalin behandelt stop Abwesenheit Smith gebt Anweisungen oder schickt sofort Flugzeug – Hunt Dsaudsi Comoren."[40]

Hunt hatte recht; sie brauchten dringend ein Flugzeug. Und ihre einzig Hoffnung schien in Hilfe von der Regierung zu liegen. Eine nach der anderen sprachen sie ihre Möglichkeiten durch und kamen zum Schluß immer wieder auf ihre einzige Chance zurück: sich direkt an den Premierminister, Dr. Daniel Malan, zu wenden. Doch Smith erinnerte sich nur zu gut an seine bittere Zurückweisung durch Malans Vorgänger, Smuts, und das ließ ihn wieder im entscheidenden Moment zögern. Ohne einen klaren Kurs, den er einschlagen konnte und von Zweifeln gequält, war Smith wie gelähmt. Freunde gaben ihm Ratschläge und versuchten zu helfen, doch keiner ihrer Pläne schien zu funktionieren. Die Weihnachtsfeiertage kamen und gingen, und am 26. Dezember erreichte sie ein neues, Unheil verkündendes Telegramm von Hunt: „Sofort Flugzeug chartern Behörden versuchen Exemplar zu beanspruchen aber bereit es Ihnen persönlich zu überlassen stop zahlte Fischer Belohnung um Position zu stärken stop fünf Kilo Formalin inspizierte [vermutlich ein Tippfehler, injiziert] keine Kühlanlage stop Exemplar verschieden von Ihrem keine vordere Rückenflosse oder doppelter Schwanz aber sichere Identifizierung Hunt."[41]

Dieses Kabel stürzte Smith erneut in quälenden Unruhe. Bei all der Aufregung dort unten würden die französischen Behörden natürlich den Fisch beschlagnahmen wollen, doch was meinte Hunt mit den Flossen? Es hörte sich an, als handelte es sich möglicherweise um einen zweiten, neuen Quastenflosser-Typ. Doch vielleicht irrte sich Hunt und es war gar kein Coelacanth. Was verstand er denn schließlich von Fischen? Angenommen, es gelang Smith, ein Flugzeug von der Luftwaffe zu bekommen und dann stellte sich der Fisch lediglich als mißgestalteter Zackenbarsch heraus. All die Ängste vom Januar 1939 kehrten in voller Stärke zurück.

Schließlich rang Smith sich dazu durch, den Präsidenten von Südafrika direkt um Hilfe zu bitten, und nahm mit Malans Büro Kontakt auf. Malan war in Urlaub, doch um etwa 11 h abends rief er zurück und stimmte zu Smith' großer Überraschung und Erleichterung sofort zu, ihm ein Flugzeug der Luftwaffe zu leihen. Smith' Ruf als einer der führenden Wissenschaftler Südafrikas hatte die Situation gerettet. Und wie es ein seltsamer Zufall wollte, war unter den Büchern, die Mrs. Malan über die Feiertage an die See mitgenommen hatte, ein Exemplar von Smith' *Meeresfischen,* das Smith Dr. Malan vor einiger Zeit übersandt hatte. Damit waren alle Zweifel überwunden, und am 28. Dezember um 7:30 Uhr morgens verließen Smith und eine Besatzung von sechs Leuten Durban in einer Dakota (DC-3) mit Ziel Comoren.

Diesmal war es kein Geheimnis, was Smith vorhatte. Die Weltpresse stand sprungbereit. So veröffentlichte die *New York Times* z.B. am 27. Dezember eine Story mit dem Titel „Prähistorischer Fisch vermutlich gefangen", und am 30. Dezember hieß es: „Luftwettlauf um toten Fisch erregt die hiesigen Wissenschaftler", komplett mit Interviews von Zoologen und Paläontologen des Amerikanischen Museums für Naturkunde.[42]

In der Darstellung, die Smith in seinem Buch *Old Fourleg* (im Deutschen: *Vergangenheit steigt aus dem Meer*) veröffentlichte, wurde der zweite lebende Quastenflosser von einem Fischer namens Ahmed Hussein (sein voller Name lautete Ahmed Hussein Bourou) und einem befreundeten Fischer, Soha, aus dem kleinen Dorf Domoni an der Ostküste der Insel Anjouan, gefangen. Sie hatten nachts von einem Einbaum aus in relativ seichtem Wasser (ca. 20 m tief) etwa 200 m vor der Küste gefischt. Als sie den Fisch aus dem Wasser zogen, schlug ihm Bourou auf den Kopf, um ihn zu töten, und sie kehrten zur Küste zurück. Am nächsten Morgen nahm Bourou den Fang zum Markt mit, wo der Fisch glücklicherweise vom Leiter der Grundschule in Domoni, Affane Mohamed, entdeckt wurde, bevor er gesäubert und ausgenommen worden war. Der Lehrer hatte eines der berühmten Flugblätter gesehen und erkannte den Fisch wieder. Er erinnerte sich an die Anweisung, den Fisch sofort, so wie er war, zu „einer verantwortlichen Person" zu bringen. Diese Person stellte sich als Kapitän Hunt heraus, der mit seinem Schoner im Hafen von Mutsamudu, auf der anderen Seite der Insel, lag. Erstaunlicherweise (oder vielleicht

auch nicht so erstaunlich, da die angebotene Belohnung für die
armen Inselbewohner einer königlichen Auslösesumme entsprach)
sollen sich Bourou, Affane Mohamed und eine Gruppe einheimischer Comoraner aufgemacht haben und den Fisch noch am selben
Tag rund 40 km querfeldein, durch bergiges und dicht bewachse-
nes, unwegsames Gelände, zu Hunt geschleppt haben. In späteren
Erzählungen hat dieser Trip nach Mutsamudu epische Qualitäten
angenommen – „Der Pfad nach Mutsamudu führte 40 km lang
durch tiefe Täler, bewachsen mit dichtem Gestrüpp, wo der Weg
nur ein schmaler Pfad war, und über hohe Berge. Die sengende
Sonne und die Feuchtigkeit …" – und so weiter.[43]

Hunt hatte in Mutsamudu kein Formalin zur Verfügung, und
der örtliche Arzt war nicht da, darum tat er, was Mrs. Smith ihm
geraten hatte und salzte den Fisch, der dabei der Länge nach
aufgeschnitten wurde. Dabei blieben Kopf und innere Organe
nicht ohne Blessuren, doch das meiste konnte gerettet werden.
Anschließend segelte Hunt sofort nach Pamanzi, wo die Regional-
behörde stationiert war, und dort überließ ihm der französische
Medizinaloffizier, Dr. le Coteur, großzügig seinen ganzen Forma-
linvorrat, um ihn in den Fisch zu injizieren. Daraufhin telegrafierte Hunt nach Südafrika und mußte, während er auf Smith Antwort
und möglicherweise auch Ankunft wartete, einen diplomatischen
Drahtseilakt vollführen. Sein Lebensunterhalt hing von guten
Beziehungen mit der französischen Administration ab, doch seine
Loyalität lag offensichtlich bei Smith. Man kann sich die Aufregung vorstellen, die die Ankunft des Fisches bei den Franzosen
vervorrief – ein Ereignis, das die ansonsten eher langweilige
Routine eines abgelegenen Kolonialpostens belebte. Der Gouverneur, Pierre Coudert, nahm sich persönlich der Affäre um diesen
eigenartigen Fisch, der Hunt und Smith so wichtig war und eine
so große Belohnung wert sein sollte, an. Er willigte ein, daß Hunt
und Smith den Fisch haben sollten. Schließlich war es nur ein
Fisch, und Smith war derjenige gewesen, der die Flugblätter
ausgeschickt hatte. Andererseits konnte die Sache doch so wichtig
sein, daß es besser für ihn wäre, den Fisch nicht von der Insel zu
lassen, ohne zuvor einige Informationen einzuholen. Deshalb telegrafierte er an das Forschungsinstitut nach Tananarive auf Madagaskar, doch es war Weihnachten, und das Telegramm ging verloren oder die Nachricht wurde verstümmelt. Er erhielt jedenfalls

Abb. 9: Kapitän Eric Hunt, fotografiert im Dezember 1952 auf den Comoren, neben einem von Smith' Flugblättern. Mit freundlicher Genehmigung des J.L.B. Smith Institute of Ichthyology.

keine Antwort. So entschied Coudert salomonisch, daß Smith den Fisch haben könne, wenn er persönlich käme, ihn zu holen. Sollte er aber nicht kommen, würde die Regierung ihn behalten. Wie lange würde diese Übereinkunft halten? fragte sich Hunt besorgt. Würde Tananarive intervenieren?

Die Einzelheiten der gerade wiedergegebenen Story variieren. Eine etwas andere Darstellung mit mehr Details findet sich in einer unveröffentlichen eidesstattlichen Erklärung des Lehrers Affane Mohamed aus dem Jahre 1965.[44] Dieses Dokument, das Dr. Jacques Millot (der 1952 auf der Forschungsstation in Tananarive gewesen war und später die französischen Forschungsvorhaben an Quastenflossern leitete) zirkulieren ließ, ist eine direkte Antwort auf Smith' Buch Old Fourleg (Erstveröffentlichung 1956). Affane Mohamed sagt darin aus, daß er das Flugblatt über den Quasten-flosser sehr gut kannte, da eines davon bereits seit Beginn des Jahres 1938 an der Wand des Schulhauses hing („vers le debut de l'année 1952, le Professeur Smith avid fait afficher dans tout les bureaux et batiments administratifs ... des croquis du Poisson fossil ...") Falls Affane Mohameds Gedächtnis ihn nicht trügt, waren die Flugblätter, die Smith ausgesandt hatte, von den Behör-den der Comoren doch verteilt worden. Auf jeden Fall hatte Affane Mohamed tatsächlich ein Flugblatt gesehen, und es hatte sein

Interesse geweckt. Er begann, sich alle Fische, die von den Dorfbewohnern gefangen wurden, sorgfältig anzusehen.

Der Tag, an dem der Fisch von Ahmed Hussein Bourou auf den
Markt gebracht wurde, war ein ganz besonderer Tag, denn die
Inseln bereiteten sich auf *les compétitions sportives de l'Archipel*
vor, die auf der Insel Mayotte stattfanden. Affane Mohamed war
der Kapitän der Fußballmannschaft von Anjouan, die später am
Tag mit dem Boot aus Mutsamudu nach Mayotte übersetzen
wollte. An diesem Morgen ging er zu örtlichen Friseur, um sich
rasieren zu lassen.

Auf ihrem nächtlichen Fischzug hatten Bourou und Soha viele
Fische gefangen, und sie konnten ihren gesamten Fang auf dem
morgentlichen Markt am Strand verkaufen – bis auf den einen,
der sich später als Quastenflosser herausstellen sollte. Seltsam ist,
daß Smith später berichtete, der Fisch sei den Fischern auf den
Comoren gut bekannt, gelte aber als ungenießbar und würde ins
Wasser zurückgeworfen; der örtliche Name für den Quastenflosser
sei *gombessa* oder *ngombessa*. Affane Mohamed hingegen ist sicher, daß die Fischer den Fisch weder aus vorhergehenden Fängen
noch von dem Flugblatt am Schulhaus her wiedererkannten. Tatsächlich war es der örtliche Friseur, Abdallah Houmadi, der den
Fisch auf dem Markt entdeckte und obwohl er ihn nicht erkannte,
Affane Mohamed davon erzählte: „une très belle pièce qui ressem-
blait un peu a un poisson huileux que les comoriens apellent
Ngnessa mais dont les écailles et les nageoires avaient une forme
et un aspect bizarres." (Der „ölige Fisch", *ngnessa* oder *ngessa*, ist
der Ölfisch, *Ruvettus pretiosus*.) Ohne Zögern machte sich Mohamed zu Bourous Haus auf, wo er den Fisch vorfand und ihn sogleich
als den Quastenflosser von dem Flugblatt erkannte. Doch selbst
als er dem Fischer das Flugblatt zeigte, hatte er Schwierigkeiten,
Bourou davon zu überzeugen, daß die Sache wichtig sei und eine
große Menge Geld wert sein könnte. Aber schließlich willigte
Bourou ein, den Fisch zu den Behörden nach Mutsamudu zu
schaffen.

Tatsächlich war dazu kein dramatischer Querfeldein-Treck nötig, denn wegen des Fußballturniers hatte man für diesen Tag
bereits Transportmöglichkeiten nach Mayotte vorbereitet. So wurden Bourou und sein Fisch mit allen übrigen auf einen Laster des
Amtes für öffentliche Arbeiten geladen, der das Team über die Insel

nach Mutsamudu schaffen sollte, wo das Boot wartete. Der Laster kam um 8:30 vormittags an. Ahmed Bourou fühlte sich zu diesem Zeitpunkt erschöpft. „*Harassé de fatigue [il] jetait des regardes deséspères sur son poisson, abandonne depuis une demi-journée a côté de lui.*" Am Ende fuhr er nicht mit den anderen weiter und mußte allein zu Fuß nach Hause finden, während der Fisch nach Mayotte ging. (Der arme Bourou war also der einzige, der einen 40-km-Treck auf sich nehmen mußte.)

Das Boot war natürlich Hunts Schoner, die *N'duwaro*, denn er war der Handelsschiffer, der Transportmöglichkeiten zwischen den Inseln und zwischen Inseln und Festland anbot. Daher ist es kein Geheimnis, wie die Dorfbewohner von Domoni wissen konnten, daß sie in Mutsamudu eine „verantwortliche Person" finden würden. Hunt war die Neuigkeit vom Fang des seltsamen Fisches bereits durch das *radio cocotier* (Buschradio) zu Ohren gekommen, und er nahm mittags Kontakt mit Mohamed auf. Er sah sofort, um was es sich bei dem Fisch handelte und ergriff sogleich die Initiative; er erklärte Mohamed, er werde den Fisch auf jeden Fall zu den Behörden auf Pamanzi mitnehmen. Mohamed stimmte diesem Plan zu, weil niemand sonst auf Anjouan seine Identifizierung ersntgenommen hätte und weil Hunt es übernahm, den Fisch, so gut es ging, zu konservieren. Sie schnitten den Fisch auf und salzten ihn, umhüllte ihn mit Watte und packten ihn in eine Lattenkiste. Das „Eigentumsrecht" ging fast unmerklich von Ahmed Hussein Bourou über Affane Mohamed auf Hunt über.

Sie verließen den Hafen um 10:30 Uhr. Es war eine wunderbare Nacht – „nuit serène avec un clair de lune très agréable" –, und die Fußballer sangen Lieder, während sie dahinsegelten. Hunt lud Mohamed in seine Kajüte ein (sehr schmeichelhaft für den comorianischen Lehrer), wo sie weiter über den Fisch konferierten. Hunt zeigte ihm Smith' Artikel über das erste Exemplar, und obwohl die Flossen dieses Fisches anders geformt waren, gab es keinen Zweifel, daß es sich um eine Art Quastenflosser handelte. Interessanterweise berichtete Mohamed: „Damit sich die Story vom Quastenflosser nicht zu rasch zu verbreitete, bat mich Hunt, nicht bei den Behörden um die Belohnung für die Fischer nachzusuchen. Bei unserer Rückkehr nach Anjouan würde er die gesamten versprochenen 50'000 Franc an die Beteiligten auszahlen." Affane Mohamed hätte den Fisch lieber den Behörden übergeben.

Aber (übersetzt) „unglücklicherweise waren meine Interventionen bei den Behörden vergeblich, der Quastenflosser wurde nach Südafrika gebracht." Am nächsten Morgen legte die *N'duwaro* in Dsaudsi an; Hunt schickte sein erstes Telegramm ab und begann mit Hilfe des Doktors, den Fisch mit Formalin zu konservieren. Damit hatte Affane Mohamed nicht länger Einfluß auf das weitere Schicksal des Fisches.

Smith verließ Südafrika am 28. Dezember und erreichte die Comoren nach Zwischenstops in Lourenco Marques und Lumbo (Mosambik) am nächsten Tag kurz nach Sonnenaufgang. Er wurde auf der winzigen Landebahn von Dsaudsi von Hunt willkommen geheißen, der ihn, wie Smith später berichtete, mit den Worten begrüßte: „Machen Sie sich keine Sorgen. Es ist wirklich ein Coelacanth." Eine Reihe von Offiziellen (und Affane Mohamed) warteten ebenfalls auf dem Rollfeld, und Smith und Hunt wurden in die Residenz des Gouverneurs gebeten, wo Monsieur und Madame Coudert mit einem opulenten Empfang auf sie warteten. So weit war alles gut verlaufen, außer daß der arme Smith reichhaltiges Essen und Trinken verabscheute (besonders zum Frühstück) und sich verzweifelt wünschte, endlich den Fisch zu sehen. Er bat, man möge doch zum Hafen gehen, und so begaben sich alle hinunter zu Hunts Schoner, wo der Fisch, eingehüllt in Watte, wartete.

Wieder einmal war für Smith der Augenblick der Wahrheit gekommen. Würde es wahr sein oder ein schrecklicher Irrtum?

Mein ganzes Leben stieg wie eine schreckliche Flut aus Ängsten und Qualen in mir empor, und ich konnte mich weder bewegen noch sprechen. Alle standen da und starrten mich an, doch ich konnte mich nicht überwinden, sie [die Kiste] zu berühren; ich stand wie erstarrt und bedeutete ihnen schließlich mit einer Handbewegung, sie zu öffnen, und Hunt und ein Matrose sprangen wie elektrisiert herbei und entfernten die weiße Hülle.

Großer Gott, ja, es war wahr … es war tatsächlich ein Coelacanth. Ich kniete auf dem Deck nieder, um ihn näher zu betrachten, und als ich den Fisch streichelte, tropften Tränen auf meine Hände; ich weinte und schämte mich dessen gar nicht. Vierzehn der besten Jahre meines Lebens waren über diese Suche dahingestrichen, und nun war es Wirklichkeit geworden. Endlich war das Ziel erreicht.[45]

Abb. 10: Dieses offizielle Foto zeigt Smith, Hunt, Gouverneur Coudert (in weißer Uniform) und die Mannschaft der südafrikanischen Air Force mit dem zweiten Comoren-Quastenflosser. Mit freundlicher Genehmigung des J. L. B. Smith Institute of Ichthyology.

Jetzt drängte die Zeit. Schlechtes Wetter kündigt sich an, und der Pilot machte sich Sorgen wegen des Rückflugs, doch sie konnten den Empfang beim Gouverneur nicht ablehnen. Sie mußten sich größter Höflichkeit befleißigen, wie Hunt nur zu gut wußte. Als sie zusammen auf dem Schoner standen, erklärte Smith, dieses Exemplar scheine sich tatsächlich von dem vorhergehenden zu unterscheiden. Möglicherweise handele es sich um eine neue Gattung und Art, und er schlug vor, es *Malania hunti* zu nennen. Das beunruhigte Hunt nicht wenig, und er schlug vor, Smith solle dem Exemplar besser einen französischen Namen geben; daher einigten sie sich auf *Malania anjouanae*. Der Fisch in der Lattenkiste wurde auf einen Laster verladen und direkt zum Rollfeld gebracht. Anschließend begab sich Smith mit den anderen wieder in die Residenz des Gouverneurs, um einen Empfang über sich ergehen zu lassen, bei dem jede nur vorstellbare Delikatesse, die geeignet war, einen empfindlichen Magen in Aufruhr zu versetzen, serviert wurde – von Weinen über „einen enormen Kuchen, der mit klebriger Schokoladencreme überzogen war und allein dessen Anblick genügte, meine Leber zum Pochen zu bringen ...“ Sie sprachen über weitere Arbeiten auf den Comoren, die der Gouverneur nach

Kräften zu unterstützen versprach. Schließlich hielt Smith eine kleine Ansprache, in der er dem Gouverneur für seine Hilfe und für die Übergabe des Fisches dankte, unterstrich aber gleichzeitig, daß er den Fisch in jedem Fall als sein Eigentum angesehen hätte, da der Fund das Ergebnis seiner Initiative gewesen war. Außerdem teilte er mit, daß er Hunt als seinen Agenten beauftragt habe, und nun weitere hundert Pfund Belohnung für ein drittes Exemplar aussetze, daß nach seinem Fang dem Gouverneur als dem Repräsentanten der französischen Nation übergegen werden solle. Alle waren bester Stimmung, und nachdem Smith seinen Triumph an Malan und den Rat für wissenschaftliche und industrielle Forschung telegrafiert hatte, machten er und die Besatzung sich auf den Heimflug.

Verständlicherweise ist Affane Mohameds Darstellung derselben Ereignisse weniger schmeichelhaft für Hunt und Smith, und sie klingt mehr als nur ein wenig bitter. Offensichtlich war es erst das Auftauchen eines Flugzeuges am Himmel, daß die skeptischen Einheimischen davon überzeugte, der Fisch sei wirklich wichtig *„tous les sceptiques voulurent admirer la prise car maintenant l'histoire leur paraissait sérieuse."* Mohamed meinte: „Sofort, nachdem er das Flugzeug verlassen hatte, begab sich Professor Smith zum Boot." Noch in seiner Flugkleidung kniete Smith nieder, berührte den Fisch und „betrachtete unseren Preis mit tief empfundener Freude." Mohamed konnte der Unterhaltung, die in Englisch geführt wurde, nicht folgen, und niemand stellte ihm irgendwelche Fragen. *„J'assistais à la scène en simple spectateur."* Und weiter: „Unsere Besucher hatten es eilig heimzukehren und nahmen sich nur ein paar Minuten für einen Apéritif mit dem Gouverneur Zeit." Wie er versprochen hatte, kehrte Hunt am 30. Dezember nach Anjouan zurück und übergab den Fischern ihre Belohnung von 50'000 Franc.

Smith war recht sicher, daß man auf den Comoren in Zukunft weitere Quastenflosser fangen würde, denn wie Hunt von den Fischern erfahren hatte, war ihnen – oder zumindest einigen von ihnen – dieser Fisch nicht fremd. Sie kannten seine rauhen, knochigen Schuppen sehr gut, und von Hunt stammt auch die Geschichte, daß die Einheimischen der Comoren die Schuppen benutzten, um den Schlauch in den Fahrradreifen aufzurauhen, wenn sie einen Flicken aufkleben wollten. (Es ist ein Zeichen dafür, wie selten Leute in der westlichen Welt heutzutage Löcher in Fahrradreifen reparieren, wenn kürzlich in einem Bericht zu lesen war, die Comorianer benutzten die festen, stachligen Schuppen als Flicken!) Die Fischer fingen vielleicht ein oder zwei *gombessa* pro Jahr, gewöhnlich in etwa der Tiefe, in der Ahmed Hussein Bourou und Soha gefischt hatten – in weniger als 200 m.

In seinem Buch beschreibt Smith die Belastungen des Heimfluges in der lärmenden DC-3, die weder über eine Heizung noch einen Druckausgleich verfügte; er kauerte auf dem Boden des Flugzeuges neben der kostbaren Lattenkiste und erduldete eine weitere schlaflose Nacht. Während all das für Smith eine Tortur bedeutete, amüsierte sich die Mannschaft des Flugzeuges – obwohl man sie in den Weihnachtsferien aus dem Kreis ihrer Familie gerissen hatte – offensichtlich prächtig auf ihrer abenteuerlichen Mission. Die Crew respektierte diesen halb verrückten, besessenen Ichthyologen, der nur Früchte und Nüsse aß und dessen Idee von Vergnügen anscheinend darin bestand, zu irgendwelchen gottverlassenen Plätzen zu reisen, im Zelt am Strand zu leben und stinkende Fisch zu sammeln. Dazu paßt, daß sich die Männer einen handfesten Scherz für ihn ausdachten. Sie reichten ihm eine dringende Nachricht: „Konnte Meldung auffangen, daß ein Geschwader französischer Kampfflieger Diego Suarez [Sitz einer bedeutenden französischen Militärbasis auf Madagaskar] vor unserem Start in Dsaudsi verlassen hat, mit dem Befehl, uns abzufangen und zur Umkehr nach Madagaskar zu zwingen." „Welche Geschwindigkeit haben sie?" fragte Smith alarmiert zurück, „irgendeine Chance, in einer Wolke zu entkommen? Ich weiß' nicht, wie ihr darüber denkt, Jungens, aber ich kehre nicht um. Ich glaube nicht, daß sie es wagen, uns abzuschießen ..." Da brach die Crew in Gelächter aus, doch es dauerte eine Weile, bis Smith begriff, daß alles nur ein Scherz gewesen war.[46]

Sie brachten den Fisch sicher nach Südafrika zurück, der Premierminister war erfreut (als er den Fisch dann wirklich sah, meinte er nur: „Wie häßlich!"), und Smith schwebte wie auf Wolken. Die Welt war wieder einmal gefesselt von der Entdeckung eines Quastenflossers, und aufs Neue stürzte sich die Presse auf einen körperlich erschöpften und gleichzeitig emotional aufgeputschten Smith, der sich der Situation gewachsen zeigte und spontan eine packende Radioansprache hielt. Smith überreichte

Abb. 11: Smith und Courtenay-Latimer untersuchen im Januar 1953 den zweiten Comoren-Quastenflosser, kurz nachdem er von den Comoren herübergeflogen worden war. Mit freundlicher Genehmigung des J. L. B. Smith Institute of Ichthyology.

Malan eine Schuppe des Fisches, der (wie die Zeitungen in aller Welt rasch herausfanden) früher Pfarrer in der Holländischen Reformierten Kirche gewesen war, die die Evolutionstheorie ablehnt. Doch etwas trübte die allgemeine Begeisterung; der Scherz des Piloten war prophetisch gewesen. Die Franzosen reagierten ziemlich ungehalten.

Die Comoren waren französisches Territorium. Smith war mit einem Militärflugzeug auf französischem Territorium gelandet und hatte einen Fisch von größter wissenschaftlicher Bedeutung mitgenommen, der in französischen Gewässern von einem französischen Untertan gefangen worden war. Kein Wunder, daß sie ungehalten waren. Unabhängig davon, wie sehr man mit Smith fühlen mag, der soviel Phantasie und Mühe in die Suche nach dem Quastenflosser gesteckt hatte, stand der Fisch nach dem Gesetz den Franzosen (wenn nicht den Comorianern) zu. Man stelle sich nur die Reaktion der amerikanischen Öffentlichkeit und amerikanischen Wissenschaft vor, falls ein lebender Pterodactylus in den Everglades von Florida entdeckt würde, und Angestellte eines französischen oder südafrikanischen Zoos einfliegen, das Tier fangen und es dann als ihr Eigentum ausstellen würden ...

Sehr rasch veröffentlichte Smith eine kurze Beschreibung des neuen Exemplars in *Nature* in der Annahme, es handele sich wegen der Unterschiede zu *Latimeria* im Bau der Flossen um eine neue Gattung und Art (*Malania anjouanae*). Dem Exemplar fehlte die zweite Rückenflosse und das kleine mittlere Element in der dreilappigen Schwanzflosse.[47] (Bezeichnenderweise konnte sich Smith in seinem Bericht nicht verkneifen, E. I. White wegen seines Artikels von 1939 in den *Illustrated News* erneut einen Hieb zu verpassen.) Doch für die meisten Zoologen, die die Fotos gesehen hatten, stand bereits fest, daß es sich bei dem neuen Exemplar trotz der Unterschiede zum ersten Fund um die Art *Latimeria chalumnae* handelte. Die fehlenden Flossen, die zuerst von Hunt bemerkt worden waren, waren höchstwahrscheinlich auf Verletzungen zurückzuführen, möglicherweise auf Haibisse oder vielleicht war es auch eine Mißbildung natürlichen Ursprungs.[48] Smith war wohl der einzige, der jemals wirklich an eine andere Gattung und Art dachte. Das war der erste Wermutstropfen in seinem Glück und weitere, noch bitterere, sollten folgen.

Schon als er seine kurze Beschreibung des Exemplars für *Nature* vorbereitete, wußte Smith, daß mit dem zweiten Fund alles anders geworden war. Wenn die wahre Heimat von *Latimeria* nun entdeckt worden war und zukünftig mehr Exemplare zu Verfügung stünden, besaß er nicht die Möglichkeiten und Fähigkeiten, um die erforderlichen detaillierten Analysen des Fisches ganz alleine durchzuführen. Nachdem man sicher sein konnte, daß vor der Küste der Comoren Quastenflosser lebten, würden andere Wissenschaftler dorthin gehen und weitere Exemplare fangen, und Scharen von Spezialisten würden sich darauf stürzen. Tatsächlich bombardierten ihn diese Spezialisten bereits mit Anfragen und Bitten nach Informationen und Material.

Abb. 12: Skizze des zweiten Exemplars, das von Smith *Malania anjouae* genannt wurde. Man beachte das Fehlen der ersten Rückenflosse und den ungegliederten Schwanz, von denen man heute annimmt, daß sie auf eine frühere Verletzung zurückzuführen sind.

Daher organisierte Smith ein Komitee unter der Schirmherrschaft des Rates für wissenschaftliche und industrielle Forschung, und sandte eine Notiz an *Nature*, in der er den interessierten Parteien anbot, mit ihm Verbindung aufzunehmen, um die gemeinsamen Forschungsvorhaben zu koordinieren.

Wieder einmal wurden Pläne für eine große Expedition diskutiert, und Smith begann damit, die bürokratische Maschinerie zu starten, die ablaufen mußte, um die Erlaubnis für das Fischen in französischen Gewässern zu erhalten. Doch wieder einmal fielen die Pläne ins Wasser. Nur eine Reihe kleiner privater internationaler Gruppen machte sich sofort auf die Suche nach Quastenflossern.

Ein italienisches Taucherteam kam mit einem gecharterten Dampfer auf die Comoren und arbeitete anscheinend vor Dsaudsi, auf Mayotte. Sie konnten nicht sehr tief tauchen und waren, soweit wir heute wissen, am falschen Platz.[49] Doch schließlich wurde eine Fotographie veröffentlicht, auf der ein Quastenflosser zu sehen sein sollte. Die meisten Wissenschaftler hielten das Ganze für einen Schwindel, und das Bild ist anscheinend auch wirklich retuschiert worden. Das war der erste Fall in einer Reihe angeblicher Begegnungen mit Quastenflossern, die sich nicht verifizieren ließen, und ich hege den Verdacht, daß dererlei unseriöse Unternehmen zu den Schwierigkeiten beitrugen, die die ernsthafteren Quastenflosser-Expeditionen beim Versuch hatten, eine Erlaubnis zum Besuch der Inseln zu erhalten.

Dr. Jacques Millot, der eingangs bereits im Zusammenhang mit der eidesstattlichen Erklärung von Affane Mohamed erwähnt worden ist, war zu diesem Zeitpunkt Leiter (und Gründer) des Institut de Réchèrche Scientific in Madagaskar. (Das war die Gruppe in Tananarive, mit der Coudert um Weihnachten herum vergeblich Kontakt aufzunehmen versucht hatte.) Millot korrespondierte mit Smith darüber, ob der „Scientific Council for Africa" die Organisation der geplanten Expedition übernehmen könne.[51] Dieses Gremium, das eigentlich nur auf dem Papier stand, sollte die Forschung im Afrika südlich der Sahara koordinieren, und für Oktober 1953 wurde in Nairobi ein Treffen einberufen, angeblich mit dem Ziel, ein Quastenflosser-Forschungsprogramm zu verabschieden. Doch schon im Februar 1953 hatten die Franzosen entschieden, den Export von „wissenschaftlich wertvollem Material einschließlich der Quastenflosser" zu verbieten.[51] Seit Januar 1953 hatte Millot größte Anstrengungen unternommen, mit Hilfe der einheimischen Fischer der Comoren und unter Leitung seines Kollegen Pierre Fourmanoir ein ausgedehntes Fangprogramm aufzuziehen.[52] Sein Plan ging glänzend auf. Kurz vor Einberufung der Nairobi-Konferenz erhielt Smith die Nachricht (wie für ihn typisch, befand er sich wieder auf Exkursion, diesmal in Mosambik), daß am 26. September 1953 ein weiteres, drittes Exemplar gefangen worden war, und zwar wiederum vor Anjouan, von einem Fischer aus Mutsamuda.[53] Die Comoren schienen also tatsächlich die Heimat der Quastenflosser zu sein.

Das Treffen des Gremiums erbrachte keinerlei Ergebnisse. Statt daß die Entdeckung eines dritten Exemplars zu gemeinsamen Anstrengungen geführt hätte, verbaute sie praktisch jede Chance für eine Zusammenarbeit. Die französischen Wissenschaftler hielten nun das Heft in der Hand, und am 9. November ließ Frankreich in der Presse verlauten: „Für den Rest des Jahres dürfen nur französische Wissenschaftler auf den französischen Comoren, im Indischen Ozean zwischen Mosambik und Madagaskar, nach Quastenflossern suchen. Die dortigen französischen Behörden haben alle Expeditionen ausländischer Wissenschaftler bis zum 31. Dezember strikt untersagt …"[54] Dieses Verbot wurde bis zum Ende der französischen Kolonialherrschaft, etwa 15 Jahre später, niemals wieder richtig aufgehoben.

Die französischen Untersuchungen wurden im Forschungsinstitut in Tananarive begonnen, später aber in einem Speziallabor im Muséum National d'Histoire Naturelle in Paris weitergeführt. Dr. Millot und sein Assistent, Dr. Jean Anthony – der eine ursprünglich Spinnenexperte, der andere Anthropologe – leiteten ein Forschungsteam, das sich mit dem Studium des Comoren-Quastenflossers beschäftigten und insbesondere eine Abhandlung über dessen Anatomie erarbeiten sollte.[55] Nach intensiven Bemühungen gelang es 1954, fünf weitere Exemplare zu fangen, zwei vor Anjouan und drei weitere in der Nähe von Fischerdörfern auf Grande Comore.

Hinter dem Fang dieser ersten französischen Exemplare verbirgt sich eine erstaunliche Geschichte. Der erste Fisch wurde im September 1953 von Houmadi Hassani gefangen, der ihn, sobald er ihn an die Oberfläche gezogen hatte, sofort als Quastenflosser erkannte. Er fischte ganz in der Nähe der Küste und brachte den Fisch so schnell wie möglich nach Hause. Dort bewachte seine Frau die kostbare Beute, während er zum örtlichen französischen Arzt, Dr. Georges Garrouste, rannte, der von Dr. Millot einen Satz Materialien zum Präparieren eines Quastenflosser erhalten hatte. Dr. Garrouste benachrichtigte telefonisch den Administrator der Insel Anjouan, André Lehr. Zusammen holten sie den Fisch in Garroustes Ambulanz ab und konservierten ihn mit reichlich Formaldehydlösung. Der Fisch war innerhalb von drei bis vier Stunden nach dem Fang vollständig konserviert und wurde am nächsten Tag zu Millot nach Tananarive geflogen.[56]

Das vierte Exemplar (vom 25. Januar 1954) war das erste, das vor der Küste von Grande Comore gefangen wurde. Es wurde schnell konserviert und in einer Kiste verpackt. „Es war sehr aufregend, es in aller Eile zu konservieren, eine Kiste zu bauen und ein Spezialflugzeug von Madagaskar anzufordern."[57] Doch es sollte noch besser kommen. Nach Aussage von Maurice Jex, dem Administrator von Grande Comore, „waren wir um 4 Uhr nachmittags fertig, müde, aber stolz, als ein Mann mit einem noch größeren Quastenflosser hereinstolperte. Wir begannen in ebenfalls zu konservieren und waren gerade dabei, die beiden Kisten ins Flugzeug zu laden, als ein dritter Quastenflosser gebracht wurde. Allmählich wurden wir die Fische leid."[58] Tatsächlich weist der offizielle Bericht von Millot, Anthony und Daniel Robineau nur zwei Fische

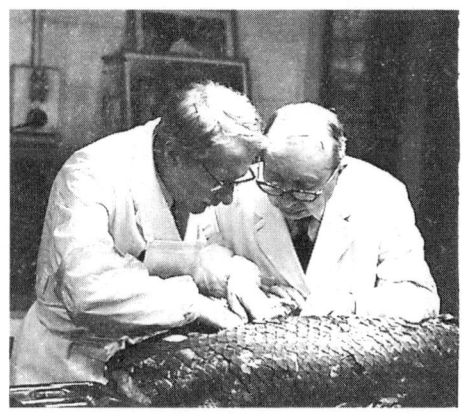

Abb. 13: Die Professoren Millot (links) und Anthony untersuchen eines der französischen Exemplare im Museum in Paris. Mit freundlicher Genehmigung des Laboratoire d'anatomie Comparée du Muséeum National d'Histoire Naturelle, Paris, Dr. Daniel Robineau.

aus, die am 29. Januar 1954 auf den Comoren gefangen wurden. Es wäre interessant zu erfahren, was mit dem dritten Fisch passiert ist, falls es ihn gegeben hat. Ende 1956 waren fünf weitere Exemplare gefangen worden – alle wurden von einheimischen Fischern mit ihrer traditionellen Angeltechnik geködert.

Der achte Quastenflosser wurde am 12. November 1954 von Zema Mohamed, einem ausgezeichneten comorianischen Fischer, geangelt, der innerhalb von 15 Jahren nicht weniger als fünf Quastenflosser fing. Dieses Exemplar war besonders wichtig, denn es lebte noch, als es zur Küste gebracht wurde. Nach Anweisungen, die Millot für den Fall ausgegeben hatte, daß ein Fisch lebend eingebracht werden konnte, wurde ein Walfangboot als eine Art „Aquarium" geflutet und der Fisch sorgfältig beobachtet. Millot kam per Flugzeug aus Tananarive, kurz bevor der Fisch schließlich starb. Er hatte etwa 17 Stunden in dem gefluteten Boot überlebt. Zum ersten Mal, seit das erste Exemplar bei der Berührung durch Kapitän Goosen mit den Kiefern geschnappt hatte, hatten Menschen einen lebenden Quastenflosser gesehen. Und zum ersten Mal war das Verhalten eines Quastenflosser wissenschaftlich beobachtet worden.[59]

Die Franzosen hatten also ein ganzes Programm aufgezogen, um *Latimeria* zu studieren, und Smith war von alledem vollständig abgeschnitten. Vielleicht wäre es in diesen alten territorialen, hemdsärmeligen Tagen des Kalten Krieges und des Prestigeverlustes in Algerien und Indochina zuviel verlangt gewesen, von den Franzosen zu erwarten, Smith zu erlauben, an den wachsenden wissenschaftlichen Forschungstätigkeiten rund um den Quastenflosser teilzuhaben. Natürlich durfte auch sonst niemand mitarbeiten. *Latimeria* wurde zu einem rein französischen Projekt. Unterdessen betrachtete der Rest der Welt Südafrika mit zunehmender Abscheu, je deutlicher sich die Politik der Apartheid, die genau entgegengesetzt zur kolonialen Evolution (und Revolution) anderswo verlief, herauskristallisierte. Der Name von Dr. Malan, den Smith hatte ehren wollen, geriet mehr und mehr zu einem Symbol für Unterdrückung, bis er zu einem der meist gehaßten und verachtetsten Namen der fünfziger Jahre wurde, und das Regime, für das er stand, wurde zu einem Geächteten.

Hunts Geschichte nahm nach der Entdeckung des zweiten Exemplars eine tragische Wendung. Kaum zwei Wochen nach Smith' Abflug von Pamanzi mit den zweiten Quastenflosser wurde Hunts Schoner durch einen schrecklichen Zyklon in ein Wrack verwandelt. Er und seine Mannschaft kamen gerade noch mit dem Leben davon. Zehn Jahre später – Hunt hatte inzwischen seine alten Handelsrouten in einem älteren 120-Tonnen Schoner, der *Hiariako,* wiederaufgenommen, lief sein Schiff auf der Geyser Bank auf Grund. Wie der Forscher Quentin Keynes mir später erzählte, schifften sich Hunt, 25 Passagiere und die Mannschaft in ein Rettungsboot und auf ein Floß ein, doch nur fünf von ihnen erreichten Moroni auf Grande Comore. Hunt und die anderen sind wahrscheinlich Haien zum Opfer gefallen. Was den Lehrer Affane Mohamed betrifft, er wurde in einer späteren comoranischen Regierung unter Präsident Ahmed Abdallah Kultusminister (s. Kapitel 4).

In seinem Buch *Old Fourleg* behauptet Smith, daß mit der Entdeckung des dritten Exemplars eine enorme Last von seinen Schultern genommen worden sei, denn jetzt war er nicht mehr der einzige, der für einen solchen Fisch verantwortlich war. Er war jedoch ohne Frage schrecklich enttäuscht darüber, daß ihm ein faszinierendes und außerordentlich wichtiges Arbeitsgebiet, das er allein aus der Taufe gehoben hatte, von nun an vollständig verschlossen war. Er konnte nur zusehen, während die Franzosen anscheinend über einen unerschöpflichen Nachschub an Quastenflossern verfügten.

Nach 1952 beschäftigte sich Smith weiter mit seinen Meeresfischen, in der Hoffnung, eine andere neue Art zu finden, die ihm ganz allein gehörte. Er und seine Frau erarbeiteten eine ausführliche Übersicht über die Fische der Seychellen, und Smith führte seine Untersuchungen über die außerordentlich vielfältige Meeresfischfauna von Afrika bis zu Ende; er publizierte zu diesem Thema im Laufe der Jahre mehr als 200 Fachaufsätze. Aber das, was als atemberaubendes, phantastisches Projekt begann, endete für ihn trotz des Ruhmes, den er geerntet hatte, mit einem bitteren Beigeschmack. Majorie Courtenay-Latimer arbeitete weiter am East London Museum, wo die Bedeutung des ersten Exemplars durch die neuen Funde überschattet wurden. Die französische Gruppe bekam mehr und mehr Fische in die Hände und gab sogar einige fort. Nummer 14 wurde dem Britischen Museum (Abteilung Naturkunde) in London angeboten, Nummer 15 ging zur Ausstellung nach Moroni. Bis 1960 waren 20 Exemplare gefangen worden, und Nummer 21 gelangte ans Zoologische Museum von Kopenhagen; dort arbeitete Dr. Eigil Nielsen, ein Spezialist für fossile Coelacanthini. Exemplar 26 ging 1962 ins Amerikanische Museum für Naturkunde in New York.[60] Alle diese Transfers kamen nur unter der Bedingung zustande, daß die Exemplare allein Ausstellungszwecken dienen und nicht zu Forschungszwecken seziert werden dürften. Wie wir noch sehen werden, sollte dieses Verbot ironische Konsequenzen haben.

Schließlich bekamen auch nicht-französische Wissenschaftler die Möglichkeit, Quastenflosser für Forschungszwecke zu erlangen. J. L. B. Smith erhielt Nummer 26 zum Kauf angeboten, das große Exemplar, das 1962 nach New York ging, doch er lehnte ab. Das mag auf den ersten Blick verwundern, doch die Erklärung, die Mrs. Smith später gab, könnte richtig sein: Zu diesem Zeitpunkt hatte das französische Team bereits zuviel Arbeit geleistet, und die wissenschaftliche Forschung an *Latimeria* war seitdem längst über das Stadium hinaus, in dem Smith wertvolle Beiträge liefern konnte – grundsätzliche Bestimmung und Systematik sowie allgemeine Biologie von Fischen –; der Quastenflosser gehörte jetzt

Expertenteams in Anatomie, mikroskopischer Histologie und Ge-
websbiochemie. Schon sehr früh hatte Dr. Bobb Schaeffer vom
Amerikanischen Museum für Naturkunde in New York Smith
angeboten, ihm zu helfen, eine Gruppe Ichthyologen zusammenzustellen, die an *Latimeria* arbeiten sollten; er wollte sich sogar
um ein entsprechend ausgerüstetes Labor bemühen. Als Smith
dieses neue Exemplar (Nummer 26) angeboten wurde, schlug er
vor, es statt dessen Schaeffer zu offerieren.[61] Der Verkäufer dieses
Exemplars war nicht etwa die Regierung der Comoren oder das
französische Forschungsteam, sondern niemand anders als Dr.
Garrouste von der Insel Anjouan, der den Fisch offensichtlich von
einem einheimischen Fischer erhalten hatte und ihn nun gewinnbringend veräußern wollte. Wahrscheinlich war dies das erste
Exemplar, das privat zum Verkauf angeboten wurde. Ohne daß
Smith es ahnen konnte, stellte sich dieser große weibliche Quastenflosser, der schließlich seinen Weg ins Amerikanische Museum
fand, im Verlauf der wissenschaftlichen Untersuchungen als
außerordentlich wichtig heraus (s. Kapitel 9).

Darüber hinaus verschlechterte sich zu diesem Zeitpunkt
Smith' Gesundheit ständig. Er litt schon seit langem an Krebs.
Entschlossen, keinen Schlaganfall oder ähnliches zu erleiden, was
ihn hilflos und abhängig von anderen werden lassen würde, nahm
er sich 1968 das Leben. Die Legende berichtet, er habe viele Jahre
zuvor gesagt, daß er nicht beabsichtige, älter als 70 Jahre zu
werden. Während seine Witwe, Margaret Macdonald Smith, das
Werk fortführte, das er in der südafrikanischen Ichthyologie begonnen hatte und beim Aufbau des J. L. B. Smith-Laboratoriums
an der Rhodes Universität zu einer wichtigen Forschungsinstitu-
tion half, lag das Zentrum der Quastenflosserforschung nun in
Paris. Es blieb in Paris, bis politische Ereignisse, und nicht etwa
wissenschaftliche Erwägungen, die Öffnung der Forschung an
Latimeria chalumnae für die ganze Welt erzwangen.

3 Ein lebendes Fossil

> Die Hohlstachler haben sich seit ihrem ersten,
> uns bekannten Auftreten im Oberen Devon sehr
> wenig verändert.
> *A. Smith Woodward*

Latimeria regte die Phantasie der Öffentlichkeit an. Hier war ein Fisch, der längst ausgestorben sein sollte, ein Relikt aus der Zeit der Dinosaurier. Wenn sich solch ein Geschöpf in unsere moderne Welt hinübergerettet hatte, so eröffnete dies doch die phantastische Möglichkeit, daß auch noch andere Fabeltiere in den Meeren, besonders in der unzugänglichen Tiefsee, hausten. Zu einem Zeitpunkt, wo es schien, als halte die Wissenschaft für alles eine Antwort bereit und nehme dem Leben alles Geheimnisvolle, brachte *Latimeria* die Romantik in die Zoologie zurück und machte die Wissenschaft wieder zu einer Sache normaler Menschen, wie Fischern und Kuratoren von Kleinstadtmuseen.

Für Zoologen und Paläontologen stellt *Latimeria chalumnae*, der rezente Comoren-Quastenflosser, ein wichtiges Mosaiksteinchen in der Biologie der Wirbeltiere dar. Der Fisch wird fast stets als lebendes Fossil bezeichnet. Doch was ist ein lebendes Fossil, und warum ist *Latimeria* so wichtig?

Zoologen und Paläontologen diskutieren viel darüber, wie dieser Begriff am besten zu definieren ist, und ob er überhaupt eine Bedeutung hat. Er gehört zu den Termini, die sich für einen Laien wunderbar plastisch anhören, deren exakte Bedeutung Fachleuten jedoch schwer faßbar erscheint. Viele Biologen lehnen diesen Begriff völlig ab (obwohl sich ihre stärkste Abneigung meist gegen den verwandten Ausdruck *„missing link"* [fehlendes Glied] richtet). *Lebendes Fossil* ist ebenso wie *fehlendes Glied* ein Oxymoron – eine anscheinend sich selbst widersprechende Zusammenstellung von Begriffen. (Das Paradebeisspiel eines Oxymorons ist für die meisten Leute der zynische Begriff von der *militärischen Intelligenz* oder der Ausdruck *hübsch häßlich*.) Offensichtlich kann ein Organismus, der quicklebendig ist, nicht gleichzeitig ein Fossil sein. Doch ebenso offensichtlich können Organismen, die wir als

Fossilien kennen, auch heute noch existieren, es sei denn, wir wollten unter *Fossilien* nur Dinge verstehen, die ausgegraben worden sind (die exakte Übersetzung des lateinischen Wortes *fossilis*) *und* ausgestorben sind. Das wäre jedoch kaum vernünftig. Daher kann man den Terminus *lebendes Fossil* durchaus als einen geeigneten Fachbegriff ansehen – es ist sicherlich ein nützlicher.

Charles Darwin jedenfalls hielt ihn für nützlich. Er prägte den Begriff *lebendes Fossil* in seinem berühmten Buch *The Origin of Species* (1859), und benutzte ihn, um urtümliche, lebende Organismen, wie die Lungenfische zu beschreiben, die er als Relikte aus alten Stammbaumaufspaltungen ansah. Solche lebenden Fossilien waren auf bestimmte Lebensräume beschränkt, wo „der Wettbewerb ... weniger hart gewesen sein wird als anderswo" – z.B. in Süßwasserbecken.[62]

Meine beste Definition ist folgende: Ein lebendes Fossil ist ein moderner Vertreter einer urtümlichen Gruppe von Organismen, von der man annimmt, sie sei (möglicherweise bereits seit einer langen Zeit) ausgestorben, es aber nicht ist. Gewöhnlich bedeutet das gleichzeitig, daß dieser rezente Vertreter selten oder zumindest nicht häufig ist und nur ein enges geographisches Verbreitungsgebiet hat. Er gehört zu einer Gruppe, die früher zeitlich und räumlich weit verbreitet war, wie Fossilfunde zeigen, und die ansonsten – meist schon vor langer Zeit – ausstarb. Schließlich meint dieser Terminus gewöhnlich auch, daß der lebende Repräsentant im Vergleich zu anderen, selbst eng verwandten Organismengruppen, sehr primitiv ist. Jeder Organismus, auf den die genannten Punkte zutreffen, muß das Interesse eines Biologen erwecken. Allein seine Existenz wirft eine Reihe von Fragen auf: Wie und warum hat diese Art überlebt, während alle ihre Verwandten ausgestorben sind? Was kann sie uns über Evolutionsmuster und -geschwindigkeit bei fossilen und rezenten Formen erzählen? Was sagen uns lebende Fossilien über die Gruppen, die nicht überlebt haben und über diejenigen, die auch heute noch gedeihen?

Ein Paradebeispiel für ein lebendes Fossil ist der Pfeilschwanzkrebs, eine Gruppe von vier oder fünf Arten, unter denen *Limulus polyphemus*, der Atlantische Pfeilschwanzkrebs von der Ostküste der Vereinigten Staaten, wohl der bekannteste ist. Pfeilschwanzkrebse sind die einzigen Vertreter einer großen Gruppe fossiler Wirbelloser, die man Xiphosuridae (Schwertschwänze) nennt; sie sind enger mit Spinnen als mit Krebsen verwandt. Die ersten Vertreter dieser Gruppe erschienen vor etwa 425 Millionen Jahren, im Silur, und sahen bereits fast so wie die modernen Formen aus. Die letzten fossilen Formen starben vor ca. 50 Millionen Jahren aus. Interessanterweise ist die Art *L. polyphemus* nicht selten. Im westlichen Nordatlantik gibt es Populationen mit Millionen Exemplaren; ihre Massenhochzeiten an den Stränden von Cape May oder der Chesapeake Bay sind berühmt, auch wegen der Freßorgien der Seevögel, die unermüdlich auf die laichenden Weibchen herunterstoßen, um einen Teil der Eier zu erbeuten.

Ein zweites klassisches Beispiel für ein lebendes Fossil ist der Urwelt-Mammutbaum, *Metasequoia glyptostroboides*, ein Nadelbaum, der mit verschiedenen Küsten-Mammutbäumen (Redwoods) von der Pazifikküste Nordamerikas verwandt ist. Diese Art war im Pliozän in Nordamerika weit verbreitet und recht häufig. In Pollenproben findet man regelmäßig fossile Pollen dieses Baumes, und diese fossilen Pollen waren früher das einzige, was man von *Metasequoia* kannte. Man hielt den Baum weltweit für ausgestorben, bis man 1945 in Zentralchina lebende Exemplare entdeckte. Als man die Art wieder nach Nordamerika einführte, entwickelte sie sich dort prächtig; heutzutage kann man bereits wieder schöne Bestände in Botanischen Gärten und Arboreten, wie im Morris Arboretum in Philadelphia, bewundern. Warum starb *Metasequoia glyptostroboides* in Nordamerika aus? Wahrscheinlich vernichtete das Vordringen der Vergletscherung während der Eiszeit zeitweilig alle Habitate, in denen Urwelt-Mammutbäume in Nordamerika existieren konnte.

Das Virginia-Opossum, *Didelphis virginianum*, das in den Städten der amerikanischen Ostküste zu einer wahren Plage geworden ist, ist unser drittes Beispiel – das einzige Beuteltier in Nordamerika. Einst erlebten Beuteltiere (Marsupialia) aus der Verwandtschaft von Känguruhs, Opossums und Wombats in der Neuen Welt eine Blütezeit; heute ist das Virginia-Opossum, dessen engste Verwandte nur noch in Australien und Neuguinea vorkommen, der letzte Überlebende dieser ehemaligen ausgedehnten Artaufspaltung (Radiation). Wie *Metasequoia* hatte das Opossum vormals ein recht enges Verbreitungsgebiet, doch seit Beginn des Jahrhunderts hat sich die Art immer weiter ausgedehnt. Der rasche Vormarsch des Opossums nach Norden in den letzten 75

Jahren hat wahrscheinlich klimatische Ursachen (Erwärmung), aber auch das Aufkommen einer neuen und schier unerschöpflichen Nahrungsquelle (Abfall) spielt dabei eine wichtige Rolle.

Der Ausdruck *lebendes Fossil* wird gelegentlich auch für urtümliche Lebensformen gebraucht, die überhaupt keine oder zumindest keine näheren bekannten fossilen Verwandten haben, aber so primitiv sind, daß sie Relikte einer alten Stammbaumaufspaltung sein müssen, deren Spuren sich längst verloren haben. So entdeckte Dr. Howard Sanders, damals noch Student an der Yale-Universität, 1955 ausgerechnet im Schlick am Boden des Sunds von Long Island einen sonderbar und urtümlich aussehenden Gliederfüßler (Arthropoda).[63] Dieses Tier stellte sich als Vertreter eines vollständig neuen und sehr alten Arthropodentypus (Cephalocarida) heraus, von dem keine lebenden oder fossilen Verwandten bekannt sind. Dieser Typus ist offensichtlich ein Überbleibsel aus dem Kambrium (vor etwa 500 Millionen Jahren), einer Zeit, als sich gerade komplexe krebsähnliche Tiere auf der Erde zu entwickeln begannen.

Unter den Fischen gibt es eine ganze Reihe von Formen, die man als lebende Fossilien bezeichnen kann. Alle drei Gattungen der Lungenfische – Verwandte des Quastenflossers – fallen in diese Kategorie. Die Lungenfische oder Dipnoi tauchten zum ersten Mal im frühen Devon (vor etwa 375 Millionen Jahren) auf und brachten in der Folgezeit viele Arten hervor. Vor rund 200 Millionen Jahren waren sie bereits wieder auf sehr wenige Formen zusammengeschmolzen, doch drei Gattungen haben bis heute überlebt. Sie alle besitzen ein nur kleines Verbreitungsgebiet und leben im Süßwasser, obwohl viele der Fossilien Meeresbewohner waren. Der Australische Lungenfisch, *Neoceratodus forsteri*, weist den urtümlichsten Körperbau auf; er besitzt große muskulöse Flossen – die Art Flossen, die Majorie Courtenay-Latimer auf den Gedanken brachten, ihr Fisch könne etwas Urtümliches und Wichtiges sein. Der Australische Lungenfisch kommt nur in zwei Flußsystemen in Queensland an der Ostküste von Australien vor, obwohl er in den letzten 50 Jahren anscheinend auch in künstlichen Seen und Wasserreservoirs heimisch werden konnte. Die afrikanischen und die südamerikanischen Lungenfische sind offensichtlich stärker abgeleitete Formen; sie besitzen hochspezialisierte Flossen, die zu sehr empfindlichen Fühlern umgewandelt sind. Der Südamerika-

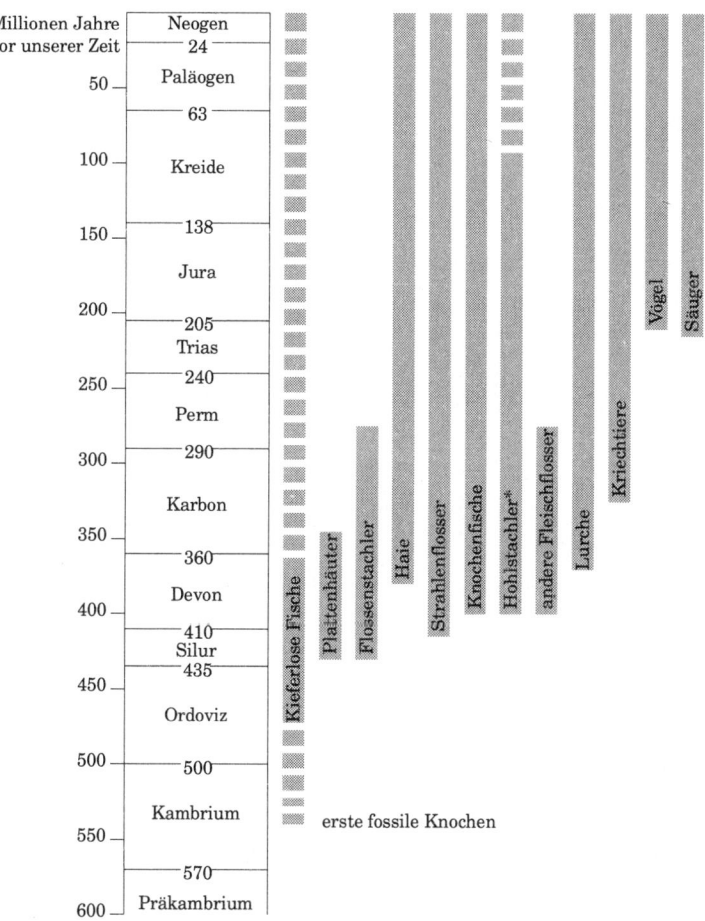

Abb. 14: Geologische Zeitskala, auf der sich das erste Auftreten der wichtigsten Wirbeltiergruppen ablesen läßt. * In diese Gruppe gehört der Comoren-Quastenflosser, *Latimeria chalumnae.*

nische Lungenfisch, *Lepidosiren paradoxa,* lebt ausschließlich im Amazonasbecken. Die afrikanischen Lungenfische der Gattung *Proptopterus* sind von allen drei Gattungen anscheinend die anpassungsfähigsten und im tropischen Afrika weit verbreitet. Fossile Lungenfische hat man auf allen Kontinenten gefunden. Die weit auseinanderliegenden Verbreitungsgebiete der rezenten Arten spiegeln das Auseinanderdriften ihres Lebensraumes, der südlichen Landmassen, im späten Erdmittelalter (Mesozoikum) wider; gleichzeitig kann man vermuten, daß ihnen der Zugang zu anderen Habitaten durch modernere Fischtypen verwehrt blieb.[64]

Im Mississipi findet man gleich mehrere Fische, die die Bezeichnung „lebende Fossilien" verdienen: den Kahlhecht (*Amia calva*), den Löffelstör (Polyodon), die Störe (Acipenseridae) und die Knochenhechte (*Lepisosteus* und *Atractosteus*). Dieses große Flußsystem stellt ein geologisch außerordentlich altes Auffangbekken dar, und die oben genannten Fische sind die Nachfahren sehr alter Stammlinien. Sie haben Merkmale von Fischen aus der Schlüsselperiode bewahrt, in der die große Artaufspaltung der Strahlenflosser (Actinopterygier) stattfand (dazu zählen der allergrößte Teil der heutigen Fische, wie Kabeljau, Barsch, Thunfisch etc.); das macht diese urtümlichen Formen für Zoologen so interessant. Die Knochenhechte weisen z.B. heute noch schwere, schimmernde sogenannte Ganoidschuppen auf, wie sie für Fische aus der Zeit zwischen Devon und Trias typisch waren; solche Ganoidschuppen ähneln entfernt den Schuppen archaischer Lungenfische und Quastenflosser.

An diesen Standards gemessen paßt der Comoren-Quastenflosser, *Latimeria chalumnae*, recht gut in die Kategorie „lebendes Fossil". Es gibt nur eine einzige rezente Art. Sie gehört zu einer urtümlichen, früher formenreicheren Gruppe. Die letzten Verwandten des modernen Quastenflossers sind, soweit wir wissen, bereits in der Kreidezeit, vor rund 80 Millionen Jahren, ausgestorben. Die Anatomie des Fisches ist sehr konservativ; sein Körperbau scheint fast identisch mit dem zu sein, was wir von fossilen Formen rekonstruieren können, und das gilt selbst für die frühesten Fossilien aus dem späten Devon (vor rund 375 Millionen Jahren). Und der Comoren-Quastenflosser hat heute ebenfalls nur ein sehr kleines Verbreitungsgebiet.

Organismen, auf die das Etikett „lebendes Fossil" paßt, sind um so wertvoller für uns, je konservativer ihre Evolution verlaufen ist. Bei *Latimeria* finden wir einen Skelettbau, der grundsätzlich identisch ist mit der jüngsten fossil belegten Quastenflossergattung *Coelacanthus* aus dem Devon. Wenn sich das Skelett also seit dem Devon nicht wesentlich geändert hat, so kann man argumentieren, wird sich *Latimeria* auf anderen biologischen Gebieten – z.B. Physiologie oder Fortpflanzung – vermutlich ähnlich konservativ verhalten. In diesem Fall können wir mit Hilfe dieser lebenden Fossilien einen Blick in das Leben zur Zeit des Devons (oder zumindest eines sehr lang verflossenen Zeitalters) werfen und physiologische Merkmale studieren, die bei modernen Fischen längst verloren gegangen sind. Die Chance, den gesamten anatomisch-morphologischen Aufbau eines lebenden Fossils – samt all seiner Hartelemente und Weichteile – mit den entsprechenden Strukturen (soweit erhalten) bei fossilen Vertetern zu vergleichen, eröffnet uns wundervolle neue Perspektiven bei der Interpretation fossiler Formen. Wo wir z.B. Muskelansätze auf den Knochen eines Fossils finden, können wir aufgrund der Verhältnisse bei der lebenden Form direkt rückschließen, um was für Muskeln es sich gehandelt haben muß. Davon ausgehend läßt sich rekonstruieren, wie sich das fossile Tier wahrscheinlich bewegt oder gefressen hat.

Aus allen diesen Gründen sind lebende Fossilien wie *Latimeria chalumnae* außerordentlich aufregende Studienobjekte für Zoologen. Daneben sollte man den Ansporn nicht unterschätzen, den jede sensationelle Entdeckung auf ein Forschungsgebiet ausübt – allein dadurch, daß sie es modern und populär macht. Man darf darüber spekulieren, ob Quastenflosser für die Öffentlichkeit so interessant und unter Wissenschaftlern so populär wären, wenn *Latimeria chalumnae* ein gewöhnlicher nordamerikanischer oder europäischer Fisch wäre, oder wenn er nur eine Körperlänge von 20 cm statt 1,50–1,80 m aufwiese. Es liegt wohl etwas besonders Faszinierendes in der Tatsache, daß ein so großer Fisch der Wissenschaft so lange verborgen bleiben konnte.

Vielleicht können wir durch das Studium eines lebenden Fossils wie *Latimeria chalumnae* zu verstehen beginnen, wie gewisse Arten es schaffen, als einzige von vielen Geschwisterarten zu überleben. Liegt es an einer Besonderheit des Organismus selbst oder seines Lebensraumes? Oder ist alles einfach nur Zufall? Was hat die Tatsache zu bedeuten, daß viele Formen lebender Fossilien, die doch wie primitive Überbleibsel vergangener Zeitalter erscheinen, auch heutzutage unter den richtigen Umständen noch prächtig gedeihen? Spiegelt das Überleben der lebenden Fossilien das Wirken eines gemeinsamen Faktors wider, oder überlebt jede Art aus einem nur für sie maßgebenden Grund?

Als ob das alles noch nicht genug wäre, spielen die Hohlstachler, seien es rezente oder fossile Formen, auch wegen ihrer Stellung im Stammbaum der Wirbeltiere eine besondere Rolle für die Zoologie. Sie gehören zur Gruppe der Quastenflosser, aus der im Devon der Urahn der Landwirbeltiere hervorgegangen ist. Die Hohlstachler sind mit den Vorfahren von Amphibien und allen anderen Landwirbeltieren – Reptilien, Vögeln und Säugern – verwandt, und daher auch mit uns.

Weil Smith sich mit Fossilfunden von Fischen beschäftigt hatte, erkannte er die Ähnlichkeit zwischen dem Comoren-Quastenflosser, *Latimeria chalumnae*, und den fossilen Coelacanthini. Solche Coelacanthini kannte man seit fast genau 100 Jahren und hielt sie für ausgestorben, bevor Smith Majorie Courtenay-Latimers Skizze sah. Im Jahre 1836 beschrieb kein Geringerer als der große Zoologe und Paläontologe Louis Agassiz (mehrere Jahre, bevor er die Schweiz in Richtung Amerika verließ) in seinem klassischen Werk *Poisson Fossiles* einen fossilen Fisch (Fundort: Ferry Hill, in der Nähe von Newcastle in England) aus dem Perm.[65] Er gab ihm den Gattungsnamen *Coelacanthus*, denn die Flossenstrahlen der ersten Rückenflosse waren hohl (*coel* ist das griechische Wort für „Hohlraum", und *acanthus* bedeutet „Stachel") und *granulatus* wegen der Höcker- und Leistenmuster auf den Schuppen. Der zoologische Name der Art lautete daher korrekt *Coelacanthus granulatus* Agassiz 1836. Das war der allererste Coelacanth, der jemals beschrieben wurde; er gab der Ordnung Coelacanthini (Hohlstachler) ihren Namen.

In der Zoologie und in der Botanik sind Namen etwas sehr wichtiges, daher müssen wir an dieser Stelle eine Erklärung der biologischen Nomenklatur einschieben. Jede bestimmte Art oder „Species" , sei es Tier oder Pflanze, muß ihren eigenen Namen haben, damit jeder Biologe weiß, wovon sein Kollege spricht. Das erste durchdachte nomenklatorische System wurde im Jahre 1758 von dem Schweden Karl von Linné (Linnaeus) begründet. Darin formulierte er Regeln, nach denen es den Wissenschaftlern (damals nannte man sie noch Scholaren) möglich wurde, jede Art in ein Schema von verwandschaftlichen Beziehungen einzuordnen. Jede Art hat seit damals ihren eigenen Namen, der sich aus einem Doppelnamen (daher: binäre Nomenklatur) und dem Namen des Wissenschaftlers zusammensetzt, der der Spezies als erster diesen

Doppelnamen verliehen hat. Unser eigener Doppelname lautet *Homo sapiens* Linnaeus. *Homo* ist der Name auf der Gattungsebene, *sapiens* auf der Artebene. Ein Grund für die binäre Nomenklatur liegt darin, daß es so mehr Kombinationsmöglichkeiten gibt. Viele Organismen tragen z.B. den Artnamen *vulgaris* oder *domesticus*. Doch es gibt nur einen *Passer domesticus* (den Europäischen Haussperling) und nur einen *Sturnus vulgaris* (den Europäischen Star) usw. Die Regeln für eine Namensgebung nach Linné sind einfach: Der Gattungsname darf im gesamten System nur einmal vorkommen, der Artname nicht mehr als einmal pro Gattung.

Auf der Ebene der Gattungen beginnt das Einordnen von Namen bzw. Organismen in ein hierarchisch gegliedertes taxonomisches System. *Felis catus* ist die Hauskatze, *Felis lynx* ist der Luchs, *Felis concolor* ist der nordamerikanische Puma. Die Tatsache, daß sie alle mit dem Gattungsnamen *Felis* bezeichnet werden, zeigt, daß die Zoologen der Meinung sind, daß diese Katzen eng miteinander verwandt sind – nicht eng genug, um alle *catus* oder *concolor* zu heißen, aber enger, als daß man sie als Mitglieder der Gattung *Panthera* bezeichnen könnte (dort hinein gehört der Löwe, *P. leo*). Es gibt noch viele systematische Ebenen oberhalb des Gattungsbegriffes. Die nächsthöhere Stufe ist die Familie; die Familie Felidae umfaßt z.B. sowohl *Felis* als auch *Panthera*. Über der Familie steht die Ordnung; die Familie Felidae ist eine von vielen Familien – wie Canidae (Hunde), Ursidae (Bären) usw. – in der Ordnung Carnivora (Raubtiere).

Ein Punkt sollte ausdrücklich klargestellt werden: Der rezente Comoren-Quastenflosser ist kein lebendes Fossil in *dem* ganz engen Sinne, daß man jemals Fossilien von Vertretern der Art *Latimeria chalumnae* gefunden hätte. Tatsächlich kennen wir keine fossile Art, die nachweislich zur Gattung *Latimeria* gehört hätte. *Latimeria* und die fossile Gattung *Macropoma* aus der Kreidezeit sind recht eng miteinander verwandt, und wir könnten sie möglicherweise in ein und dieselbe Familie einordnen. Darüber hinaus gehören alle fossilen Hohlstachler in die Ordnung Coelacanthini (die eine Minderheit unter den Zoologen lieber als Actinistia bezeichnen möchte, ein Name, in dem ich überhaupt keinen Nutzen sehe).

78

Fossilgeschichte

Der älteste Vertreter der Gattung *Coelacanthus* den wir kennen, ist *Diplocercides* aus dem späten Devon.[66] Die ganze Gruppe ist daher mindestens 375 Millionen Jahre alt, wahrscheinlich aber älter. Wir finden bei *Diplocercides* zahlreiche Merkmale von *Latimeria chalumnae* (sie beziehen sich natürlich lediglich auf das Skelett, denn nur das bleibt gewöhnlich erhalten). Die frühen Coelacanthini wiesen z.b. wie *Latimeria* Rostralorgan, Intercranialgelenk, paarige Flossen, Wirbelsäule, flüssigkeitsgefüllte Chorda dorsalis und reduzierte Zähne auf. Daran können wir erkennen, daß sich die ganze Gruppe seit dem Devon nicht stark verändert hat, doch in der Fossilgeschichte klafft eine große Lücke: Es fehlt die Reihe der noch älteren Fossilien, die uns irgendwann einmal zeigen sollten, wie sich die Merkmalskombination, die für alle Coelacanthini typisch ist, entwickelt hat. Wir wissen bis heute nicht, wer der direkte Vorfahr aller Coelacanthini war.

Der allererste Hinweis auf ein fischähnliches Wirbeltier sind kleine Knochensplitter aus dem Kambrium (vor mehr als 500 Millionen Jahren) in Nordamerika. Dann folgt eine große Lücke, bis man in einer Reihe mächtiger Ablagerungen längs der Rocky Mountains die Überreste archaischer Fische aus dem mittleren Ordoviz fand. Die Fische gehören zu einer frühen Artaufpaltung von Wirbeltieren, die noch eine recht einfache Maulstruktur besaßen und über einen dementsprechend primitiven Freßmechanismus verfügten. Es fehlten ihnen Zähne, und die spezialisierten Kiefer, die für höher entwickelte Fische typisch sind. Statt dessen hatten sie eine Art Saugmaul und haben sich vielleicht Detritus und kleine Organismen vom Boden aufgenommen. Diese Fische erscheinen uns heute primitiv, doch ihre Radiation hielt bis ins Devon an, und aus der Sicht der Evolution waren sie sehr erfolgreich.

Aus diesen archaischen kieferlosen Formen haben sich zwei Gruppen moderner Fische (wieder einmal lebende Fossilien) entwickelt. Es sind die Neunaugen – sie parasitieren an anderen Fischen und haben die Fischindustrie an den Großen Seen zeitweise fast ruiniert – und die Schleimaale, die als Aasfresser am Meeresboden leben. Neunaugen und Schleimaale sind aalförmig gebaut; sie haben weder Flossen noch Kiefer. Erst im späten Silur

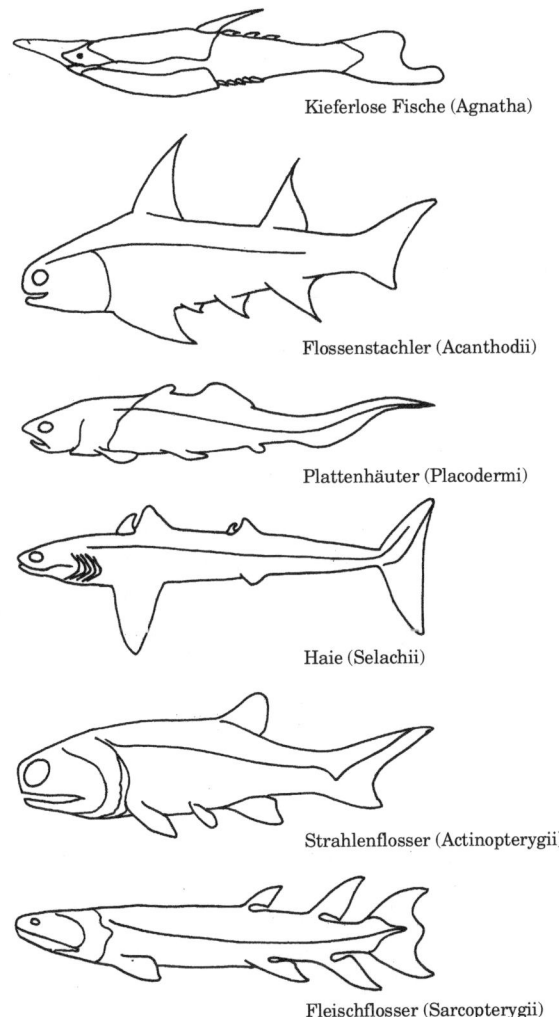

Kieferlose Fische (Agnatha)

Flossenstachler (Acanthodii)

Plattenhäuter (Placodermi)

Haie (Selachii)

Strahlenflosser (Actinopterygii)

Fleischflosser (Sarcopterygii)

Abb. 15: Skizzen von Vertretern der wichtigsten fossilen Fischgruppen.

finden wir in der Fossilgeschichte Belege für den Ursprung und die Radiation eines moderneren Wirbeltiertyps – diese Fische wiesen Kiefer mit Zähnen und einen vollen Flossensatz auf; sie sind die Vorfahren aller modernen Wirbeltiere. Wie immer in der Fossilgeschichte fehlen die entscheidenden Fossilformen, doch gegen Ende des Silurs finden wir bereits die ersten Vertreter aller vier Hauptgruppen kiefertragender Wirbeltiere oder Gnathostomata (von *gnathos* „Kiefer" und *stoma* „Maul"). Das waren die Flossenstachler (Acanthodii; eine Gruppe meist kleiner Fische, vielleicht Planktonfiltrierer, die bereits in der Mitte des Perm ausgestorben waren), die Plattenhäuter (Placodermi; eine Gruppe schwer gepanzerter Fische, die im Silur und Devon sehr artenreich und weit verbreitet waren, und räuberische Riesenformen von bis zu 2,5 m hervorbrachten, bevor sie zu Beginn des Karbon ebenfalls ausstarben), die Knorpelfische (Chondrichthyes; Haie, Rochen und Chimären) und die Knochenfische (Osteichthyes; der Name ist nicht besonders gut gewählt, weil andere Fischgruppen auch über Knochen verfügen). Letztere umfassen zwei Gruppen, die sich in der Ausgestaltung der Flossenbasen ihrer paarigen Flossen unterscheiden: Strahlenflosser (Actinopterygier) und Fleischflosser (Sarcopterygier). Die große Mehrzahl aller rezenten Fische gehört zu den Knochenfischen oder Osteichthyes, zu den Fleischflossern zählen hingegen zur vier Gattungen – die drei Lungenfische und *Latimeria*.

Chondrichthyes – Knorpelfische (Haie, Rochen und Chimären)

Osteichthyes – Knochenfische

   Dipnoi – Lungenfische

   Crossopterygii – Quastenflosser

      Coelacanthini – Hohlstachler oder Coelacanthen (u.a. *Latimeria*)

      Rhipidistia – kein Trivialname, ausgestorben

   Actinopterygii – Strahlerflosser

Abb. 16: Schematische Darstellung der verwandtschaftlichen Beziehung zwischen modernen Fischgruppen, wie sie zu Smith' Zeit galt.

Wenn man die frühe Artaufspaltung und Ausbreitung der Fische betrachtet, ist es auffällig, daß so viele Gruppen den Sprung über die Grenze des Paläozoikums (Erdaltertum) ins Mesozoikum (Erdmittelalter) nicht schafften; viele scheiterten sogar bereits im Devon. Andere hingegen, wie die Haie und Rochen und die Strahlenflosser, überlebten nicht nur und nahmen die Stelle der ausgestorbenen Formen ein, sondern sie brachten zudem im Mesozoikum und im Känozoikum (Erdneuzeit) eine Artenfülle hervor, die alles im Paläozoikum dagewesene weit übertraf. Haie und Rochen gehören zu den wichtigsten Raubfischen unserer Meere, doch nur sehr selten im Verlauf ihrer gesamten Stammesgeschichte entwikkelten sich Süßwasserformen. Die Strahlenflosser hatten den spätesten Start von allen Gruppen – man findet im Silur und Devon nur wenig fossile Vertreter –, doch mit Beginn des Karbons begannen sie sich in zahlreiche Arten aufzuspalten, und dann folgte eine Radiationswelle auf die nächste. Arten, deren Ursprung sich bis in die Frühphase solcher Artaufspaltungen zurückverfolgen läßt, und die als lebende Fossilien bis heute überlebt haben, helfen uns, die Evolution der Knochenfische zu verstehen. Es gibt mehrere Haie, die in die Kategorie „lebendes Fossil" fallen, und unter den Strahlenflossern sind es, wie bereits erwähnt, Störe, der Kahlhecht *Amia*, der afrikanische Flösselhecht *Polypterus*, die Kno-

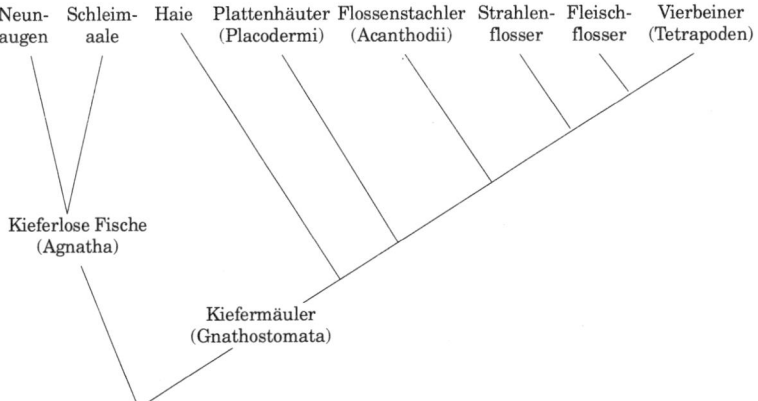

Abb. 17: Moderne Darstellung der stammesgeschichtlichen Beziehungen zwischen den wichtigsten Fischgruppen und den Tetrapoden.

chenhechte *Lepisosteus* und *Atractosteus* und der Löffelstör *Poly-don*.

Coelacanthini gehören zu den Knochenfischen (Osteichthyes) und innerhalb der Knochenfische zu den Fleischflossern (Sarcopterygii; von *sarcos* „fleischig, muskulös" und *pterygium* „Flügel" oder „Flosse"). Wie der Name schon andeutet, wird die Gruppe durch eine besondere Flossenstruktur charakterisiert, die man bei anderen Wirbeltieren nicht findet. Man erkennt den Unterschied am besten beim Vergleich der Vertreter beider phylogenetischen Hauptlinien – eines fleischflossigen Fisches, wie *Latimeria*, und eines strahlenflossigen Fisches, wie der Forelle.

Strahlenflosser (Barsch, Lachs, Goldfisch, Aal, Piranha, Thunfisch) – im Prinzip alle Fische, die wir kennen, und die keine Quastenflosser oder Haie/Rochen/Chimären sind – tragen, von wenigen Ausnahmen abgesehen, nur eine einzige Rückenflosse. Die unpaaren und die paarigen Flossen weisen prinzipiell denselben Grundbauplan auf; jede besteht aus aus einer Reihe knöcherner, aber flexibler Flossenstrahlen, die direkt in die Körperwand eingelassen und mit Haut überzogen sind. Die Flossenstrahlen sind etwas biegsam, und die einzelnen Strahlen können von Muskeln in der Körperwand bewegt werden, um mit der Flosse zu „fächern" oder zu „rudern". Bei Fleischflossern sind die zweite Rückenflosse, die Afterflosse und die paarigen Flossen hingegen ganz anders gebaut; dort entspringt aus der Körperwand ein kräftiger, muskulöser Stiel. Dieser gliedartige Flossenstiel verfügt über ein Innenskelett samt der dazugehörigen Muskulatur, und die Flossenstrahlen beschränken sich auf eine Quaste am äußeren Ende des Flossenstiels. Die Flossenstrahlen besitzen dieselbe Beweglichkeit wie bei den Strahlenflossern, doch zusätzlich können die Fleischflosser den muskulösen, schuppenbedeckten Flossenstiel abbiegen oder drehen, sei es durch seine eigene, interne Muskulatur oder durch Muskeln, die vom Flossenstiel zur Körperwand laufen. Das Ergebnis sind viel kräftigere, flexiblere und anpassungsfähigere Gliedmaßen.

Ist nun der eine Flossentypus *besser* als der andere? Wahrscheinlich nicht. Beide sind lediglich verschieden und zu unterschiedlichen Zwecken entwickelt worden. In der Rückschau können wir vermuten, daß der Fleichflossentyp gut dazu geeignet war, sich vom Boden abzustoßen oder in seichtem Wasser und Sümpfen

Abb. 18: Die entscheidenden Merkmale der fleischig-muskulösen, paarigen und medianen Flossen von *Latimeria* im Vergleich zu den Flossen eines Karpfens (unten). Die Knochen in den Fleischflossen sind schattiert.

den Vorderkörper zu unterstützen, um den Kopf zum Luftschnappen aus dem Wasser zu heben. Von dort war es nur ein kleiner Schritt für den Fisch, im Flachwasser herumzukriechen und sich schließlich an Land zu wagen. Doch die muskulösen Flossen müssen auch zum Schwimmen im Wasser ohne Grundberührung bestens geeignet gewesen sein; dank ihres gelenkigen Innenskeletts sind die Flossen in der Lage, komplizierte Ruderbewegungen auszuführen. Wir wissen jedoch, daß sich die Strahlenflosser in unzählige Arten aufspalteten, während die Fleischflosser fast alle ausstarben. Im Laufe der Evolution haben Strahlenflosser immer nur andere Strahlenflosser hervorgebracht – aber das in einer unglaublichen Mannigfaltigkeit. Von den Fleischflossern leiten sich im Devon die Tetrapoden ab; nicht lange danach starben die meisten Sarcopterygier aus.

Man kann aus der Fossilgeschichte all dieser Gruppen darauf schließen, daß die Fleischflosser im Meer durch den Konkurrenzdruck von Strahlenflossern und Haien an den Rand des Untergangs gedrängt wurden, und in den Sumpfgebieten und an Land im Wettbewerb gegen ihre Abkömmlinge, die Amphibien, buchstäblich „kein Bein auf den Boden" bekamen.

Im Devon waren Coelacanthini keineswegs selten, wenn auch nicht wirklich häufig; wir kennen heute etwa 15–20 Gattungen und wenigstens 20 verschiedene Arten. (Arten bei fossilen Fischen zu unterscheiden, so wie man es bei rezente Fischen tut, ist, wenn alle Daten über Färbung, Muster, Verhalten usw. fehlen, gelinde gesagt, außerordentlich verzwickt, wenn nicht gar unmöglich.)* Im Karbon waren Coelacanthini ebenfalls gut vertreten, doch die Arten aus dem Devon waren bereits ausgestorben. Im Perm erlosch fast die ganze Gruppe. Sonderbarerweise finden wir anschließend, im Trias, wieder rund 30 verschiedene Coelacanthini, darunter die wichtige Gattung *Diplurus*, die in Europa, Nordamerika und wahrscheinlich auch China verbreitet war. In den fossiltragenden Schichten der Flußbetten im Nordosten der USA haben sich Tausende von Exemplaren erhalten. Das sollte uns daran erinnern, daß unser Wissen um die Verteilung von Fossilien niemals besser sein kann als das Gestein es erlaubt. Wo eine Gruppe ausgestorben zu sein scheint, haben wir vielleicht nur nicht den richtigen Gesteinstyp gefunden, in dem ihre Überreste überdauert haben. Im Jura waren die Hohlstachler auf 15 Arten zusammengeschmolzem, in der Kreidezeit finden wir nicht einmal mehr zehn Arten, und damit schien die Geschichte der Coelacanthini zu Ende zu sein. Der jüngste fossile Hohlstachler, den wir kennen, gehört zur Gattung *Macropoma* und stammt aus europäischen und asiatischen Ablagerungen der Kreidezeit.

Hier muß etwas zu der berühmten Aussterbewelle während der Kreidezeit gesagt werden, der nicht nur Dinosaurier und andere Wirbeltiere zum Opfer fielen, sondern auch viele weitere Lebensformen. In letzter Zeit hat eine Theorie viel Aufsehen erregt, nach der das Aussterben gegen Ende der Kreidezeit durch den Aufprall eines sehr großen Meteoriten auf der Erde ausgelöst wurde.[68] Es gibt eine Reihe geologischer Hinweise für einen solchen Einschlag, und wenn er wirklich stattgefunden hat, muß die Katastrophe praktisch augenblicklich eingetreten sein. (Wenn Sie sich vorstellen, daß der Aufprall an einem Dienstagnachmittag stattgefunden hat, so würden sich bereits zwei Sonntage später die Lebensbedingungen auf der Erde deutlich verschlechtert haben.) Blickt man

---

* Die Fossilgeschichte birgt immer wieder Überraschungen. In den letzten Jahren ist eine neue, gänzlich unerwartete Fischfauna im Oberen Devon in Montana entdeckt worden, darunter auch mehrere neue Coelacanthus-Arten.[67]

jedoch auf die Fossilgeschichte der Organismen zurück, die in der späten Kreidezeit lebten (und starben), so erkennt man, daß sie zu verschiedenen Zeiten ausstarben und ihr Niedergang sich über Zeiträume von einigen Tausend bis mehreren Millionen Jahren hinzog, und darin liegt die Schwierigkeit für die Katastrophentheorie. Viele Formen befanden sich schon lange vor diesem verhängnisvollen Dienstag- (oder vielleicht auch Freitag-) nachmittag auf dem absteigenden Ast. Der letzte fossile Coelacanthini datiert z.B. aus einer Zeit ca. 15 Millionen Jahre *vor* dem potentiellen Aufprall. Während es also möglicherweise einen Meteoritenaufprall gab und er wahrscheinlich katastrophale Auswirkungen hatte, kommt er allein als Erklärung für das Aussterben von Dinosauriern, Coelacanthini oder der vielen anderen Gruppen kaum in Frage. Im Gegensatz zum Niedergang so vieler Tierformen gediehen andere Gruppen, wie die Vögel und die modernen Fische, gegen Ende der Kreidezeit auf der Erde, als ob gar nichts passiert sei.

Wenn wir uns die Artaufspaltung bei den Coelacanthini in der Fossilgeschichte ansehen, fallen sofort einige wichtige Merkmale auf.[69] Erstens weist die Gruppe im Vergleich zu anderen Fischgruppen außerordentlich archaische Züge auf, und doch gab es anscheinend zu keiner Zeit mehr als eine Handvoll Arten oder Gattungen gleichzeitig; ihre systematische Mannigfaltigkeit war immer sehr gering. Gleichzeitig waren einige Gattungen und Arten ausgesprochen reich an Individuen und sehr weit verbreitet. In solchen Fällen gäben die Paläontologen sicherlich viel darum, zu wissen, wieviel von diesen radiativen Schwankungen wirklich so stattfanden, wie sie sich uns heute darstellen und wieviel auf die Unzuverlässigkeit der fossilen Daten selbst zurückzuführen ist. Wir wissen oft nicht, ob ein Mangel an Fossilien darauf zurückzuführen ist, daß Hohlstachler selten waren oder ob lediglich die Lebensräume, d.h. die Sedimentablagerungen, in denen man ihre Überreste hätte finden können, nicht bis in die Gegenwart überdauert haben. Vielleicht gab es damals große Mengen an Quastenflossern, von denen wir nichts wissen. Vielleicht versteinerten sogar viele von ihnen, aber die fossilienführenden Gesteinsschichten wurden aufgerieben, von Gletschern mitgerissen oder vor Millionen von Jahren von Flüssen ausgewaschen. Oder vielleicht wurden diese fossilienführenden Schichten durch spätere Auflagerungen tiefer im Schoß der Erde begraben, so daß wir bisher noch nicht darauf gestoßen sind. Jedes Jahr, in dem Paläontologen die Oberfläche der Erde erforschen, kommen mehr und mehr Fossilien ans Licht und dennoch ist es uns bisher nicht gelungen, die „fehlende" Artenvielfalt der Quastenflosser zu entdecken. Daher wird es immer wahrscheinlicher, daß die Artenarmut, die wir beobachten, die wirklichen Verhältnisse widerspiegelt.

Die große Mehrheit fossiler Coelacanthini waren Meeres- oder Brackwasserbewohner. Nur wenige wurden in Schichten und Sedimenten gefunden, die auf ein Süßwasserhabitat schließen lassen. Fast alle Formen aus dem Devon sind marin. Im Karbon (Mississippian und Pennsylvanian), wo es, wie wir aus der Fossilgeschichte wissen, auch viele Lebensräume in Sümpfen und brakkigen Flußdeltas gab, finden wir Hohlstachler, die in der Lage gewesen sein müssen, eine breite Palette von Umweltbedingungen, vom Salzwasser bis zu Brackwasser mit teilweise beträchtlichem Süßwasseranteil, zu tolerieren. *Rhabdoderma*, ein kleinerer Hohlstachler von der Größe einer kräftigen Elritze, ist in den Kohleablagerungen von Europa und Nordamerika recht häufig zu finden. Im späten Trias lebte die bereits erwähnte, außerordentlich individuenreiche Gattung *Diplurus* mit Sicherheit in nordamerikanischen Süßwasserseen und Flüssen. Bis zu diesem Zeitraum waren fast alle fossilen Coelacanthini kleine Fische von weniger als 25–30 cm, doch eine Art von *Diplurus* wurde deutlich größer; sie erreichte eine Länge von knapp 50 cm. Im Jura gab es sowohl Süßwasser- als auch Meeresformen, und einige Arten waren recht groß. In der Kreidezeit finden wir dagegen mehr marine Formen; das gilt besonders für die großen Kalkablagerungen in Europa, obwohl vergleichbare Formen sonderbarerweise in den entsprechenden Kalklagern in Nordamerika fehlen.

Abgesehen von den späten triassischen/frühen jurassischen Ablagerungen in Seen im östlichen Nordamerika war die Region, die die reichsten Fossilfunde an Quastenflossern aufzuweisen hat, Madagaskar. In den marinen Schichten aus der Unteren Trias von Madagaskar gibt es eine außerordentlich ergiebige Reihe von Fossilfundstätten, die vorwiegend Fische und Ammoniten enthält und damals anscheinend einen seichten Lebensraum mit relativ warmem Wasser darstellte.[70] Unter den mehr als 30 Fischarten –

insgesamt mehrere Tausende Exemplare! – sind mindestens vier Quastenflosserarten.

Die jüngsten fossilen Coelacanthini, die wir kennen, sind marine Formen aus der Kreidezeit. *Macropoma*, ein ca. 30 cm langer Fisch aus einer 80 Millionen Jahre alten Kalkablagerungen in Europa, scheint der letzte Hohlstachler – und damit der jüngste Vertreter der Quastenflosser – zu sein, der als Fossil erhalten blieb. Abgesehen von der Größe erinnert *Macropoma* sehr an *Latimeria*. Ein etwas früherer Fisch aus der Oberen Kreide in Brasilien war *Axelrodichthys*, der vor kurzem von Dr. John Maisey vom American Museum of Natural History benannt und beschrieben worden ist.[71] Dieses Exemplar war sehr groß, mindestens so groß wie *Latimeria*.

Die Tatsache, daß wir keine fossilen Coelacanthini aus Schichten haben, die jünger als die Obere Kreide sind, erklärt sich wahrscheinlich sowohl aus der aktuellen Verteilung der Coelacanthini in dieser Periode als auch aus dem Erhaltungsbedingungen. Falls im Känozoikum Coelacanthini existierten, waren es wahrscheinlich marine Formen. Wir besitzen aber gerade aus dieser Ära einen nur bescheidenen Fossilfundus mariner Fische, die zudem überwiegend aus den seichten Zonen am Kontinentalschelf stammen; unsere Kenntnis über die Bewohner tieferer Schichten ist noch lückenhafter. Außerdem ist es, wie wir weiter unten noch diskutieren werden, durchaus möglich, daß die Coelacanthini im Känozoikum in Regionen lebten, aus denen wir praktisch überhaupt keine geeigneten marinen Fossilien besitzen; das gilt besonders für den westlichen Indischen Ozean.

Es ist interessant, daß eine Gruppe, deren skelettmäßige und andere Anpassungen einzigartig sind, immer so wenige Gattungen und Arten hervorgebracht haben soll. Für Evolutionsbiologen wirft das die Frage auf, inwieweit das Fortschreiten evolutionärer Veränderungen stets eine große Artenvielfalt voraussetzt. Zahlenmäßig gesehen stellen die Quastenflosser einen nur unbedeutenden Zweig in der Fischevolution dar; heute werden sie nur noch von einer einzigen Art – *Latimeria chalumnae* – unter wahrscheinlich mehr als 30'000 rezenten Fischarten repräsentiert. Anatomisch gesehen war die Gruppe in ihrer Evolution im Prinzip konservativ. Doch die Fossilfunde bargen eine weitere Überraschung für die Zoologen. Im Trias von Grönland gab es eine

Hohlstachlergattung namens *Laugia*, die eine bemerkenswerte Reihe von Anpassungen aufwies. Die Bauchflossen des Fisches waren ganz nach vorne gewandert und nahmen Beziehung zum Schultergürtel auf, die Brustflossen rutschten hingegen weiter nach oben.[72] Diese Veränderung gibt den Flossen eine völlig neue, verbesserte Manövrierfähigkeit. Das wäre allein schon interessant genug, doch wirklich erstaunlich ist, daß *Laugia* damit eine Adaptation vorweggenommen hat, die man heute bei den forschrittlichsten Gruppen strahlenflossiger Fische findet. Wenn die Fossilien nicht falsch interpretiert worden sind – was sehr unwahrscheinlich ist –, so ist das ein ausgezeichnetes Beispiel für konvergente Evolution, und es sollte zögern lassen, die Hohlstachler oder irgendeine andere Gruppe archaisch oder primitiv zu nennen.

Selbst bevor wir in *Latimeria* einen Wegweiser erhielten, wie die fossilen Funde zu interpretieren sind, waren Paläontologen daran interessiert, soviel wie möglich von der Biologie der Coelacanthini zu rekonstruieren. Ihre Fossilgeschichte gibt uns viele Hinweise, läßt aber auch viele Fragen offen, die noch einer Lösung harren. Allen bekannten Coelacanthini fehlen die zahntragenden Oberkieferknochen (Maxillaria), und alle weisen ein eigenartiges intercraniales Gelenk auf, das auf einen besonderen Freßmechanismus schließen läßt. Sie alle verfügen über ein merkwürdiges Sinnesorgan, das Rostralorgan, denselben Flossen- und Schwanzbau, und scheinen kein verknöchertes Rückgrat besessen zu haben. Wegen der Beziehung der Hohlstachler zu den Lungenfischen haben sich Paläontologen besonders für die Frage interessiert, ob sie Lungen besaßen und wann Lungen zum ersten Mal in der Evolution auftauchten. Früher dachte man, daß Lungen primär für Süßwasserfische charakteristisch seien und daß man sie daher bei Meeresfischen wie den Coelacanthini nicht unbedingt erwarten könne. Doch bei vielen fossilen Coelacanthini, so z.B. bei den gut erhaltenen Fossilien von *Macropoma* aus der Oberen Kreide, von *Axelrodichthys* aus der Unteren Kreide (Brasilien) oder von *Rhabdoderma* aus dem Karbon kann man deutlich ein großes Organ erkennen, das eine Lunge oder ein Lungenderivat sein muß. Dieses Organ erscheint nicht paarig, sondern eher einfach und liegt mittig, doch das kommt auch bei anderen Fischen als Spezialisierung recht häufig vor. Erstaunlicher ist, daß diese „Lunge" bei verschiedenen fossilen Formen bis zurück ins Karbon eine Wand

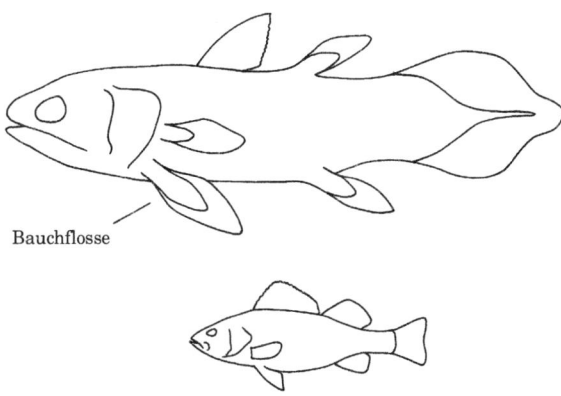

Bauchflosse

Abb. 19: Der triassische Hohlstachler *Laugia*, bei dem man die veränderte Position der Brust- und Bauchflossen gut erkennen kann – im Vergleich dazu ein moderner Barsch (unten). Es handelt sich um eine konvergente Entwicklung.

aufwies, die mit kleinen Knochenschuppen gepanzert war. Demnach war die „Lunge" vermutlich nicht flexibel, d.h., sie konnte sich nicht mit Luft füllen und die Luft wieder nach außen entleeren. Als Smith ein Überbleibsel der Lunge bei *Latimeria* fand, identifizierte er es durch Vergleich mit der medianen Struktur bei den Fossilien und durch Vergleich beider mit den medianen lungenähnlichen Strukturen anderer Fische. Bis auf die fehlenden Schuppen war der Lungenrest mit dem fossiler Formen identisch.

Die Fossilfunde haben uns viele Rätsel in Bezug auf die Fortpflanzung der Hohlstachler aufgegeben. Die meisten Fische sind ovipar, d.h., sie legen Eier: Die Eier werden z.B. am Boden abgesetzt, an Pflanzen geheftet oder auch einfach mit der Strömung verdriftet. Gewöhnlich erfolgt die Befruchtung (genauer: Besamung) der Eier durch die Männchen im Wasser, und zwar gleichzeitig mit der Eiablage der Weibchen (äußere Befruchtung). In einer erstaunlich großen Anzahl von Fällen, besonders bei Haien und Rochen und einigen sehr fortschrittlichen modernen Fischen (darunter viele der „Tropenfische", die man im Aquarium halten kann), kommen die Jungen jedoch lebend zur Welt. Damit es dazu kommen kann, müssen die Eier im Körper des Weibchens befruchtet werden und bis zum Schlüpfen der Jungen im Mutterleib verbleiben; erst dann werden sie „geboren". Einen derartigen Fortpflanzungsmodus – wie man ihn z.B. auch bei einigen Reptilien, besonders Schlangen, findet – nennt man ovovivipar. Hochentwickelte Säuger, wie Mäuse oder Menschen, sind echte Lebendgebärer (vivipar); sie haben auf Schale und einen großen Dottervorrat verzichtet. Die Eier sind geschützt, weil sie sich im Körperinneren befinden, und der Embryo wird statt über einen Dottersack direkt durch ein Spezialorgan, die Gebärmutter oder Placenta, ernährt.

Es gibt eine Gattung fossiler Coelacanthini – *Undina* (auch *Holophagus* genannt) – aus dem europäischen Jura, bei der oft sehr feine Details der Innenstruktur erhalten sind. Diese Exemplare stammen aus dem berühmten lithographischen Solhofener Kalk in Deutschland, in dem man auch ein Exemplar des Urvogels *Archaeopterix* gefunden hat. Der bereits erwähnte englische Paläontologe, Professer D. M. S. Watson, entdeckte 1926 einen größeren fossilen Fisch mit zwei winzigen Coelacanthini im Inneren.[73] Er identifizierte sie als Embryonen im Fortpflanzungstrakt eines Weibchens. Wenn diese Deutung korrekt ist, ist *Undina* ein Lebendgebärer. Die einzige andere Möglichkeit ist, daß es sich um einen Fall von Kannibalismus handelt. Doch die beiden winzigen Individuen liegen weit hinten in der Körperhöhle, so daß es sich wohl nicht um Nahrungsbestandteile im Magen handelt. Zudem sind sie noch unvollständig verknöchert und haben sicherlich die richtige Größe für Embryonen. Die meisten Wissenschaftler akzeptierten Watsons Identifikation von *Undina* als lebendgebärend. Doch wie wir sehen werden, tauchten neue Zweifel auf, als Zoologen damit begannen, *Latimeria* genauer zu untersuchen.

Was interessiert uns außer der Tatsache, daß eine lebende Art aus einer ausgestorbenen urtümlichen Gruppe entdeckt worden ist, noch so sehr an Hohlstachlern?

Es gab drei oder vier Stammlinien von Fleischflossern. Zoologen diskutieren noch immer über die exakte Unterteilung, doch sie stimmen im allgemeinen damit überein, daß die Fleischflosser eine einzige Gruppe bilden, die wahrscheinlich gegen Ende des Silurs auftauchte und ihre erste größere Aufspaltung zu Anfang des Devons vollzog. Eine der Hauptgruppen, die Lungenfische oder Dipnoi, hat eine Geschichte, die fast genau parallel zu der der Coelacanthini verläuft: eine starke Radiation im Devon, Niedergang im Perm, eine Erholung im Trias/Jura, und dann das Aussterben bis auf drei Gattungen, die bis heute überlebt haben. Im Gegensatz zu *Latimeria* finden sich von den drei rezenten Lungenfischen Fossilien in känozoischen Ablagerungen. Unzweifelhaft existiert ein kontinuierlicherer Fossilbefund bei den Lungenfischen, weil sie Süßwasserformen waren und schon damals die Angewohnheit hatte, sich im Schlamm einzugraben.

Lungenfische gehören zu den Fleischflossern. Wie Hohlstachler verfügen sie über ein Rückgrat mit gut ausgebildeter Chorda dorsalis und schwach entwickelten Wirbeln, doch es gibt einige bedeutende Unterschiede zwischen ihnen und den Coelacanthini. Lungenfische besitzen weder ein Intercranialgelenk noch ein Rostralorgan. Sie weisen eine nur ihnen eigene Anordnung der Schädelknochen auf; die Schädelelemente sind zu einer sehr soliden Struktur verschmolzen und tragen große Zahnplatten, die bestens zum Zerquetschen der Nahrung geeignet sind. Lungenfische haben ihre Nahrung anscheinend vorwiegend am Boden gesucht (wie sie es heute auch noch tun) und sich von Muscheln und anderen Wirbellosen ernährt.

Neben den Hohlstachlern und den Lungenfischen gibt es eine weitere Gruppe von Fleischflossern, die wir nur als Fossilien kennen und deren Verwandtschaftsbeziehungen noch diskutiert werden. Auch sie tauchten zum ersten Mal im Devon auf und erreichten ihre größte Artenvielfalt wie die anderen Sarcopterygier im Devon. Doch keine dieser Arten überlebte das Perm. Früher wurden diese Fleischflosser zu den Rhipidistiern gestellt – ein Sammelbegriff, der heute häufig, wenn auch fast sicher unrichtig, verwandt wird und hinter dem sich wahrscheinlich mehrere völlig verschiedene Stammlinien verbergen. Die Rhipidistier wiederum wurden gewöhnlich mit den Coelacanthini zu den Crossopterygiern (Quastenflossern) zusammengefaßt, eine systematische Zuordnung, die möglicherweise auch nicht länger haltbar ist.

Diejenigen Fleischflosser, die früher als „Rhipidistia„ bezeichnet wurden, sind langgestreckte Räuber mit zwei Rückenflossen. Wie bei den Coelacanthini sind die zweite Rückenflosse, die Afterflosse und die paarigen Brust- und Bauchflossen typisch „gliedartig" oder „gestielt". Alle besitzen ein Intercranialgelenk, das den Lungenfischen fehlt, daher gelten sie bei den meisten Wissenschaftlern als nahe Verwandte der Coelacanthini. Wie für Fleischflosser typisch, ist ihr Rückgrat nur schwach verknöchert und die Chorda dorsalis lang und kräftig und erstreckt sich nach vorne bis unter den Kopf. Aber sie weisen kein Rostralorgan auf. Einige Vertreter der Rhipidistier haben eine Art dreilappigen Schwanz, doch er unterscheidet sich stets ein wenig vom Schwanz der Coelacanthini.

Während die Zoologen darüber streiten, wieviel verschiedene Linien fleischflossiger Fische es gegeben hat, stimmen sie darin überein, daß spätestens gegen Ende des Devons aus dieser Verwandtschaftgruppe die ersten Landwirbeltiere, die Amphibien, hervorgingen.

Wie wir in Kapitel 10 noch ausführlich diskutieren werden, liegt der Grund für die Annahme, daß die Sarcopterygier die Ahnen aller Tetrapoden sind, in außergewöhnlichen Ähnlichkeiten im Schädelbau und bei den paarigen Flossen. Diese Ähnlichkeiten gehen so weit, daß man die ersten rezenten Lungenfische bei ihrer Entdeckung für Amphibien und nicht für Fische hielt. Es ist tatsächlich ein außerordentliches Zusammentreffen, daß eine der sensationellsten Entdeckungen lebender Fossilien *vor* dem Comoren-Quastenflosser seine engere Verwandtschaft, die Lungenfische, betraf. Der erste Lungenfisch, der entdeckt wurde, war 1836 der Südamerikanische Lungenfisch *Lepidosiren*; kurz darauf folgte der afrikanische *Protopterus*, der *Lepidosiren* ähnlich genug schien, um zunächst in dieselbe Gattung eingeordnet zu werden. Dann kam 1870 der Australische Lungenfisch, *Neoceratodus*, hinzu, bei dem man die gestielten, gliedartigen Flossen besonders gut erkennen kann.[74] Alle drei Gattungen besitzen Lungen, und die Fische können zumindest für kurze Zeit außerhalb des Wassers überleben. Heute wissen wir, daß die Kiemen der afrikanischen und der südamerikanischen Arten so zurückgebildet sind, daß diese Fische ertrinken, wenn man sie daran hindert, Luft zu atmen. Alle Lungenfische besitzen einen paarigen Nasengaumengang (Choanen), der demjenigen der Tetrapoden ähnelt, und alle weisen eine besonderen Flossenbau auf. Mit der Entdeckung der Lungenfische schien die Frage nach den nächsten Verwandten der Tetrapoden gelöst zu sein.

Gleichzeitig mit den fossilen Coelacanthini lernte man auch ihre Vettern aus dem Devon und Karbon, die fossilen Rhipidistier, besser kennen. Im Jahre 1892 schlug Edward Drinker Cope von der Academy of Natural Science in Philadelphia vor, die Vorfahren der Tetrapoden von einer Gruppe der Rhipidistier, den Osteolepiformes, abzuleiten statt von den Lungenfischen, wie frühere Theorien annahmen.[75]

Kein Wissenschaftler hat jemals behauptet, daß die Coelacanthini die direkten Vorfahren der Tetrapoden seien – höchstens Vettern 1. Grades, soweit wir heute wissen. Doch leider gibt es heute keine modernen Osteolepiformes, die wir studieren könnten – und leider auch keine wirklich urtümlichen rezenten Amphibien. Daher müssen Evolutionsbiologen versuchen, die Ereignisse zur Zeit des Übergangs von Fischen zu Tetrapoden aus Vergleichen von devonischen Fossilformen mit den engsten verfügbaren lebenden Verwandten zu rekonstruieren – den rezenten Lungenfischen und *Latimeria*.

In neuerer Zeit haben einige Wissenschaftler die Theorie wiederbelebt, nach der die direkten Vorfahren der Landwirbeltiere den Lungenfischen ähnlicher gewesen sein könnten als den Osteolepiformes. Wir wollen uns nicht in diesen Streit einmischen, da es sich in diesem Buch hauptsächlich um Coelacanthini handelt. Alle Wissenschaftler stimmen darin überein, daß die Coelacanthini als direkte Vorfahren der Landwirbeltiere nicht in Frage kommen, daher nehmen sie nicht ganz den Ehrenplatz ein, den man ihnen wünschen möchte. Doch sie gehören zu den vier überlebenden Gattungen von Fleischflossern, deren große Artaufspaltung im Devon so entscheidend für die Evolution der Tetrapoden war. Und sie sind besonders interessant, weil sie sich im Lauf ihrer eigenen Evolution so wenig verändert haben. Wenn sich Coelacanthini oder Lungenfische im Mesozoikum und im Känozoikum ebenso rasch verändert hätten, wie es die Strahlenflosser getan haben, würden sie uns heute keinen so tiefen Einblick in die Evolution der Wirbeltiere gewähren. Ein Barsch oder ein Kabeljau liefert uns kein gutes Modell zum Verständnis seiner frühen strahlenflossigen Vorfahren aus dem Devon. Doch *Latimeria* hat starke Ähnlichkeiten mit fossilen Formen aus dem Devon, wie *Diplocercides* oder *Nesides*. Wenn wir daher *Latimeria* in Verbindung mit fossilen Formen und neben den drei Lungenfischen genau studieren und dabei auch die geophysikalischen Informationen, die uns das Gestein selbst über die damaligen Verhältnisse liefert, miteinbeziehen, können wir möglicherweise eine Menge von der Biologie dieser uralten devonischen Formen rekonstruieren. Und dabei geht es nicht nur um die Entwicklung des Skeletts, sondern auch um das Blut und die Leber dieser Urfische, wie sie atmeten, wie sie sich fortpflanzten, wie sie sich ernährten und schwammen – kurzum, um ihre ganze Biologie.

Wir hoffen vielleicht auch, einiges in der Biologie von *Latimeria* und den Lungenfische zu entdecken, daß uns einen Hinweis darauf gibt, warum und wie gerade diese vier Stammlinien überlebten, während alle anderen ausstarben. Die große Artaufspaltung der strahlenflossigen Fische geschah hauptsächlich nach Ende der Kreidezeit. Kein Lungenfisch überlebte die Wende zum Känozoikum im Meer, doch einige Formen überdauerten im Süßwasser bis zur Gegenwart. Was zu Ende der Kreide mit den Coelacanthini geschah, wissen wir nicht. Es gibt keine bekannten Fossilien, daher müssen wir annehmen, daß sie nicht die Lebensräume bewohnten, aus denen wir känozoische Fischfossilien besitzen (vorwiegend seichte Schelfmeere und Süßwasser). Es gibt nur wenige marine Ablagerungen aus dem Känozoikum, die aus größeren Wassertiefen stammen, und darunter finden sich kaum Sedimentschichten aus den Randzonen des Indischen Ozeans, wo man nach Quastenflosserfossilien suchen könnte.

Zur geologischen Entwicklung des Indischen Ozeans

Die Gründe dafür werden offensichtlich, wenn man die Bewegungen der Landmassen studiert, die seit Jahrmilliarden unaufhörlich über die Erdoberfläche driften.

Die aus dem Wasser herausragenden Landmassen gehören zu einem Mosaik aus größeren und kleineren starren Krustenplatten, die durchschnittlich etwa 80 km dick sind und sich auf einer halbplastischen Unterlage im Erdmantel bewegen – langsam und unmerklich, aber unaufhaltsam, nach bisher unbekannten Rhythmen. Dieses Phänomen der Plattentektonik führt dazu, daß sich die Kontinente relativ zueinander ständig verschieben (Kontinentaldrift). Damit verbunden ist eine Spreizung des Meeresboden, bei der Magma aufsteigt, um an den mittelozeanischen Rücken, wo die Platten sich auseinanderbewegen, eine neue ozeanische Bodenkruste zu bilden.[76] Durch die ständige Bewegung der Erdkruste entstehen ozeanische Becken und große Verwerfungen wie das afrikanische Rift Valley bzw. kleinere wie die San Andreas Spalte in Kalifornien (wo sich zwei Plattenteile aneinander vorbeibewegen). Dieser tektonische „Aufruhr im Zeitlupentempo" ist schwer nachzuempfinden, weil wir daran gewöhnt sind, die Erde unter unseren Füßen als fest und zuverlässig anzusehen – Terra firma –, doch er wird häufig von Erdbeben und Vulkanausbrüchen begleitet, die nur allzu spürbar sind. Wie heute wissenschaftlich allgemein anerkannt, haben sich die Kontinentalplatten in den Jahrmilliarden der geologischen Zeitrechnung ständig verlagert. Im Devon trennten sich die Wege der großen Krustenplatten teilweise voneinander, doch im Trias fanden sie sich zu einer großen Landmasse zusammen, die die Paläogeographen Pangäa nennen. Die Existenz dieses Superkontinent spiegelt sich heute noch am sauberen Zusammenpassen der gegenwärtigen östlichen Küstenlinie von Nord- und Südamerika mit der westliche Küstenlinie von Europa und Afrika wider. Im späten Mesozoikum und im Känozoikum drifteten die Platten wieder in Richtung auf ihre heutigen (noch immer wechselnden) Positionen auseinander. Dadurch wurde das einst zusammenhängende Verbreitungsgebiet der heutigen Lungenfische derart zerrissen.

Könnten wir auf eine Karte Pangäas, z.B. aus dem Trias, schauen, so würden wir darauf weder einen Altantischen noch einen Indischen Ozean finden. Es gab damals jedoch ein riesiges Meer, das Tethys-Meer, das nach Osten hin offen war und sich westwärts bis zwischen die eurasischen und afrikanisch-arabischen Küsten erstreckte. Als der Superkontinent Pangäa gegen Ende des Mesozoikums auseinanderzubrechen begann, bewegten sich die kontinentalen Landmassen voneinander weg und öffneten das Atlantische und das Indischen Ozeanbecken, schlossen gleichzeitig aber das Tethys-Meer, von dem nur noch Überreste in Form des heutigen Mittelmeers (teilweise!) und des Schwarzen Meers existieren.

Während Pangäa auseinanderbrach, wurde die Oberfläche der Erde vielfach gedehnt und wieder zusammengedrückt: Die Platten brandeten ineinander (zumindest im geologischen Sinne) und verursachten die Auffaltung gewaltiger Gebirgszüge, wie z.B. des Himalaya, der zu den jüngsten Gebirgen der Erde gehört und sich dort erhebt, wo sich die Indische Subplatte in die asiatische Platte

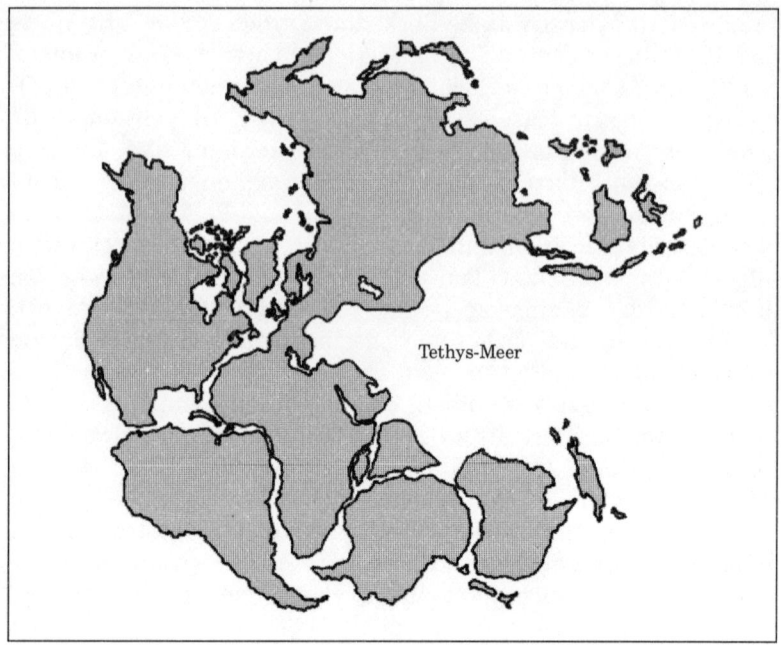

Abb. 20: Position der Kontinente vor 250 Millionen Jahren, als sie eine einzige Landmasse, Pangäa, bildeten.

schiebt. Starke Erdbeben und Vulkanismus findet man auch längs der Randzonen der Großplatten, während sie sich aneinander vorbeischieben; das verursacht z.B. die „Feuerspur" aktiver Vulkane rund um den pazifischen Ozean. Dort, wo die Platten auseinanderdrifteten, wuchsen der Atlantische und der Indische Ozean, und durch Spreizung des Meeresbodens und Aufwölbung des Mantels bildeten sich unterseeische Rücken und Bergketten. Das beste Beispiel dafür bietet der Mittelatlantische Rücken. Island ist die größte einer Reihe von Inseln, die auf dem Mittelatlantischen Rücken entstanden sind. In Island herrscht auch heute noch ständig vulkanische Aktivität, und 1963 wuchs sogar eine ganz neue Insel (Surtsey) vor Island aus dem Rücken hervor. Von Nord nach Süd zieht sich über Island ein großer Graben, der nichts anderes als die Mittellinie des Mittelatlantischen Rückens ist. Diese Spalte weitet sich langsam, aber stetig, da sich Nordamerika und Europa noch immer voneinander entfernen. (Die Wanderungsgeschwindigkeit der Platten beträgt dabei einige Zentimeter pro Jahr – etwa so schnell, wie Fingernägel wachsen.)

Geologisch gesehen sind der Atlantische und der Indische Ozean recht junge Phänomene. Erst gegen Ende des Mesozoikums begann sich zwischen Europa und Afrika einerseits und der amerikanischen Landmasse andererseits der Atlantik zu öffnen. Im östlichen Brasilien gibt es eine Reihe von Fossillagern, die sich damals längs der Küste dieses sich gerade öffnenden, noch seichten Atlantischen Ozeans erstreckt haben müssen. Dort fand man auch die erst kürzlich beschriebene, fossile Hohlstachlergattung *Axelrodichthys*, die daher gerade aus der Zeit datiert, als sich Südanmerika von Afrika trennte und die Dinosaurier an Land ihre letzte Blüte erlebten.

Vor etwa 125 Millionen Jahren, als sich durch die Trennung von Afrika und Südamerika der Südatlantik bildete, begann sich auch das Indische Ozeanbecken zu öffnen, denn die Antarktis, Australien und Indien drifteten von Afrika weg. Anfangs lag die Subplatte, auf der das heutige Madagaskar liegt, eingekeilt zwischen Ostafrika und Indien, doch als Indien wegwanderte, bewegte sich Madagaskar an der afrikanischen Küste entlang nach Süden und etreichte vor ca. 50 Millionen Jahren ungefähr seine heutige Position zu Afrika. Anschließend bildete sich durch Trennung der arabischen und der afrikanischen Platte das Rote Meer, ein Prozeß, der vor vielleicht ca. 30 Millionen Jahren einsetzte. Vor nur etwa 10 Millionen Jahren begann sich südlich davon die Somali-Platte, die den östlichen Teil des südlichen Afrika und den Boden des Indischen Ozeans bis hinter die Seychellen bildet, vom übrigen Afrika zu entfernen. Am westlichen Rand der Platte entstanden daraufhin eine große, vulkanisch aktive Verwerfungszone, die wir das Afrikanische Rift-System nennen.

Wo befanden sich damals die Comoren? Nirgendwo, denn sie existieren erst seit längstens 5 Millionen Jahren. Dieser Archipel ist geologisch noch außerordentlich jung; er wurde von tiefseeischen Vulkanen gebildet, die mehrere tausend Meter vom Meeresboden aufragen. Die Comoren entstammen jedoch einem anderen geologischen Prozeß als die vulkanischen Inseln, die vom Mittelozeanischen Rücken emporgehoben wurden. Geologen haben im Erdmantel Vulkanherde entdeckt, die sie „Hot Spots" –

heiße Flecken – nennen. (Der englische Ausdruck ist so gebräuchlich, daß er im folgenden weiterverwandt wird.) An diesen Stellen zwingen Konvektionsmuster in tieferen Schichten des Erdmantels geschmolzene Magma aufwärts in die Lithospähre (die starre oberste Lage der Erde). Hot Spots können *überall* in den darüber-

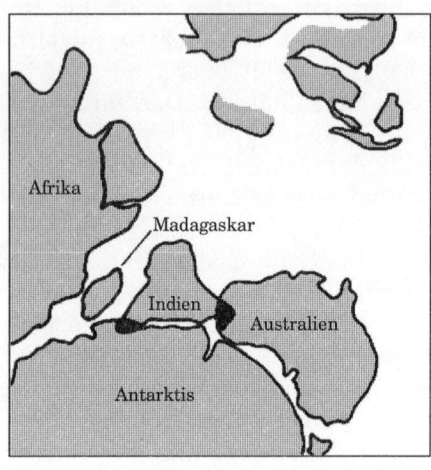

Abb. 21: Die relative Lage von Afrika, Australien, Indien, Madagaskar, der Antarktis und Teilen von Asien vor 140 Millionen Jahren. Nach Besse und Courtillot.

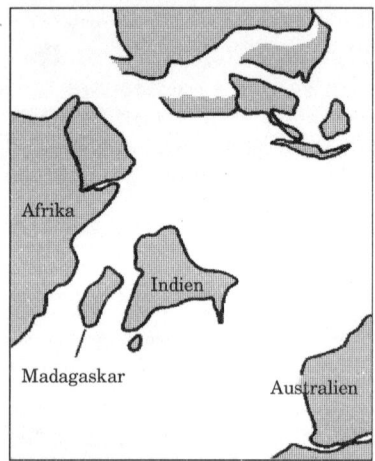

Abb. 22: Die gleiche Karte wie in Abb. 21 vor 85 Millionen Jahren.

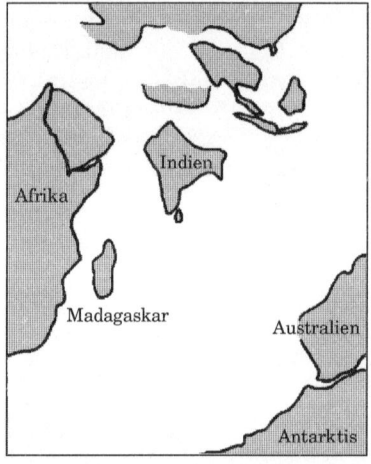

Abb. 23: Die gleiche Karte wie in Abb. 21 und 22 vor 48 Millionen Jahren.

liegengen Krustenplatten durchbrechen und vulkanische Aktivitäten auslösen – nicht nur an den Rändern, wo wir Vulkanismus finden, der aus der Schwäche in der aktiven Grenzregion zwischen den Platten resultiert. Diese Hot Spots bleiben mehr oder minder an Ort und Stelle fixiert und behalten ihre geographische Position bei.[77] Wenn sich eine Platte über einen Hot Spot bewegt, entsteht in ihrer Kruste eine Kette von Vulkanen, die man heute Hot-Spot-Bahnen nennt und deren Position den Verlauf der Plattenwanderung erkennen läßt. Es waren solche Vulkanketten, die die Geologen auf die richtige Spur brachten, und der erste Ort, an dem Hot Spots ausfindig gemacht wurden, war auf Hawaii. Der Hawaii-Archipel besteht aus einer Kette vulkanischer Inseln, die sich in der Mitte der Pazifischen Platte gebildet haben. Der amerikanische Geologe James Dwight Dana entdeckte vor rund 100 Jahren die ersten Hinweise auf dieses Phänomen.[78] Er fand heraus, daß die Inseln von Südosten (Hawaii) bis nach Nordwesten (Niihau) immer älter wurden und die jüngeren Inseln vulkanisch aktiver waren als die älteren. Heute nehmen wir an, daß die Inseln entstanden, als die Pazifische Platte nach Nordwesten wanderte und dabei diesen bedeutendenden Hot Spot passierte.

Als die Somali-Platte von „Afrika" wegdriftete, passierte sie zwei große Hot Spots im Mantel; heute können wir einen (den comorianischen Hot Spot) am westlichen Rand der Comoren und den anderen (den Hot Spot von Réunion) in der Nähe der südlichen Spitze des Réunion-Mauritius-Maskarenenrücken-Systems lokalisieren. Diese Hot Spots brachten zwei Vulkanketten ähnlich der Hawaii-Kette hervor; dabei wurde vulkanisches Material aus 3000 m Tiefe ausgestoßen, und es bildeten sich Inseln, Riffe und Bänke.[79]

Die Comoren sind die jüngsten und westlichsten Gebiete, die vom cormorianischen Hot Spot ausgespien wurden. (Die Seychellen gehören geologisch nicht zu dieser Kette; sie sind ein winziges verdriftetes Kontinentalstück.) Zunächst bildeten sich die Amiranten- und die Farquhar-Inseln. (Absolute Datierungen sind ein Problem, denn Gesteinsdatierungen mit Hilfe der Kalium-Argon-Methode hängen davon ab, daß man unverschmutzte Proben von vulkanischem Gestein zur Verfügung hat. Wo eine Insel eine Kappe aus Korallenstöcken und Sand trägt, sind die Felsen, die die Basis bilden, oft von der Oberfläche her nicht sichtbar.) Als nächstes ließ der Hot Spot eine Reihe von Vulkanen an der Nordspitze von Madagaskar entstehen. Diese Vulkane werden auf ca. 10,4 Millionen Jahre datiert; zu ihnen gehört auch der erodierte Vulkankegel, der den herrlichen geschützten Hafen von Diégo-Suarez bildet. Dann, als die Platte im Bogen weiterwanderte, entstanden die Geyser- und die Zelée-Bänke (wo Hunt seinen Schiffbruch erlitt). Heute sind es Korallen- und Sandbänke, die die abgetragenen, ausgewaschenen Spitzen der Vulkane bedecken und schwer exakt zu datieren sind, doch sie müssen etwa 8 Millionen Jahre alt sein. Anschließend bildeten sich die Bänke von Cordelière, Castor und Leven (vielleicht vor ca. 7 Millionen Jahren).

Daraufhin entstanden die Comoren, die, geologisch gesehen, sehr jung sind. Die älteste der vier Inseln ist Mayotte (wo das älteste Gestein auf ca. 5,4 Millionen Jahre und das jüngste auf etwa 830'000 Jahre datiert werden). Für Mohéli nimmt man ein Alter von 2,9 Millionen Jahren an; die jüngsten Gesteinsschichten

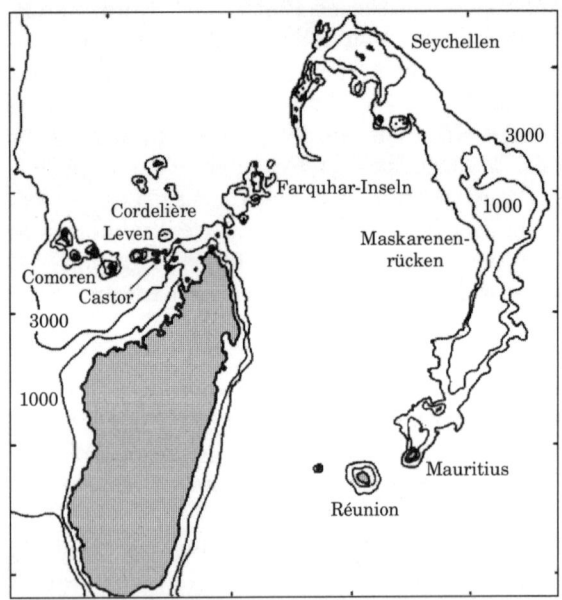

Abb. 24: Karte des westlichen Indischen Ozeans mit den wichtigsten Inselgruppen. Die 1000-m- und die 3000-m-Tiefenlinien sind eingezeichnet.

sind lediglich etwa 140'000 Jahre alt. Anjouan ist wahrscheinlich etwa so alt wie Mohéli; die einzigen datierten Felsen sind 1,3–1,2 Millionen Jahre alt. Grande Comore ist außerordentlich jung, wohl nicht älter als 130'000 Jahre, und die neuesten Gesteine sind natürlich die, die beim letzten Ausbruch des Mount Karthala im Jahre 1977 entstanden.

Parallel dazu erschuf der Hot Spot von Réunion ein Reich von Inseln und Banken, die den Maskarenenrücken (Alter ca. 35 Millionen Jahre), Mauritius (Alter ca. 7,8 Millionen Jahre) und schließlich Réunion (2 Millionen Jahre) sowie Rodriguez (weniger zuverlässig auf ca. 1,5 Millionen Jahre datiert) bilden. Der Maskarenenrücken ist geologisch mit dem östlich gelegenen, sich in Nord-Süd-Richtung erstreckenden Chagos-Lakkadivenrücken verwandt. Beide sind möglicherweise getrennt worden, als sich der Zentralindische Rücken, der sich während der Spreizung des Meeresbodens des Indischen Ozeans – etwa zur gleichen Zeit wie der Mittelatlantische Rücken – bildete, seinerseits spreizte.

Daher stehen wir vor einem großen Rätsel: Wenn die Entstehung der Comoren erst 5 Millionen Jahre zurückliegt, wo in diesem System aus sich entwickelnden ozeanischen Becken, Inseln, Bänken und Rücken lebten die ausgestorbenen Vorfahren der rezenten Coelacanthini während der 65 Millionen Jahre seit Ende der Kreidezeit? Und *wo immer* das auch gewesen sein mag, gibt es sie dort vielleicht auch heute noch?

4 Die Comoren: Fänge, Beobachtungen, erste Resultate

Nul n'ignore plus que ce nom de Coelacanthe
designe un poisson remarcable.
J. Millot und J. Anthony

Der Comoren-Archipel ist geologisch vielgestaltig. Grande Comore ist die jüngste der vier Inseln. Ihr größter Vulkan, Mount Karthala, brach zum letzten Mal im Jahre 1977 aus; überall findet man heute noch frische Lavaströme. Anjouan, ein stark abgetragenes, unfruchtbares Eiland, ist wahrscheinlich die nächstältere Insel, obwohl man dort keine aktiven Vulkane findet. Mohéli und Mayotte sind älter und weniger steil und gebirgig, da die Erosion den weichen vulkanischen Felsen abgetragen hat. Die Küstenregionen von Grande Comore und Anjouan sind felsig, und die Klippen fallen unter Wasser sehr steil ab. Die Westküste von Grande Comore ist besonders schroff und wüst; im allgemeinen beträgt die Wassertiefe in 1 km Entfernung von der Küste 400–500 m und mehr. Grande Comore und Anjouan, die beiden Inseln, vor denen man Comoren-Quastenflosser gefangen hat, sind insofern interessant, als ihnen ein typisches Saumriff und eine Lagune fehlen. Vor Grande Comore findet man gar keine Riffe und auf Anjouan lediglich einige verstreute Fleckenriffe. Mayotte weist wohl die komplexeste geologische Geschichte der Inselgruppe auf und besitzt ein einzigartiges Doppelriff. Überall auf den Comoren ist die See rauh und stürmisch; Fischerdörfer sind selten und liegen weit verstreut an Küstenabschnitten, wo die Männer ihrem Handwerk nachgehen können, d.h., meist an der Westseite der Insel.

Die Inseln sind ringsum von ca. 3000 m tiefem Wasser umgeben. Im Osten, zwischen den Comoren und Madagaskar, erheben sich zwei unterseeische Gebirge mit flachen Bänken und Riffen: die Geyser- und die Zelée-Bänke in der Nähe der Comoren und die

Cordelière-, Leven- und Castor-Bänke in der Nähe von Madagaskar. Im Westen, an der afrikanischen Küste, liegt Mosambik, im Nordosten liegen Aldabra, Assumption, Cosmoledo und die Astoven.

Die Comoren besitzen eine wechselhafte Geschichte. Die Bevölkerung der Comoren führt ihre Herkunft hauptsächlich auf madagassische, afrikanische und arabische Wurzeln zurück. Im 18. Jahrhundert waren die Comoren eine wichtige Nachschubstation für englische und holländische Handelsschiffe, weil es dort Süßwasser gab. Die Inseln wurden regelmäßig von Piraten aus Diégo-Suarez auf Madagaskar überfallen und dienten dann den Freibeutern als Unterschlupf, die vornehmlich von dem geschützten Hafen von Dsaudsi aus operierten. Die comorianischen Sultane suchten Schutz bei den europäischen Mächten (einige der Piraten stammten aus dem britischen Westindien), und bald begannen erst Briten und dann Franzosen damit, die Inseln zu übernehmen. Als Antwort auf die britische Anwesenheit in Sansibar annektierten die Franzosen 1843 die Insel Mayotte (1886 wurden auch die übrigen Comoren-Inseln französisches Protektorat), und sie förderten den Anbau des wichtigsten Ausfuhrartikels der Comoren, des Ilang-Ilang-Baumes, aus dessen Blüten eine entscheidende Komponente von Parfüms, wie Chanel No. 5, gewonnen wird. 1912 wurden die Inseln französische Kolonie, deren Administration von dem geschützten Hafen von Dsaudsi aus regierte.

1975 riefen die Comoren ihre Unabhängigkeit aus. In einem Referendum entschied sich jedoch 1976 eine große Mehrheit der Bevölkerung von Mayotte, bei Frankreich zu bleiben, und sie schickten einen Senator und einen Abgeordneten zur Nationalversammlung nach Paris. Die drei Inseln, die die Vereinigte Islamische Republik der Comoren bildeten, gerieten bald unter ein extremistisches Regime. Während der daraus resultierenden Anarchie wurden Landbesitzer und religiöse Gemeinschaften attakkiert und selbst Regierungsstellen (Verwaltung, Öffentliche Bibliotheken) systematisch gesäubert und Archive zerstört. Die „Ordnung" wurde erst 1978 durch die Landung einer französischen Söldnertruppe wiederhergestellt. Da die Comoren eine strategische Schlüsselstellung am nördlichen Ende der Straße von Mosambik einnehmen, hatten sowohl westliche als auch mittelöstliche Mächte sowie die Südafrikaner ein starkes Interesse daran, daß sie pro-westlich blieben.

Anfang 1990 befanden sich die Comoren erneut im Aufruhr. Als der wiedereingesetzte Präsident, Ahmed Abdallah, im November 1989 ermordet wurde, wurden die Söldner durch französische Truppen ausgewiesen.

Die Comoren, eine bitterarme Region, mühen sich mit einer der höchsten Bevölkerungsdichten in ganz Afrika ab. Die Wirtschaft des Landes war immer von der Ausfuhr von Agrarprodukten bzw. Duftpflanzen abhängig; besonders destilliertes Ilang-Ilang-Öl brachte einige der bitter benötigten Devisen. Doch der Bedarf an Nahrungsmitteln hat diese ökonomische Basis ausgehöhlt; die Getreidesorten – vorwiegend Reis –, die in neuerer Zeit an Stelle des Ilang-Ilang angepflanzt worden sind, bringen nicht genug Ertrag, um die Bevölkerung zu ernähren, und es ist kein Geld da, um Nahrungsmittel zu importieren. Entwaldung und Bodenerosion sind heutzutage auf den Comoren weitverbreitet, und die Probleme verschärfen sich fortwährend. Wie wir im letzten Kapitel noch sehen werden, läßt die bittere Armut der Comoren um den Bestand des Comoren-Quastenflossers fürchten. In dieser Region des Mangels ist der Fisch eine potentielle Einnahmequelle. Ein örtlicher Fischer kann einen Quastenflosser entweder an die Regierung verkaufen oder auf dem Schwarzen Markt und dabei mehr verdienen als sonst in einem ganzen Jahr. Bevor Smith und später Millot ihre Flugblätter verteilten, besaß der Fisch noch keinerlei kommerziellen Wert, denn sein Fleisch ist zum Verzehr zu ölhaltig. Die bescheidenen Fischzüge, die von comorianischen Fischerdörfern aus möglich sind, beschränkten sich traditionsgemäß auf einige wenige Fischarten, und selbst dann fängt ein Fischer im allgemeinen nur wenig.

Seit 1952 interessieren sich zahlreiche verschiedene Wissenschaftler für Quastenflosser, und viele von ihnen sind auf die Comoren gereist, um die Fische in möglichst frischem Zustand zu untersuchen. In den Jahren zwischen 1952 und 1986 hat eine Exkursion nach der anderen Quastenflossern mit modernen Methoden und Ausrüstungen, mit Trawlern und Tiefseeleinen, mit Unterseebooten und Tauchern nachgestellt, doch keine einzige hatte Erfolg. Es ist schon bemerkenswert, daß in den 50 Jahren seit Entdeckung des Comoren-Quastenflossers nur das allererste Exemplar mit moderner Ausrüstung gefangen wurde – und daß dieser Fisch ins Netz ging, war nichts als ein glücklicher Zufall. In allen anderen Fällen hat die „Technik" versagt. Alle folgenden Exemplare wurden von den einheimischen Fischern der Comoren mit ihrer traditionellen Langleinentechnik geangelt.

Das Fischen vor den Inseln ist nicht einfach. Heutzutage besitzen viele Fischer Fiberglasboote mit Außenbordmotoren, doch der traditionelle schwimmende Untersatz ist seit Hunderten von Jahren der Einbaum, und er ist es auch heute noch. Ein solcher Einbaum wird aus einem einzigen Mango- oder Kapok-Stamm hergestellt; dazu wird ein entsprechend langer Holzblock ausgehöhlt und mit einem oder zwei Auslegern stabilisiert. Ein solches Auslegerkanu bietet ein bis zwei Personen Platz und eignet sich gut zum Fischen innerhalb und, in geringerem Umfang, auch außerhalb des Riffs. Auf den Comoren findet man eine breite Palette von Einbäumen; sie reicht von schmalen Ein-Mann-Kanus bis zu größeren Booten, mit denen kleinere Mengen an Handelsware befördert werden.

Auf Grande Comore und Anjouan, wo es keine geschützten, sonnendurchfluteten Lagunen voller Speisefische gibt, müssen die Fischer unter schwierigen Bedingungen an exponierten Stellen arbeiten, wo die Chancen für einen guten Fang eher gering sind. Hier benutzen die meisten Fischer traditionsgemäß ein sehr einfaches Gerät, im Grunde nicht mehr als eine lange Handleine. Die Einheimischen fischen gewöhnlich nicht in Tiefen von mehr als 100–200 m, und sie müssen sich dazu meist nicht mehr als einen Kilometer von der Küste entfernen. Die Männer benutzen eine einzelne Leine mit einem Haken, an dem ein Stück Fisch – Thunfisch oder Fliegender Fisch – als Köder angebracht ist. Ein besonders guter Köder für Quastenflosser soll „Roudi" *(Promethichthys promethus)* sein, der aus derselben Tiefe stammt wie *Latimeria*. Der Haken ist ein ganz gewöhnlicher, kommerzieller Haken an einer dicken Nylonführung, und nahe am Ende der Leine ist eine kurzes Stück Schnur angebracht, an dem mit einem Laufknoten ein Lavabrocken als Gewicht befestigt ist. Die Leine wird heruntergelassen, und wenn die richtige Tiefe erreicht ist, zieht der Fischer kurz und ruckartig, so daß der Lavabrocken aus der Schlinge rutscht. Der Haken mit dem Köder schwebt dann frei über dem Boden, und wenn ein Quastenflosser danach schnappt, wird er zur Oberfläche heraufgezogen.

Die Quastenflosser, die bisher gefangen wurden, waren bis zu

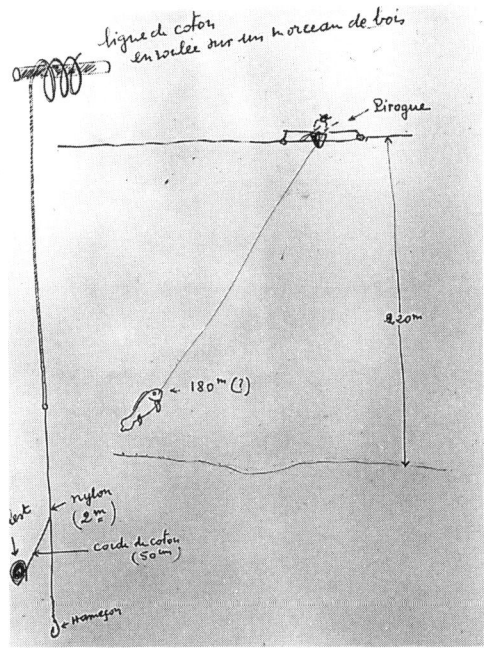

Abb. 25: Skizze der traditionellen Langleinen-Technik, die mir 1966 von einem cormorianischen Offiziellen zugesandt wurde.

180 cm lang und wogen bis zu 75 kg. Ein so großer Fisch muß von dem Mann im Einbaum sehr vorsichtig gehandhabt werden. Es kann länger als eine Stunde dauern, den Fisch heraufzuholen. Der Fischer kann sich nicht leisten, die Fangausrüstung zu verlieren, denn 300 m Leine kosten ungefähr den Verdienst von sechs Monaten Arbeit. Jeder große Fisch, den man heraufholen kann, ist wahrscheinlich wertvoll. Wenn es ein Ölfisch *(Ruvettus pretiosus)* ist, kann man ihn teuer auf dem Markt verkaufen. Falls es aber ein Quastenflosser ist, dann ist das so etwas wie ein Treffer in der Lotterie, und es winkt eine große Belohnung.

Ist der Fisch zum Einbaum heraufgezogen worden, macht ihn ein vorsichtiger Fischer (leider) gewöhnlich durch einen Schlag auf den Kopf kampfunfähig. Ein solcher Fisch ist manchmal sogar zu groß und zu wild, um ihn an Bord zu nehmen; dann befestigt der

Fischer einen großen Haken im Unterkiefer, nimmt den Fisch ins Schlepptau und zieht ihn so zum Strand zurück, immer in Gefahr, daß ihm seine Beute unterwegs von einem Hai weggeschnappt wird. Das kann wieder eine Stunde oder länger dauern. Dann wird im Dorf Alarm gegeben und der kostbare Fisch begutachtet. Gelegentlich, wenn es ein glücklicher Zufall will, gelingt ein Fang, während ein Wissenschaftler in der Nähe ist. Er oder sie hat allen Fischern an der Küste eindringlich klargemacht, daß die Wissenschaft einen weiteren Quastenflosser benötigt, am besten lebend, natürlich. Irgend jemand rennt dann zum Hotel. Der Wissenschaftler oder die Wissenschaftlerin stolpert zum Strand hinunter, und da, im seichten Wasser, liegt der Fisch, um den sich so viele Mythen ranken.

Bisher konnten mindestens fünf Fische noch lebend zum Strand gebracht werden. Wie bereits geschildert, erfolgte der erste derartige Fang 1954, ziemlich bald nach Start des französischen Forschungsprogramms. Ein solch glücklicher Zufall wiederholte sich 1972 auf einer gemeinsamen Expedition von Royal Society/National Academy of Science/National Geographic/Muséum National d'Histoire Naturelle; er wird in den folgenden Kapiteln noch ausführlicher beschrieben.

Im Juli 1966 veröffentlichte das Magazin *Life* eine außergewöhnliche Story mit Fotos von denen es hieß, sie zeigten einen lebenden Comoren-Quastenflosser „in seinem schummrigen und unheimlichen Lebensraum". Der französische Fotojournalist Jacques Stevens, so erfuhr man aus dem Blatt, befand sich auf einem nächtlichen Tauchgang, als „aus der geisterhaften Dunkelheit in ca. 130 Fuß [knapp 45 m] unter der Meeresoberfläche ein Quastenflosser direkt auf ihn zugeschwommen kam". Der Fisch war „schleimbedeckt" und „seine riesigen phosphoreszierenden Augen starrten mich an …" Stevens' Filmkamera klemmte nach ein paar Metern Film, und das Blitzlicht seines Fotoapparates „verwirrte und beunruhigte ihn zeitweise. Dann schwamm der Quastenflosser davon und verschwand wieder in der Tiefe."

Die Bilder, die Stevens publizierte, waren wirklich eindrucksvoll, und es sind die ersten von einem lebenden Comoren-Quastenflosser. Doch sobald Wissenschaftler in aller Welt die beiden Fotos sahen, wurde klar, daß die Story unnötig ausgeschmückt worden war; eine Menge daran konnte nicht stimmen. Der Fisch, der gegen einen Hintergrund von Korallen abgebildet war, die man nur in sehr seichtem Wasser findet, wurde nicht nur vom Blitzlicht des Fotografen beleuchtet, sondern offensichtlich auch vom Sonnenlicht. Die Schnauze des Fisches wies senkrechte Linien auf, wo Pigmente fehlten – eine Hautabschürfung, wie sie typischerweise durch das Scheuern einer Angelschnur entsteht. Der Kiemendeckel (Operculum) war von Blut gerötet, ein Hinweis auf Streß und Atemnot. Die Augen waren trüb, was vermuten ließ, daß der Fisch schnell aus größeren Wassertiefen heraufgeholt worden war. Allein schon die Tatsache, daß der Fisch „schleimbedeckt" war, verrät die ganze Geschichte. Der Fisch war zweifellos wie gewöhnlich mit einer Langleine gefangen und mit einiger Mühe zum Strand geschleppt worden. Wahrscheinlich lebte er noch, als man ihn vom Haken nahm und fotografierte, doch viel hatte sicher nicht mehr gefehlt bis zu seinem Ende.

Stevens machte einige Beobachtungen am schwimmenden Fisch. Der Schwanz „diente nicht zum Vorwärtstreiben, sondern arbeitete als Kiel. Er bewegte sich vorwiegend mit seiner zweiten Rückenflosse und der Afterflosse, wobei er die Brustflossen als Stabilisatoren und für Wendemanöver benutzte."

1979 wurde ein weiterer Fisch, der mit einer Langleine gefangen worden war, fotografiert. Die BBC hatte eine Kameramannschaft auf die Comoren geschickt, um einen lebenden Quastenflosser als Attraktion für ihr ehrgeiziges Projekt „Leben auf Erden" zu filmen. Obwohl es der Crew nicht gelang, mit einer Tiefsee-geeigneten Filmkamera an einem Schleppseil Livebilder aufzunehmen, schoß der Fotograf Peter Scoones einige sehr schöne Bilder eines lebenden Quastenflossers, die weltweit in vielen Magazinen veröffentlicht wurden. Scoones war für die BBC auf Grande Comore gewesen, als örtliche Fischer ein Exemplar heranschleppten und es im Schatten unter einigen Einbäumen festbanden. Scoones befreite das Tier und versuchte es wiederzubeleben, indem er Wasser über seine Kiemen laufen ließ. Er schaffte es, einige wenige gute Fotos zu schießen, obwohl der Fisch bereits in ziemlich erschöpftem Zustand war.[81]

In den Jahren zwischen 1953 und 1963, als die Franzosen die Suche nach Quastenflossern aktiv betrieben, wurden 23 Exemplare gefangen, doch nur bei einer Gelegenheit (1954) beobachteten sie ein lebendes Exemplar systematisch. Mehrere weitere Quastenflosser waren vielleicht noch am Leben, als sie an den Strand gebracht wurden, doch die Wissenschaftler saßen nun in Paris, und die Fische wurden so schnell wie möglich konserviert. Offensichtlich war es zu kostspielig, einen Wissenschaftler ständig auf jeder Insel zu stationieren, denn die Fangschance war relativ klein. Und die Entfernungen von anderen Plätzen, an denen Wissenschaftler gewöhnlich arbeiten, waren zu groß, als daß jemand auf Abruf hätte schnell einfliegen können. Daher wurde jedes Exemplar in Formaldehyd fixiert – die Konservierungsflüssigkeit, die Ichthyologen für alles verwenden – und nach Paris geschickt, zum Laboratoire d'Anatomie Comparée im Muséum National d'Histoire Naturelle.

In Paris brachten die Untersuchungen zur Anatomie des Comoren-Quastenflossers erste Ergebnisse. Im Lauf der Jahre erschienen Dutzende von Fachartikeln und drei Bände einer üppig illustrierten Monographie, *L'Anatomie de Latimeria chalumnae*.[82] Skelett, Muskulatur, Nervensystem, Sinnesorgane, Fortpflanzungsorgane und Verdauungstrakt sind darin detailliert beschrieben. In neuerer Zeit sind diese Untersuchungen von Dr. Daniel Robineau und anderen fortgeführt worden. Es war ein Mammutunternehmen und vielleicht eine der letzten großen Arbeiten auf dem Gebiet der formalen, beschreibenden Anatomie.

Die wissenschaftliche Welt zollte dem anatomischen Werk der Franzosen Respekt, doch es gab noch so viele offene Fragen. So wollten wir z.B. wissen: Welche Funktion haben alle diese Muskeln? Wie schwimmen Quastenflosser? Wo genau leben sie? Sie besitzen dieses seltsame Rostralorgan, doch wozu dient es? Wie pflanzen sie sich fort? Wie fressen sie? Was fressen sie? Zu dieser Zeit durfte noch niemand außer den Franzosen an *Latimeria chalumnae* arbeiten, sie besaßen praktisch ein Monopol. Daher mußten nicht-französische Wissenschaftler ihre Interpretationen auf den anatomischen Daten aufbauen, die die Franzosen lieferten – Analysen aus zweiter Hand sozusagen.

Daten über die Biologie lebender Quastenflosser blieben bis 1966 frustrierend spärlich. Es war fast so, als ob die herrlichen Exemplare in Paris irgendwie nicht mehr als besser erhaltene Fossilien seien. Die Informationen, die man aus ihnen gewinnen konnte, waren gleichzeitig umfassend und begrenzt.

Langsam kamen mehr und mehr Teile des Puzzles zutage; so untersuchten die Franzosen z.B. den Mageninhalt der sezierten Tiere. Die Quastenflosser hatten Fische und Tintenfischschnäbel im Magen. Die Beutefische stammten aus ganz verschiedenen Lebensräumen, einige vom Sandboden aus etwa 200 m Tiefe, andere aus mittleren Wasserzonen, wie die Laternenfische (Myctophidae). Laternenfische sind nur 10–20 cm lang, zeigen aber ein ganz besonders interessantes Verhalten.[83] Sie unternehmen täglich vertikale Wanderungen – den Tag verbringen sie in der Tiefe, nachts kommen sie an die Oberfläche, um dann mit Beginn der Morgendämmerung wieder abzusteigen. Die Laternenfische richten sich dabei anscheinend nach der Beleuchtungsstärke und begleiten eine riesige Wolke wirbelloser Tiere, die im selben Tag-Nacht-Rhythmus auf und nieder wandern, fressen und ihrerseits von größeren Fischen gefressen werden. Diese gemeinsamen Vertikalwanderungen sind in manchen Gebieten von einer derartigen Größenordnung, daß man sie mit dem Echolot von Forschungsschiffen leicht abbilden kann. Das Phänomen wurde im Zweiten Weltkrieg von Wissenschaftlern der U.S. Navy entdeckt, die mit Echolot experimentierten; sie nannten es „tiefe Streuschicht". Diese tägliche Wanderbewegung wurde aufgezeichnet, lange bevor irgend jemand begriff, daß das, was man da sah, aus einer Wolke von Lebewesen bestand – eine organische, belebte Milchstraße von Beutetieren und ihren Verfolgern im Meer.

Wo innerhalb dieser Wanderung macht *Latimeria* Jagd auf Mittelwasserfische? Wenn sich Quastenflosser regelmäßig von diesen Fischen ernähren, wandern sie auch täglich auf und nieder? Oder lauern sie eher an Ort und Stelle und warten darauf, daß die Nahrung ihnen direkt ins Maul schwimmt?

Die Schlußfolgerungen der französischen Gruppe in bezug auf das seltsame Intercranialgelenk des Quastenflossers waren für viele eine Überraschung.[84] Die Franzosen kamen zu der Ansicht, daß dieses Gelenk völlig unbeweglich und ein Relikt, vergleichbar dem menschlichen Appendix (Wurmfortsatz), sein müsse.* Doch

---

* Wie man aus vergleichenden Embryonalstudien weiß, muß dort, wo sich das Intercranialgelenk befindet, bei allen Wirbeltieren der Ort gewesen sein, wo die beiden Hauptbestandteile, die in der frühen Entwicklung die Basalregion der Vorder- und Rückseite des Hirnschädels (Neurocranium) bilden, fusionieren. Daher besagte eine Theorie, daß dieses persistierende Gelenk bei *Latimeria* ein Relikt aus der Embryonalzeit sein müsse, das aus irgendeinem unbekannten Grund am Zusammenwachsen gehindert wird.

diese Schlußfolgerung paßte nicht zu einem anderen, hochinteressanten Ergebnis der anatomischen Untersuchungen an *Latimeria*. Wie bereits von Smith entdeckt und von den Franzosen bestätigt, gibt es einen bisher völlig unbekannten, paarigen Muskel, der sich auf jeder Seite der ventralen Mittellinie des Schädels über das Gelenk erstreckt und die beiden scharniergelenkartig aufgehängten Teile verbindet. Es existiert also nicht nur ein Gelenk, sondern auch ein Muskel, der vermutlich den vorderen Teil des Hirnschädels nach unten und nach hinten bewegt.

Die Wirbelsäule von *Latimeria* ist insofern interessant, als sie, wie bei allen Fleischflossern, nur aus einigen kaum verknöcherten Knorpelringen besteht, die eine steife, aber elastische, flüssigkeitsgefüllte Chorda dorsalis umhüllen. Das sieht wieder wie ein Rückfall in embryonale Verhältnisse aus, denn die Chorda dorsalis stellt sowohl in der Stammes- als auch in der Embryonalentwicklung der Wirbeltiere eine sehr primitive Struktur dar. Unser verknöchertes Rückgrat hat sich erst später in der Stammesgeschichte entwickelt. Bei den Vorfahren und den frühen Vertretern der Vertebraten war die Chorda dorsalis, der in der Rückenregion gelegene Achsenstab, das hauptsächliche Stützelement und als Struktur so typisch, daß sie dem ganzen Tierstamm – Manteltiere (Tunicata), Schädellose (Acrania) und Wirbeltiere (Vertebrata) – den lateinischen Namen verlieh: die Chordaten. Bei den meisten höheren Wirbeltieren bildet sich die Chorda dorsalis recht früh in der Entwicklung, doch dann stellt sie ihr Wachstum ein, und die massiven Knochenelemente der Wirbelsäule umwachsen sie.*

---

* Diese Knochenelemente ersetzen normalerweise die Chorda dorsalis als das hauptsächliche Stützelement; sie wachsen als Bögen um den dorsalen Nervenstrang, das Rückenmark, und bilden dabei eine komplexe Struktur, die Wirbelsäule oder das Rückgrat, aus. Bei Reptilien, Vögeln und Säugern (und damit auch beim Menschen) ist die Chorda dorsalis im erwachsenen Organismus fast vollständig durch die Wirbelsäule ersetzt, doch ein Überbleibsel dieses Achsenstabs bleibt zwischen den knöchernen Wirbeln in Form der bekannten Bandscheiben erhalten, die eine Art stoßdämpfende Unterlegscheiben bilden. Wenn eine solche Bandscheibe verletzt ist, schrumpft (atrophiert) oder verrutscht, kann sie auf die Nerven drücken, die, vom Rückenmark kommend, zwischen den Wirbeln austreten, um die Extremitäten etc. zu versorgen; das führt unter Umständen zu schrecklichen Schmerzen.

Die Chorda dorsalis von *Latimeria* ist nicht nur groß, sondern hohl und mit einer Flüssigkeit gefüllt, wie schon Majorie Courtenay-Latimer und der Präparator beim Öffnen des ersten Exemplares bemerkten. Eine derartige Chorda findet man, soweit wir wissen, nur bei den Coelacanthini; ihr eigenartiger Bau muß Auswirkungen auf Art und Weise haben, wie diese Fische schwimmen, doch wir wissen bisher nichts Genaueres darüber. Die Chorda dorsalis hat beim erwachsenen Quastenflosser die Funktion eines Rückgrats. Sie ist stabil und gleichzeitig flexibel und arbeitet wahrscheinlich ähnlich wie eine Spiralfeder. Wenn der Körper sich hin- und herbiegt, wird, so nimmt man an, in dieser Feder Energie gespeichert und anschließend wieder freigesetzt.[85] Interessanterweise bildet die Chorda dorsalis auch bei den Lungenfischen den Hauptteil des Rückgrates. (Sie ist – zumindest bei den rezenten Formen – jedoch nicht hohl.) Das könnte bedeuten, daß alle diese Fische erstmals auftauchten, bevor sich bei den Wirbeltieren eine komplexe knöcherne Wirbelsäule entwickelte. Wenn diese Annahme richtig ist, entstand das *knöcherne* Rückgrat später zweimal parallel – einmal bei den höheren Strahlenflossern und einmal bei den Fleischflossern/Tetrapoden.

Bei den Coelacanthini verläuft die Chorda nach vorn bis unter die hintere Hälfte des Hirnschädels und ist am Hinterende der vorderen Hälfte befestigt. Sie muß daher in irgendeiner Form auch an der Funktion des Intercranialgelenks beteiligt sein, und diese Befestigung der Chorda könnte die Annahme unterstützen, das Gelenk sei unbeweglich. Eine Theorie geht davon aus, daß das Gelenk vielleicht lediglich als eine Art Stoßdämpfer zur Absorption der Kräfte dient, die beim Zubeißen von den Kiefern entwickelt werden. Andererseits spricht die Anwesenheit der großen, spezialisierten subcranialen (unter dem Schädel liegenden) Muskeln gegen alle diese „passiven" Theorien. Die Schwierigkeit lag darin, daß man keine Möglichkeit hatte festzustellen, wie unbeweglich das Gelenk denn nun tatsächlich war. Exemplare, die in Formaldehyd fixiert werden, werden rasch sehr hart; das gilt besonders für alle Bänder und das Bindegewebe. Bei allen konservierten Exemplaren war das Gelenk also in jedem Fall so unbeweglich, wie es die Franzosen annahmen. Niemand hatte es am frischtoten Tier untersucht.

Ausgehend vom Bau der Flossen, begannen die Wissenschaftler
darüber zu spekulieren, wie diese Fische wohl schwimmen. Der
muskulöse, seitlich abgeplattete Schwanz war offensichtlich sehr
kräftig, sah aber nicht sehr flexibel aus und war sicherlich nicht
der Typ Schwanz, den man bei Dauerschwimmern, ob langsamen
oder schnellen, findet. An dem 1954 lebend gefangenen Exemplar
beobachteten die Franzosen, daß es langsam schwamm „mit sonderbaren Drehbewegungen seiner Brustflossen, wobei die zweite
Rückenflosse und die Afterflosse, ebenfalls sehr beweglich, zusammen mit dem Schwanz als Ruder dienten".[86] Und was war mit den
muskulösen, fleischig-lappigen, paarigen Flossen? Aus Vergleichen mit den rezenten Lungenfischen und aus Analogien mit
vierfüßigen Wirbeltieren (wie Amphibien) sowie anderen Fischen
mit verschiedenen „Beinversionen" (wie Schlammspringern und
Wanderwelsen, beides sehr fortschrittliche Strahlenflossergrup-
pen, die nur noch sehr entfernt mit den Fleischflossern verwandt
sind) schien es ursprünglich, als ob die gliedartigen Flossen dazu
dienten, sich von einem festen Untergrund abzustoßen. Sie sind
nicht besonders kräftig gebaut und können daher auch keinen
energischen Stoß ausführen, doch im Wasser ist ein Fisch nahezu
gewichtslos. All das stimmte mit der Ansicht überein, daß die
Fische auf oder nahe bei steil abfallenden unterseeischen Hängen
der Inselbasis lebten.

Die Fortpflanzung ist ein weiteres interessantes Problem. Die
Franzosen hatten den Geschlechtstrakt von Männchen und Weibchen seziert und die Ergebnisse veröffentlicht. Der Befund der
anatomischen Untersuchungen war jedoch in bezug auf die Frage,
ob die Coelacanthini lebendgebärend waren, wie Professor Watson
1926 aufgrund der Fossilfunde vermutet hatte, recht widersprüch-
lich. Im weiblichen Genitaltrakt fehlte jedweder Hinweis auf Schalendrüsen. Wenn die Eier daher ins Wasser abgegeben würden,
wären sie schalenlos und damit mehr oder minder schutzlos.[87]
Andererseits schien es unmöglich zu sein, daß die Weibchen lebendgebärend waren, weil die Männchen kein einführendes Organ, nichts einem Penis Vergleichbares, aufwiesen, mit dem sie ihr
Sperma in den Genitaltrakt des Weibchens hätten einschleusen
können. Die Männchen sind durch eine Rosette von Caruncula,
stachligen Schüppchen, charakterisiert, die rund um die Öffnungen des Fortpflanzungs-, Harn- und Verdauungstrakts stehen.

Doch diese Caruncula kamen als Einführungsvorrichtung kaum in Frage. Es sah so aus, als ob Eier und Samen, wie es bei den allermeisten Fischen der Fall ist, direkt ins Wasser abgegeben würden. Besamung und Befruchtung müßten daher im Wasser stattfinden und die Eier mehr oder weniger ungeschützt heranwachsen. In diesem Fall wäre sicherlich eine gewisse elterliche Fürsorge angebracht. Man weiß z.B. von Lungenfischen, den Vettern der Coelacanthini, daß sie ihre Eier in Nester legen, die von den Eltern bewacht werden. Vielleicht, so spekulierte man, erfüllen die beweglichen und kompliziert gebauten paarigen Flossen dabei zusätzliche Funktionen. Diese Kette von Schlußfolgerungen wurde durch die Entdeckung, daß sich im Inneren des 18. französischen Exemplars (einem 180 cm langen Weibchen, gefangen am 1.1.1960) eine große Anzahl von meist kleinen und sonderbar gefärbten Eiern befand, unter denen nur einige wenige ungefähr die Größe eines Hühnereies erreichten (7 cm im Durchmesser), zwar nicht bestätigt, aber doch auch nicht widerlegt.[88]

Bis 1972 war eine bedeutende Anzahl von Quastenflossern auf den Comoren gefangen und konserviert worden – genau gesagt, 68 Tiere, doch zwei gingen verloren, und von weiteren zweien ist der Aufenthaltsort unbekannt –, und das französische Team hatte über jeden Fang und den späteren Verbleib der Exemplare sorgfältig Buch geführt. Das reichte aus, um damit zu beginnen, eine interessante „Bevölkerungsstatistik" über die Population der Quastenflosser auf den Comoren zusammenzustellen.

Obwohl der Comoren-Archipel aus vier Inseln besteht, hat man *Latimeria* nur vor zweien von ihnen gefangen – vor Grande Comore und Anjouan. Die meisten Exemplare (44 von 64) gingen vor Grande Comore an den Haken, und alle bis auf zwei wurden in Dörfern an der Westküste an Land gezogen. Obwohl die Fische rund ums Jahr gefangen wurden, fielen die meisten Fänge auf die Monate von Dezember bis März, und zwar stets nachts. Die Fangtiefe lag dabei zwischen 80 m und 600 m. Die Franzosen hatten nämlich große Anstrengungen unternommen, die einheimischen Fischer zu veranlassen, unterhalb ihrer normalen Fangtiefe von ca. 100 m zu angeln. Daraufhin fingen die Fischer weiterhin Quastenflosser – bis hinunter in eine Tiefe von 600 m. Doch die Rate der frühen Fänge war noch relativ gering – im Durchschnitt zwei bis drei Exemplare pro Jahr, maximal acht im Jahr 1965. Zu diesem Zeitpunkt gaben politische Ereignisse, auf die wir später noch zu sprechen kommen werden, den lokalen Fangbemühungen frischen Auftrieb.

Die Tatsache, daß die Fische nur auf zweien der vier Inseln gefangen wurden, schien auf ein sehr kleines Verbreitungsgebiet hinzuweisen, und die Tatsache, daß die Zahl der Fänge saisonal schwankte, ließ auf eine Art geographischer Wanderung der Fische schließen. Die nächtlichen Fänge deuteten möglicherweise darauf hin, daß die Fische tagsüber in tieferen Gewässerschichten lebten und nachts näher zur Oberfläche aufstiegen, um zu fressen. Das schien sich zu bestätigen, als man die Fischer ermunterte, in tieferen Meereszonen zu angeln. Man stelle sich die Schwierigkeit vor, in einem Auslegerboot sitzend, mit einer 600 m langen Leine im Handbetrieb zu arbeiten!

Mitte der 60er Jahre glaubten viele Zoologen, die Grenze dessen, was man aus konservierten Exemplaren lernen könne, sei erreicht, und wir träumten statt dessen davon, näher an den lebenden Fisch zu gelangen. Kapitän Jacques Cousteau hatte die Comoren bereits 1954 mit seinem Unterseeboot erforscht, jedoch keinen Quastenflosser zu Gesicht bekommen. 1955 versuchte eine Gruppe vom Steinhart-Aquarium in San Francisco eine Expedition zu organisieren, um ein lebendes Exemplar zu fangen und am Leben zu erhalten, doch die Franzosen verweigerten ihre Zustimmung. Dann zeigte sich ein kleiner Hoffnungsschimmer, und hier wird die Geschichte direkt zur Geschichte des Autors, der einer der Träumer war.

Im Jahre 1965 arbeitete ich als 27jähriger Postdoc (Forscher nach der Promotion) am University College der Universität von London. Ich hatte in Harvard bei dem berühmten Zoologen und Paläontologen Alfred Sherwood Romer (zufällig einem der Urheber der Theorie von der Stoßdämpfer-Funktion des Intercranialgelenks) promoviert und führte in London Untersuchungen an fossilen Fischen durch. Ich hatte gerade eine Arbeit über die Intercranialgelenke in der Gruppe fossiler fleischflossiger Fische fertiggestellt, die man Osteolepiformes und Rhipidistier nennt, der Fische also, die von den meisten Zoologen für die Vorfahren der Tetrapoden gehalten werden (Kapitel 3). Ich versuchte zwei Dinge zu verstehen: Was konnte die biomechanische Funktion und Bedeutung des Gelenkes gewesen sein, und wie war die Gelenkregion beim Übergang von Fleischflossern zu den ersten Landamphibien umgewandelt worden, als die betreffenden Fische ihren Freß- und Atmungsmechanismus änderten?[90] Als Ergebnis all dieser Untersuchungen war mein Interesse an dem entsprechenden Gelenk bei *Latimeria* geweckt worden, dem einzig zugänglichen lebenden Modell. Ich fühlte mich, milde gesagt, herausgefordert (irritiert mag besser passen) durch die Aussage, die heute fest in der zoologischen Literatur verankert ist, daß dieses Gelenk bei *Latimeria* unbeweglich sei. Es schien mir intuitiv klar, daß so eine komplexe Struktur von Knochen, Gelenken, Chorda dorsalis und Muskeln eine bestimmte Funktion gehabt und daß es bedeutende intercraniale Bewegungen gegeben haben mußte. Ich baute mechanische Modelle von den Schädeln der Fossilien und von *Latimeria* und arbeitete eine Hypothese aus, wie sie sich bewegt haben könnten und was die Funktion des Gelenks gewesen sein könnte (siehe Kapitel 6).

Als ich meine Arbeit zur Veröffentlichung vorbereitete, erhielt ich das Angebot als Assistant Professor für Biologie und Kurator ans Peabody Museum of Natural History nach Yale zu gehen. Meine Frau und ich zogen im Sommer 1965 nach New Haven in Connecticut. Ende Januar 1966 kam Professor Elwyn Simons, damals Paläontologe im Fachbereich Geologie, mit einem erstaunlichen Dokument, einem Brief vom Ministère de la Production et des Industries Agricole (Wirtschafts- und Landwirtschaftsministerium) der comorianischen Regierung zu mir, in dem das Ministerium anfragen ließ, ob wir daran interessiert seien, ein Exemplar von *Latimeria* zu erwerben. Simons hatte den Brief bereits eine Weile mit sich herumgetragen, bevor er daran dachte, mich um meine Meinung zu fragen. Er war nun ein paar Wochen alt, und identische Briefe waren offensichtlich an alle wichtigen zoologischen Institutionen in der Welt gegangen. Ich ließ mich davon nicht abschrecken und bat den Direktor des Peabody Museums um Zustimmung für den Versuch, das Exemplar zu erwerben. Der Preis war so absurd niedrig (400 Dollar plus Versandkosten), daß ich durchaus willens war, das Exemplar notfalls selbst zu bezahlen, wenn die Summe von der Universität nicht lockergemacht werden konnte. Die Schatten von J. L. B. Smith!

Der Hintergrund all dessen war, daß sich die Regierung der Comoren mehr und mehr von französischen Kolonialregeln löste und unter anderem einen der wichtigsten einheimischen Aktivposten zu Geld machen wollte, um Devisen ins Land zu holen. Die französische Gruppe in Paris hatte entschieden, daß sie genug Exemplare für ihre anatomischen Untersuchungen, die sich sowieso der Vollendung näherten, besaß. Daher boten die comorianischen Behörden Quastenflosser auf dem freien Markt an, falls und sobald Tiere zur Verfügung stünden. 1965 waren acht Exemplare gefangen worden, und man hoffte für 1966 auf noch mehr. Das französische Monopol für den Fisch war offensichtlich durchbrochen, und die Einschränkung, daß die Tiere nur zu Ausstellungszwecken, nicht aber für wissenschaftliche Untersuchungen verwandt werden dürften, wurde aufgehoben. Aus diesem Grund erreichte die Anzahl der auf den Comoren erbeuteten Quastenflosser damals einen Höhepunkt. Es war nicht überraschend, daß die Comorianer aus aller Welt begeistert Antwort auf ihr Rundschreiben erhielten. Wir schlossen uns dem Rennen erst sehr spät an.

Glücklicherweise war Dr. Alfred W. Crompton, ein südafrikanischer Paläontologe, der nicht erst von der Bedeutung des Quastenflossers überzeugt werden mußte, damals Direktor des Peabody Museums. Er unterstützte großzügig alle Bemühungen, das Exemplar zu erwerben. Ich für meinen Teil wußte genau, was ich wollte. Ich wollte natürlich einen Coelacanth, aber einen frischen. Ein weiteres, in Formalin konserviertes Exemplar würde viel weniger Nutzen bringen. Offensichtlich bestand die einzige Möglichkeit, einen frischen Fisch zu bekommen, darin, ihn gefroren zu verschiffen. Naiv schrieb ich dem Ministerium sofort zurück: „Ja, bitte senden Sie uns einen Coelacanth, aber gefroren!"

Unsere Antwort erreichte das Ministerium und hätte, wenn alles normal gelaufen wäre, ganz unten im Stapel landen müssen. Wir hatten uns erst spät gemeldet, und bei der durchschnittlichen Fangrate von weniger als fünf Exemplaren pro Jahr hätte es eigentlich noch viele Jahre dauern müssen, bis wir mit einem Quastenflosser an der Reihe waren. Doch was wir damals nicht wußten, war, daß unsere Bestellung ganz oben auf der Liste für *gefrorene* Exemplare stand. Es war der einzige Eintrag dort.

Mitte März erhielt ich einen Brief von den Comoren, der mir mitteilte, daß die Dinge hoffnungsvoll stünden, und einen von der amerikanischen Botschaft in Madagaskar, der besagte, daß der Transport eines gefrorenen Exemplars unmöglich sei. Dann, am 5.

April 1966 (Karfreitag) erreichte mich zu Hause die Nachricht, das amerikanische Außenministerium in Washington anzurufen. Ich rief dort an, in einiger Unruhe, daß vielleicht etwas mit meiner Aufenthaltserlaubnis schiefgelaufen sei, ein Thema, zu dem damals jeden Januar in den Medien schreckliche Warnungen verbreitet wurden. Statt dessen kam ich an einen sehr hilfreichen Offiziellen, der mir von einem Telegramm berichtete, das dem Konsulat in Marseille zugegangen sei. Anscheinend hatte die SS *Pierre Loti* in Marseilles angelegt, wo sie überholt werden sollte. An Bord befand sich eine geheimnisvolle große Kiste von den Comoren. Außer der Adresse – Peabody Museum, Yale Universität – wies die Kiste keine weiteren Instruktionen auf. Ob ich etwas darüber wisse? Nein, leider nicht ... oder doch! Das konnte nur der Coelacanth sein! Glücklicherweise hatte sich D. V. Anderson, der amerikanische Generalkonsul in Marseille, umsichtig der Sache angenommen, anderenfalls wäre das Exemplar wegen des langen Osterwochenendes, das bevorstand, ohne Kühlung sicherlich verdorben. Ein Wagen des Konsulats hatte die Kiste zur Lagerung in ein kommerzielles Kühlhaus für Lebensmittel gebracht, und als ich im Konsulat anrief, waren schon alle Vorbereitungen dafür getroffen, die Kiste nach New York zu verschiffen. (Die Regionalzeitung *La Provencal* hörte von dem Quastenflosser und bedauerte es tief, daß dieses Exemplar nicht für das Naturkundemuseum von Marseille bestimmt war.)[91]

Einige Tage später traf ein Brief von der Regierung der Comoren ein, in dem mir mitgeteilt wurde, daß am 14. März ein Exemplar gefangen, sofort eingefroren und am 19. März auf ein vorbeikommendes Handelsschiff verladen worden war. Die Fracht war bis Marseille bezahlt, die weitere Passage war unsere Sache. Dieser Brief war jedoch erst mit dem *folgenden* Boot abgesandt worden.

Dank der vorzüglichen Vorbereitungen, die das Konsulat in Marseille getroffen hatte, traf das kleine, knapp einen Meter lange Exemplar bald sicher in Yale ein, wo sich ein ziemlicher Rummel entwickelte. Viele Leute zeigten sich sehr interessiert, und meine Frau Linda wies darauf hin, daß wahrscheinlich noch viel mehr dieses Wunder mit eigenen Augen sehen wollten. Daher lag der Quastenflosser für ein paar Tage feierlich aufgebahrt (bei der Bahre handelte es sich um eine geborgte Eiscrememaschine mit einem Glasfenster), während der größte Teil der Einwohner von Connecticut vorbeidefilierte. Es war eine verkleinerte Version dessen, was J. L. B. Smith erlebt oder auch erlitten haben muß. Die Eingangshalle des Peabody Museums von Yale ähnelte bald dem Lenin-Mausoleum. Reporter schneiten zu Interviews herein. Unterdessen schmiedeten meine Kollegen und ich Pläne. Wir konnten den Fisch nur ein einziges Mal auftauen, und dann mußte jede denkbare Gewebeprobe genommen und präpariert werden. Wir sprachen jeden an, der ein wissenschaftliches Interesse an dem Fisch haben konnte, und nahmen uns die Art und Weise zum Vorbild, mit der die Geologen kurz vorher die Verteilung der Gesteinsproben vom Mond geplant hatten. Dann, als wir alles so gut vorbereitet hatten, wie wir konnten, tauten wir den Fisch auf.

Würden wir einen widerwärtigen Geruch wahrnehmen, weil der tote Quastenflosser tagelang unversorgt auf irgendeinem tropischen Hafenkai herumgelegen hatte? Nein, er war so frisch wie ein Felsenbarsch direkt aus Long Island (und wahrscheinlich etwas weniger pestizidverseucht). Zum ersten Mal konnten wir sein Blut, seine Biochemie, seine Physiologie untersuchen. Dieses eine Exemplar, das „Yale-Exemplar", öffnete die Tür zu allen weiteren Untersuchungen an *Latimeria*.

Ein neuer Forschungsabschnitt begann. Sobald die ersten Ergebnisse von unserem „frisch eingefrorenen" Exemplar veröffentlicht wurden, fühlten sich mehr und mehr Zoologen in aller Welt dazu angespornt, ihre Lieblingsfragen zu stellen und vielleicht sogar zu beantworten. Andere Institute ersuchten um gefrorene Exemplare und erhielten sie auch, und wieder einmal wurden Pläne für eine Expedition zu den Comoren ausgeheckt, um wirklich frische Fische zu bekommen – vielleicht sogar einen lebendigen Quastenflosser.

Im Jahre 1968 wurden eine gemeinsame Comoren-Expedition der Royal Society of London und des Muséum National d'Histoire Naturelle in Paris geplant. Die langen Verhandlungen sind in einem Buch von Dr. Jean Anthony herrlich beschrieben worden; dort erfahren wir auch, daß trotz all der Exemplare in Paris erstaunlicherweise selbst für grobe anatomische Studien noch neues Material benötigt wurde. Es scheint, als seien viele, wenn nicht die meisten Exemplare schlecht konserviert gewesen: „De-

puis une quinzaine d'années je déplore de recevoir des spécimens défectueux ... ce matériel médiocre."[92]

1969 standen die Pläne für eine Expedition; es gab nur noch ein Problem: In letzter Minute verweigerte die Regierung der Comoren die Erlaubnis, nach *Latimeria* zu fischen. So wurde die Zielsetzung der Expedition ohne die Franzosen geändert und darauf ausgerichtet, eines der Hauptprobleme zu beantworten: die geographische Verteilung von *Latimeria*. Die Strategie der *Western Indian Ocean Deep Slope Fishing Expedition* von 1969 war es, intensiv rund um die wichtigsten in Frage kommenden Inseln und Bänke im westlichen Indischen Ozean, direkt nördlich und westlich der Comoren, zu fischen, um herauszufinden, wo *Latimeria* sonst noch beheimatet war. Dr. G. R. Forster aus Plymouth, England, leitete die Gruppe, und ich nahm als amerikanischer Vertreter der National Academy of Science teil. Wir waren auch darauf vorbereitet, ein Exemplar, falls wir eines fangen sollten, zu beobachten und dann Gewebeproben zur Untersuchung vorzubereiten. Die Expedition arbeitete sich südöstlich von Aldabra zu den zwei Bankreihen (Zelée und Geyser bzw. Cordelière, Castor und Leven) östlich der Comoren vor.

Die Methode, die wir benutzten, war grundsätzlich eine Mechanisierung der traditionellen Fangtechnik comorianischer Fischer. Wir legten jede Nacht Dutzende von Langleinen aus; jede war mit mehreren Haken und Ködern versehen, die in bestimmten Abständen aufeinander folgten. Im Idealfall konnten wir so in einer Reihe verschiedener Abstände vom Boden fischen. Die Fischfauna dieser Inseln erwies sich als eindrucksvoll, sowohl was die Artenzahl anging als auch was den Umfang unserer Fänge betraf. Wir fingen eine breite Palette aller Fische, die man sich vorstellen kann – und einige fast unvorstellbare –, doch keinen Quastenflosser. Wir fingen den Ölfisch, *Ruvettus pretiosus,* einen seltenen Hai, den Atlantischen Falschen Marderhai, *Pseudotriakis microdon*, eine neue Art der Dornhaigattung *Squalus* und einen bisher unbekannten Gliederfüßler (Arthropoda). Wir fingen Hunderte von *Etelis marshi (Etelis carbunculus)* aus der Familie der Schnapper (Lutjanidae), die nach Angabe der Bestimmungsbücher hier nur selten vorkommen sollten. *Etelis marshi* war so häufig, daß wir die Gründung einer neuen kommerziellen Fischerei mit Langleinen empfehlen konnten.[93]

Wir arbeiteten teilweise auch mit Handleinen von einem kleinen Dinghi aus, und zwar nahe der Küste und in seichteren
Gewässern als mit den meisten Langleinen. Während wir auf dem
ruhigen Indischen Ozean mit seinem Wasserspiegel wie aus ge-
schmolzenem Glas dahintrieben, statteten uns verschiedene Haie
einen Besuch ab – Weißspitzen-Hochseehaie, *Carcharhinus longi-
manus*, die als Menschenfresser verrufen sind. An einen Hai
erinnere ich mich besonders, denn als sein Kopf am Bug unseres
über 4 m langen Bootes vorbeigezogen war, war sein Schwanz noch
nicht am Heck angekommen. Wir angelten vor Geyser Bank, nicht
fern von der Stelle, wo Hunt und seine Crew umgekommen waren,
was wir allerdings damals nicht wußten. Trotz der Mannigfaltigkeit der Fische, die wir fingen, war darunter kein Quastenflosser.
Und wie das nun einmal mit Negativbeweisen ist, wissen wir noch
immer nicht, ob Quastenflosser an diesen Bänken und Inseln
leben. Niemand hat seither wieder dort nach ihnen gesucht.

1972 organisierte die gleiche Gruppe eine andere Expedition,
diesmal unter Teilnahme des Muséum National d'Histoire Naturelle und mit finanzieller Unterstützung der Royal Society, des
Museums und der National Geographic Society. Diesmal erhielten
wir die Erlaubnis, sowohl mit unserer Langleinenmethode, die wir
für die 1969er Expedition entwickelt hatten, nach Quastenflossern
zu fischen als auch die einheimischen Fischer auf *Latimeria* anzu-
sprechen. Wir hofften, direkt an Ort und Stelle zu sein, um den
Fang zu behandeln, und wieder einmal gab es detaillierte Proto-
kolle zur Präparation von Gewebeproben.[94]

Diese Expedition wurde ein voller Erfolg. Alles in allem blieben
wir drei Monate dort und erhielten zwei ausgesprochen wichtige
Exemplare. Die ersten Expeditionsteilnehmer, die vor Ort ankamen, waren die Franzosen und die Briten; die Gelder für die
amerikanische Gruppe hatten sich verzögert. Tatsächlich war die
Gruppe kaum angekommen, als der erste Quastenflosser gefangen
wurde – fast wurde sie von ihrem Glück überrascht. Am 5. Januar,
als die Expedition gerade ihre Expeditionsbasis in Moroni auf
Grande Comore einrichtete, erhielten wir die Nachricht, daß ein
einheimischer Fischer einen Quastenflosser vor Anjouan gefangen
hatte. Es war noch früh am Morgen, und es erwies sich als
schwierig, ein Flugzeug zu mieten, um nach Anjouan hinüberzu-
fliegen. Doch nach vielen Komplikationen nahm Professor Antho-

ny das neue Exemplar in seine Obhut, und damit war die Expediton schon ein Erfolg.

Wie das erste Exemplar von den Comoren war auch unser Quastenflosser in der Nähe von Domoni, gegen 1 Uhr nachts, 2 km vor der Küste in etwa 400 m Tiefe gefangen worden. Es war ein großer Fisch, 163 cm lang und 78 kg schwer. Als die Wissenschaftler ankamen, erzählte ihnen der stolze Fischer, daß seine Beute noch recht lange gelebt habe. Leider war der Fisch jetzt tot, doch da war er – ein herrliches Weibchen. Im Lauf der Sektion lieferte uns der Fisch einen Großteil des speziellen, frischen Gewebes, dessentwegen die Expedition ausgeschickt worden war, und eine neue Entdeckung. Während eines der frühen Exemplare, das an die Franzosen gegangen war, Eier von Hühnereigröße trug, fanden wir in diesem Fisch 19 Eier von der Größe einer Grapefruit, ca. 8,5 cm im Durchmesser und 300–350 g schwer. Es waren wahrscheinlich die größten Fischeier, die es gibt; ihre Größe wird nur von einigen Haieiern annähernd erreicht.[95]

Die Expedition wartete dann voller Hoffnung auf weitere Exemplare – und wartete. Die Wissenschaftler versuchten ihr experimentelles Fischfangprogramm, blieben aber ohne Erfolg. Sie fingen nicht nur keinen Quastenflosser, sondern auch sonst kaum einen Fisch. Die amerikanische Gruppe stieß im Februar zu der Expedition; zu diesem Zeitpunkt waren bereits einige Teilnehmer

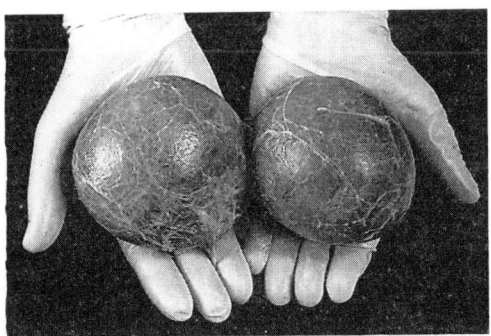

Abb. 26: Zwei der „grapefruitgroßen" Eier des Exemplars vom Januar 1972. Mit freundlicher Genehmigung des Laboratoire d'Anatomie Comparée du Muséeum National d'Histoire Naturelle, Paris, Dr. Daniel Robineau.

der ursprünglichen Gruppe, darunter auch Anthony, nach Hause zurückgekehrt. Zu meiner immerwährenden Enttäuschung überschnitt sich die Expedition jetzt mit dem Frühjahrssemester der Yale Universität, und die (wie ich fand, hohlköpfige und unkooperative) Universitätsverwaltung verweigerte mir die Reiseerlaubnis. Das britische Fischerteam trat schließlich ebenfalls die Heimreise an, und die letzten Mohikaner der Expedition waren jetzt völlig auf die einheimischen Fischer angewiesen. Mitte März war der Auflösungsprozeß der Expedition weiter fortgeschritten. Nur noch drei Mitglieder waren geblieben: Dr. Daniel Robineau (Paris), Bob Griffith (aus meinem Labor an der Yale Universität) und Adam Locket (Institut für Ophthalmologie, London). Am 21. März kehrte Robineau nach Paris zurück und ließ nur Griffith und Locket zurück, um das Ende der Expedition abzuwickeln. Dann, am 22. März, sandte mir Bob Griffith folgendes Telegramm: „Lebender Coelacanth gefangen diesen Vormittag Filme Präparation OK Zwischenstopp in Paris Zuhause um den Ersten. Bob."

Ich war in einer besseren Lage, als J. L. B. Smith gewesen war, als er den Brief von Majorie Courtenay-Latimer oder das Telegramm von Kapitän Hunt bekam. Ich wußte wenigstens, daß der Fisch in guten Händen war. Aber trotzdem wartete ich aufgeregt auf Einzelheiten. Lebendig! Filme! Es war noch aufregender als der Tag, an dem wir das gefrorene Exemplar von den Docks des New Yorker Hafens nach New Haven heimgeholt oder als wir es aufgetaut und seziert hatten.

Der neue Fisch war vor dem Dorf Iconi, Grande Comore, gefangen worden, nicht weit vom Expeditionsstützpunkt entfernt, und Griffith und Locket rasten, sobald sie die Nachricht erhalten hatten, so schnell sie konnten dorthin. Der Fisch hatte um 2 Uhr morgens, 600 m vor der Küste, in ca. 165 m Tiefe angebissen. Der Köder war ein Stück Thunfisch gewesen. Iconi ist wie Domoni eines der Dörfer, vor denen im Lauf der Jahre eine beträchtliche Zahl von Quastenflossern gefangen worden ist, und dieser Fischer, Madi Yousouf Kaar, hatte bereits zuvor zwei Quastenflosser heraufgeholt. Daher wußte er genau, was er am Haken hatte. Er schleppte den Fisch vorsichtig an den Strand. Der Dorfvorsteher wurde aus dem Schlaf gerüttelt und mit einem Taxi losgeschickt, um die Wissenschaftler im Hotel zu holen. All das nahm mehrere Stunden in Anspruch, doch es war noch dunkel, als Griffith und

Locket beim Fisch ankamen, der von den Dorfbewohnern in einen primitiven Käfig gesteckt worden war (speziell für den Fall angefertigt, daß ein Exemplar lebend eingebracht werden sollte). Griffith und Locket beobachteten den Fisch mit Taschenlampen, als der Morgen dämmerte. Dann wurde er in einen Fiberglastank überführt, den die Expedition zu diesem Zweck vorbereitet hatte, und wurde gefilmt, während er etwa vier Stunden ruhig in dem Tank herumschwamm, bevor es mit ihm zu Ende ging und er getötet wurde.[96]

Nach dem überwältigenden Erfolg der 72er Expedition sandten viele Institutionen – z.B. die Californian Academy of Science, das Vancouver Public Aquarium und das New York Aquarium – Expeditionen zu den Comoren und brachten gefrorene oder fixierte Exemplare mit nach Hause, doch die wichtigste neue Entwicklung ist Prof. Hans Fricke zu verdanken. In unserer Geschichte hat das Glück bisher eher Individualisten als die Konformisten favorisiert, und Hans Fricke ist sicherlich ein würdiger Nachfolger von Smith. Ich denke, viele von uns haben davon geträumt, irgendwann einmal eine großes Forschungs-Unterseeboot, wie die *Alvin* der Woods Hole Oceanographic Institution, zur Unterwassersuche nach *Latimeria* zu chartern. Doch dieser Wunschtraum starb angesichts der erforderlichen Logistik, der enormen Kosten und der absoluten Unmöglichkeit, staatliche Gelder dafür lockerzumachen, eines schnellen Todes. Fricke ist Physiologe, Ökologe und Filmemacher am Max-Planck- Institut in Seewiesen, Bayern. Er ging das Problem einfach und direkt an, trieb private Geldgeber auf, entwarf und baute sein eigenes Zweimann-Unterseeboot, charterte eine große Yacht als Expeditionsbasis und brach zu den

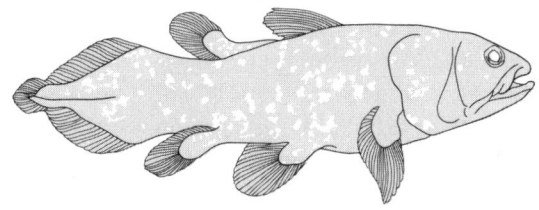

Abb. 27: Zeichnung nach einer Fotografie des zweiten 1972 gefangenen Exemplars.

Comoren auf. Natürlich erforderte das Unternehmen enorm viel Planung und Arbeit, doch seine schiere Kühnheit ist atemberaubend. Wenn Fricke erfolglos geblieben wäre, wäre er eben noch einer dieser Traumtänzer gewesen. Aber er hatte Erfolg, sogar einen Riesenerfolg.

Im Dezember 1986 und im Januar 1987 und dann nochmals im April und im Mai 1987 brachte Fricke sein Unterseeboot, die *Geo* (benannt mach dem Magazin, das ihn unterstützte) auf die Comoren. Bewaffnet mit den vorliegenden Fangberichten tauchte er an den Plätzen und in den Tiefen, wo die Comorianer erfolgreich gewesen waren. Am 17. Januar 1987 konnte Fricke als erster Mensch einen Quastenflosser frei, in seiner natürlichen Umgebung schwimmend, beobachten.[94] Alles in allem gelang es Fricke und seiner Gruppe, sechs Quastenflosser zu finden. Sie sahen sie schwimmen, aber nicht fressen. Bei diesen ersten Begegnungen konnte Fricke keine Interaktionen zwischen mehreren Quastenflossern oder Quastenflossern und anderen Fischen beobachten. Er wurde jedoch Zeuge einiger neuer Verhaltensweisen, und er machte einige herrliche Filme, die ersten wirklich guten, informativen Filme von lebenden Quastenflossern. Die Fische schwammen sehr langsam hin und her und hielten sich dabei nahe am Boden. Groß, fahlblau und mit blassen Flecken, nahmen sie nicht viel Notiz von dem Unterseeboot oder voneinander. In Frickes Filmen erscheinen die Fische ruhig und langsam, während ihre Flossen, weit ausgebreitet und Wasser fächernd, fast wie zarte, gemächlich schwingende Flügel wirken. Man sieht auch, welche Art von Lebensraum Quastenflosser bewohnen. Wie wir noch sehen werden, waren Frickes Ergebnisse von unschätzbarem Wert beim Sortieren und Ordnen dieses verwirrenden Komplexes indirekter Daten über das Verhalten und die Ökologie von *Latimeria*, mit denen wir alle bis dato gearbeitet hatten. Fricke hat seine Untersuchungen mit einem neuen Unterseeboot, der *Jago*, fortgesetzt und dabei noch phantastischere Ergebnisse erzielt. Er hat bisher mehr als 40 verschiedene Quastenflosser fotografiert und wird bald in der Lage sein, Beobachtungen über das Verhalten der Fische zu veröffentlichen, darunter auch soziale Interaktionen. So beginnt ein neues Kapitel in der schwierigen, aber immer wieder faszinierenden Aufgabe, mehr und mehr über *Latimeria chalumnae* zu lernen.

Teil II

Fragen und Antworten

5 Die Puzzleteile werden zusammengesetzt

Sie haben die Befriedigung, die den meisten Fossilienforschern versagt bleibt, ihre Untersuchungen voll bestätigt zu sehen.
E. I. White

In jeder guten Detektivgeschichte schließt jede Tatsache, jedes Teilchen des Puzzles, das an die richtige Stelle gesetzt wird, sofort gewisse Möglichkeiten aus und wirft neue Fragen auf, und schließlich zaubert der geschickte Autor aus dem Gewirr von Beweisen und Theorien eine einfache, absolut wasserdichte Lösung hervor. Im Vergleich zu einer Kriminalgeschichte mit einem hübschen, überzeugenden Schluß ist dies hier nur ein halbes Buch. In den rund 50 Jahren, in denen wir an *Latimeria chalumnae* forschen, und den mehr als 150 Jahren, in denen wir ihre fossilen Verwandten studieren, haben wir heute das Stadium erreicht, wo die ersten Antworten zu neuen Fragen anregen. In Anbetracht der Schwierigkeiten und der besonderen Geschichte der wissenschaftlichen Forschung an *Latimeria* haben wir dennoch, so meine ich, einige Fortschritte gemacht, um wenigstens bis an diesen Punkt zu kommen.

Wenn man die Filme einige Augenblicke betrachtet, die Fricke von lebenden Quastenflossern gemacht hat, findet man den Eindruck bestätigt, der sich in 50 Jahren Studium an *Latimeria* herauskristallisiert hat. Es ist ein großer, träger, sich langsam bewegender Fisch. Er sieht ein wenig unheimlich aus, doch jedes Tier wirkt seltsam, wenn man es lange und intensiv genug studiert, genauso, wie jedes Wort unwirklich wird, wenn man angestrengt auf die Seite starrt – versuchen Sie es z.B. mit *Yacht* oder *über*. Vor allem ist *Latimeria* ein *Fisch*. Kein Fisch, der versucht, ein Amphib zu sein, oder ein Amphib, das sich als Fisch versucht. *Latimeria* ist ein richtiger Fisch und muß daher auf die gleiche Weise wie andere Fische diskutiert werden.

Wir haben uns bereits mit einer Reihe von direkten Beobachtungen zur Biologie der Quastenflosser beschäftigt. Doch bei einem Unternehmen wie diesem müssen wir uns auch auf Hypothesen und Vermutungen stützen und besonders auch Vergleiche als Argumente heranziehen. Ich will z.B. im nächsten Kapitel aus der Tatsache, daß die Netzhautzellen im Auge des toten Fisches an einer bestimmten Stelle ein Lichtabsorptionsmaximum aufweisen, Schlüsse über den Lebensraum des Quastenflossers bzw. die Wassertiefe ableiten, die *Latimeria* bewohnt. Das Argument basiert darauf, daß andere Fische mit den gleichen spezifischen Netzhauteigenschaften in dieser Tiefe leben, nicht aber Fische mit ganz anders ausgestatteten Augen. Diese Vorgehensweise ähnelt der beim Einsatz von Labortieren zum Testen von Drogen/Medikamenten. Wenn ein Medikament bei einer Maus Krebs auslöst, dann besteht eine gewisse Wahrscheinlichkeit, daß es auch beim Menschen Krebs verursacht. Wenn das Medikament bei einem Affen, gar einem Schimpansen, Krebs hervorruft, sind die Chancen, daß dieses Medikament für Menschen gefährlich ist, wahrscheinlich noch größer, weil diese Tiere enger mit uns verwandt sind als Mäuse. Ein Test an einer Küchenschabe hingegen läßt möglicherweise gar keine derartigen Rückschlüsse zu. Da diese Argumentation durch Vergleich und Analogieschluß wissenschaftlich so wichtig ist, lohnt es sich, diese Methode etwas näher zu betrachten, bevor wir zur Biologie von *Latimeria chalumnae* zurückkehren.

Wissenschaft, und das gilt ganz besonders für die Biologie, ist gewöhnlich nicht derart exakt und logisch eindeutig, wie es die populäre Presse gern darstellt. Wissenschaftler sammeln nicht ständig kristallklare Fakten, als ob sie nur Diamanten in einem Flußbett aufzuheben hätten, und ziehen daraus unwiderlegbare Schlußfolgerungen. Tatsächlich müssen die Fakten nach und nach aus einem Gewirr verschieden interpretierbarer Befunde herausgeschält werden. Oft gibt es zu dem, was wir wissen möchten, nur Teilinformationen, und wir müssen langsam Fakt um Fakt zusammentragen, bis wir einen Gesamteindruck gewinnen. Das, was wir für ein *Faktum* halten, kann sich zudem im Lauf der Jahre ändern. Die Persönlichkeit des Forschers spielt bei dieser Arbeit eine wichtige Rolle, denn er oder sie bestimmt nicht nur, was untersucht wird und wie das geschieht, sondern letztlich auch, welcher Aspekt des Forschungsthemas wirklich enthüllt wird. Biologie ist ihrem Wesen nach eine vergleichende Wissenschaft. Wegen des evolutionären Bandes, das alle Organismen in einem großen Netzwerk genetischer Verwandtschaften verknüpft, liegt der riesigen Anzahl rezenter und ausgestorbener Organismen ein Ordnungsprinzip zugrunde. Es gibt eine Reihe historischer (genauer: genealogischer) Muster in der biologischen Mannigfaltigkeit. Um zu verstehen, wie die Evolution arbeitet bzw. gearbeitet hat, müssen wir diese Muster erst einmal entziffern. Nur dann können wir die dahinter verborgenen Mechanismen entdecken, die diese evolutionären Änderungen hervorrufen. Um die Muster zu verstehen, müssen wir vergleichen. Wenn wir wissen, daß sich unsere Daten in bestimmte klare Muster fügen müssen, statt eher zufällig zu sein, können wir vergleichen, um Wissenslücken zu füllen. Allein wenn wir eine Fotografie einer bestimmten Vogelart, eines ausgestopften Museumsexemplars oder selbst eines Fossils betrachten, können wir oft eine Menge über diesen Typ Vogel sagen, weil wir bereits etwas über ähnliche Vögel wissen. Bei einem derartig geformten Schnabel muß es sich um einen Samenfresser handeln, bei einer anderen Form um einen Insektenfänger und bei einer dritten um einen Fischjäger. Bei so langen Beinen lebt der Vogel wahrscheinlich im Watt und kann nicht in Bäumen nisten usw. In der vergleichenden Biologie ist man ständig mit dem Erkennen und Analysieren von Mustern beschäftigt.

In einem Fall wie dem des rezenten Quastenflossers arbeitet die vergleichende Methode in zwei Richtungen. Wir wissen aus direkten Beobachtungen bereits eine Menge über die Biologie von *Latimeria*. Bis wir mehr Informationen haben, können wir vergleichende Daten von anderen Fischen heranziehen, um vernünftige Hypothesen über den Teil der Biologie von *Latimeria* aufzustellen, den wir bisher noch nicht direkt beobachten konnten. Dann können wir diese Mischung aus Fakten und Hypothesen benutzen, um Ansatzpunkte für das Verständnis anderer Fische zu gewinnen, insbesondere der fossilen Fleischflosser. Vielleicht ergeben sich sogar neue Aspekte der alten Frage, wie sich damals, im Devon, aus den Fischen die ersten Landwirbeltiere entwickelten. Paläontologen haben immer so gearbeitet, deshalb sind lebende Fossilien für sie so wichtig. Die Schwierigkeit bei einer solchen Vorgehensweise liegt darin, nicht beide Aspekte zu vermischen, d.h., nicht eine Hypothese auf der einen Seite in eine Tatsache auf der anderen Seite umzuformen.

Betrachten Sie z.B. einmal eine solche Wahl zwischen zwei Hypothesen. *Latimeria* besitzt eine ölgefüllte Schwimmblase; fossile Coelacanthini weisen eine ähnliche Struktur auf, die sich als Schwimmblase deuten läßt. In diesem Fall könnte man schließen, daß die Schwimmblase der fossilen Arten ebenfalls ölgefüllt gewesen sein muß und sie daher ein ähnliches Schwimmverhalten und ähnliche ökologische Ansprüche gehabt haben müssen wie *Latimeria*. Da bei den fossilen Formen jedoch direkte Beweise fehlen, wie soll man sich zwischen dieser Argumentation und der folgenden entscheiden? Von den anderen fossilen Fleischflossern, den Lungenfischen und Rhipidistiern, leiten sich die Vorfahren der Tetrapoden ab; daher müssen diese Formen luftatmende Lungen besessen und in seichtem Wasser gelebt haben. Wenn das der ursprüngliche Zustand war, müssen demnach auch die frühen Coelacanthini solche luftatmenden Lungen besessen haben. Weiterhin lebten die meisten fossilen Coelacanthini wie die Lungenfische und die Rhipidistier im Flachwasser, wohingegen *Latimeria*, die eine ölgefüllte Schwimmblase besitzt, in tieferen Wasserschichten zu finden ist. Daher ist die ölgefüllte Schwimmblase eine sekundäre Spezialisation, ein Merkmal, das wahrscheinlich auf *Latimeria* und andere, fossile Coelacanthini beschränkt ist, die sich gewöhnlich in tieferem Wasser (d.h. nicht im Flachwasser bzw. an der Oberfläche) aufhielten. Wenn man beide Hypothesen gegeneinander abwägt, unterstützen Beweislage und Beweisführung die zweite Hypothese.

Um sich auf der Basis unvollständiger direkter Informationen ein Bild von der biologischen Funktion eines rezenten oder auch fossilen Organismus zu gewinnen, greifen Wissenschaftler auch auf physikalische Eigenschaften (Material und Mechanik) zurück. Nehmen wir z.B. an, Sie hätten noch nie ein lebendes Pferd gesehen. Eine sorgfältige Untersuchung des Pferdeskeletts würde selbst einen Laien davon überzeugen, daß dieses Tier wohl nicht auf Bäume klettern kann; die Form und die Proportionen der Gliedmaßen und die Ausrichtung der Gelenke sind dazu absolut ungeeignet. Die Gliedmaßen eines Pferdes sind in ihrer Anpassung an schnelles, raumgreifendes Laufen gelenkig so verbunden, daß sie nur in einer Ebene vor- und zurückschwingen, nicht aber rotieren oder zur Seite abgebogen werden können. Es ist ja auch allgemein bekannt, daß Sie nicht Gefahr laufen, von einem Pferd getreten zu werden, wenn Sie direkt an seiner Seite stehen; ein Pferd kann mit seinem Bein einfach nicht seitwärts ausschlagen. In der Natur gibt es natürlich immer wieder ein paar Ausnahmen – wie Enten, die in Bäumen nisten, Känguruhs, die Bäume erklimmen, oder Fische, die an Land gehen. Tatsächlich ist gerade die Gruppe der Fische so vielgestaltig, daß wir kletternde Barsche, fliegende Beilbauchfische und laufende Welse kennen. Man muß daher sehr vorsichtig sein, wenn man Argumente allein aus physikalischen Prinzipien und morphologischen Strukturen ableitet; man benötigt stets Bestätigung aus anderen Gebieten.

Wir können einen Großteil der Physiologie und selbst des Verhaltens eines Organismus aus unvollständigen Befunden, wie z.B. dem Skelett eines Fossils, rekonstruieren, ohne jemals den vollständigen, lebenden Organismus zu sehen oder jemals absolut sicher zu sein, daß wir recht haben. Wissenschaftlicher ausgedrückt: Wir können eine Reihe von Hypothesen aufstellen und hoffen, sie immer vollständiger zu testen, je mehr direkte Beweise im Laufe der Zeit zusammenkommen. Wenn man es genau nimmt, kann man eine Hypothese niemals „beweisen"; was Wissenschaftler eigentlich tun, ist zu versuchen, mehr und mehr Datenmaterial zu sammeln, das dann entweder die Hypothese stützt oder widerlegt. Deshalb macht Wissenschaft viel Spaß. Der Wissenschaftler sammelt zunächst Erkenntnisse zu einem Forschungsobjekt und stellt dann aufgrund seines Fachwissens eine Hypothese auf bzw. schließt sich einer bereits bestehenden Meinung an. Es gilt nicht als besonders schlimm, falls man dabei fehlgeht, wenn nur die Argumentation logisch und fachlich korrekt war. Eine Hypothese bestätigt zu finden, ist sehr aufregend. Wie die folgenden Seiten zeigen werden, gab und gibt es viele Hypothesen über die Biologie von *Latimeria*. Wir entdecken nach und nach, welche davon falsch sind.

6 Wo leben sie?

Mein vollständiger Unglaube in die Idee von den
„unergründlichen Tiefen" löste das Problem natürlich keineswegs.
J. L. B. Smith

In diesem letzten Jahrzehnt des 20. Jahrhunderts sollten wir in
der Lage sein, das Verbreitungsgebiet einer Gruppe 1,80 m langer,
fast 150 Pfund schwerer Fische festzustellen. Daß wir möglicherweise immer noch nicht genau wissen, wo überall Quastenflosser
vorkommen, erinnert uns daran, daß die Welt eben doch groß ist
und riesige Bereiche der irdischen Ozeane auch heute noch nicht
vollständig erforscht sind. Doch vielleicht kennen wir die Antwort
bereits, und Quastenflosser leben in unseren Tagen wirklich nur
noch an der Küste der Comoren. Unter Ichthyologen herrscht
allgemein Übereinstimmung darüber, daß man *Latimeria* nur auf
den Comoren findet und das südafrikanische Exemplar ein Irrläufer war. Doch wir wissen, daß die meisten, insbesondere die großen
Meeresfische gewöhnlich eine sehr weite geographische Verbreitung haben. Kleine Küstenfische hingegen sind gelegentlich auf
eine Region beschränkt, besonders dann, wenn es sich um „Insel-
fische" handelt. Doch all die anderen großen Fische, darunter Haie
und Makrelenartige (Scombridae) aus tieferen Wasserschichten
oder Barsche, die in denselben comorianischen Gewässern wie
Latimeria vorkommen, findet man überall im Indischen Ozean
und noch darüber hinaus. Wenn sich der Lebensraum der heutigen
Quastenflosser wirklich auf die Comoren beschränkt, dann muß
es dafür einen ganz besonderen Grund geben. Die Frage „Wo leben
sie?" hängt zweifellos mit der wichtigeren Frage zusammen „Warum leben sie gerade dort und nicht irgendwo anders?" *Latimeria*
ist nicht weltweit verbreitet. Hängt ihr anscheinend begrenztes
Verbreitungsgebiet mit der Tatsache zusammen, daß sie das Ende
der Kreidezeit überlebten, statt wie verwandte Arten auszuster-
ben, also mit der komplexen geologischen Geschichte des westlichen Indischen Ozeans? Welche Fakten liegen uns zu diesem
Thema vor, und wie können wir sie interpretieren?

Wir haben bereits von den Fangdaten gesprochen. Seit dem französischen Überblick über die Fangdaten von 1972 sind vielleicht weitere 100–150 Exemplare gefangen worden, und dabei hat es keine Überraschungen gegeben: Latimeria wird nur vor zweien der Comoreninseln (Grande Comore und Anjouan) gefangen, und zwar stets bei Nacht. Bei den Grande-Comore-Fängen stammt die große Mehrheit von der Westküste. Zwischen Dezember und März ist die Fangquote durchschnittlich etwas höher als im übrigen Jahr, und die Fische werden gewöhnlich in Tiefen zwischen 100 m und 300 m, in 1–3 km Entfernung von der Küste, geködert. Doch da ist immer noch der Fall des einen, ersten Fisches, der fast 300 km südlich der Comoren ins Netz ging – in einer ähnlichen Tiefe, in derselben Saison und auch bei Nacht. Es war ein großes Exemplar und ein Männchen. Wo also leben Quastenflosser?

Der Leser hat wohl schon die grundsätzliche Aussage der Fangdaten begriffen. Idealerweise sollten uns diese Daten eine perfekte Übersicht über die lokale Verteilung von Latimeria geben, und wir würden erwarten, daß die Informationen der einheimischen Fischern recht genau sind. Doch die Daten spiegeln die Biologie von Latimeria leider nicht direkt wider – statt dessen erzählen sie von den Aktivitäten der Fischer. Alle wichtigen comorianischen Fischerdörfer, von denen aus die tieferen unterseeischen Hänge der Insel befischt werden, liegen auf Grande Comore und Anjouan. Auf Mohéli und Mayotte gibt es keine Dörfer, deren Einwohner regelmäßig mit Langleinen arbeiten, und das gleiche gilt weitgehend für die Ostküste von Grande Comore. Wenn die Fischer mit Langleinen hinausfahren, fischen sie gewöhnlich in Tiefen von 70–200 m. Und sie fischen am häufigsten in den Monaten von Dezember bis März. Wenn sie in diesen Tiefen fischen, dann tun sie das nachts.

Warum zeigen comorianische Fischer dieses Verhaltensmuster? Sicherlich nicht deshalb, weil sie speziell nach Quastenflossern fahnden (wenigstens nicht bis vor kurzem). Sie fischen von Dezember bis März, weil dann das Wetter am besten ist, und in der Tat kann es das restliche Jahr über zu stürmisch sein, um sich in einem Auslegerkanu weit aufs offene Meer zu wagen. Sie fischen nachts und in diesen besonderen Tiefen, weil sie nach einem ganz anderen Fisch suchen – ngessa, dem Ölfisch (Ruvettus pretiosus). Dieser Fisch hat, wie sein Name schon andeutet, besonders ölrei-

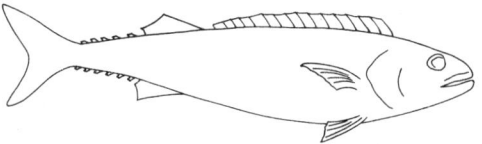

Abb. 28: *Ruvettus pretiosus*

ches Fleisch, aus dem man ein medizinisches Öl gewinnen kann, das einen starken purgierenden (darmreinigenden) Effekt hat – *Ruvettus* wird daher auch gelegentlich als Rhizinusölfisch bezeichnet – und auch als Salbe gegen Moskitos und andere Insekten benutzt wird. *Ruvettus* ist wie *Latimeria* ein großer Fisch und, wenn auch nicht häufig, so doch sehr wertvoll, und lohnt daher durchaus die Entwicklung einer spezialisierten Tiefsee-Leinenfischerei. Es waren die *Ruvettus*-Fischer, die *Latimeria* fingen – per Zufall. Daher erzählen uns die reinen Fangdaten mehr über das Verhalten der Fischer, die versuchten, eine ganz andere Art zu fangen – *Ruvettus pretiosus* –, als daß sie uns direkt etwas über die Ökologie von *Latimeria* verraten. Doch wenigstens geben uns die Daten Auskunft über die Gemeinsamkeiten in Ökologie und Verhalten von *Ruvettus* und *Latimeria*. *Ruvettus pretiosus* ist im Indischen und Pazifischen Ozean sehr weit verbreitet. Er wird in Tiefen zwischen 100 m und 300 m gefangen. Es gibt drei Orte, an denen sich eine spezialisierte *Ruvettus*-Fischerei mit Tiefsee-Leinen entwickelt hat: auf den Comoren und auf den Cook- und den Gesellschafts-Inseln im Südpazifik. Die Tatsache, daß *Latimeria* bisher niemals an den anderen beiden Plätzen, an denen *Ruvettus* regelmäßig gefangen wird, gefunden worden ist, zeigt uns (obwohl es ein negativer Beweis ist), daß das Verbreitungsgebiet von *Latimeria* kleiner ist.

Wo die Comoren-Quastenflosser leben, ist eigentlich eine doppelte Frage. Wir wissen weder genau über ihre horizontale, d.h. geographische Verbreitung, noch über ihre vertikale Verteilung, d.h. Flachwasser, mittlere Wasserzonen oder Tiefsee, Bescheid. Lassen Sie uns zuerst die Frage nach dem Tiefenbereich untersuchen, die Smith so beschäftigte. Die Fangdaten zeigen, daß alle bis auf zwei der bekannten Exemplare in 300 m Tiefe oder weniger gefangen worden sind. Doch vielleicht müssen wir diese Behauptung hinterfragen. Erstens hat kaum jemand bisher tiefer gefischt, daher könnten Quastenflosser weiter unten häufig sein. Zweitens stammt die Schätzung der Tiefe von den örtlichen Fischern, und wir können recht sicher sein, daß einige der angegebenen Tiefen ganz ohne böse Absicht übertrieben worden sind. Daher wäre es durchaus möglich, daß Quastenflosser in flacheren Wasserzonen leben. Fischer geben gewöhnlich die Länge der abgelassenen Leine an, und das ist immer mehr als die wirkliche Angeltiefe. Wenn eine Leine heruntergelassen worden ist, wird sie von den Strömungen und durch die Drift des Bootes seitlich abgelenkt. Als eine Expedition der Californian Academy of Science die Tiefenangaben der örtlichen Fischer durch Taucher überprüfen ließ, fand sie gewaltige Überschätzungen. Ein französisches ozeanographisches Team kam zu demselben Ergebnis.* Die Fischer scheinen nur selten in Tiefen unterhalb von ca. 300 m zu angeln. Das erfordert zu viel Anstrengung und lohnt sich wohl nicht, wenn man auf der Suche nach *Ruvettus* ist. Die Investitionen in eine 600 m lange Leine, das Risiko, die Leine zu verlieren, und ganz einfach die Schwierigkeit, manuell mit einer solch langen Leine zu arbeiten, sind zu groß, als daß es zu einer allgemeinen Praxis hätte werden können, in so großen Tiefen zu angeln. All das bedeutet: Wir haben keine Ahnung, wie tief sich das Verbreitungsgebiet von *Latimeria* nach unten erstreckt.

Zusätzlich zu den direkten Befunden spielen Biologen auch gern Detektiv; wir können aus biologischen Merkmalen des Fisches auf die Tiefe schließen, in der *Latimeria* gewöhnlich lebt. Von Beginn an war Smith wegen der Färbung des Fisches davon überzeugt, daß es sich nicht um eine echte Tiefseeform handelte – d.h., daß der Fisch nicht aus 1000 m Tiefe oder darunter stammte. Alle echten Tiefseefische sind am ehesten schwarz gefärbt (Kru-

---

* Wir sollten jedoch nicht alle lokalen Informationen von vornherein für suspekt halten. Als mir die comorianischen Behörden Informationen über den Fang des gefrorenen Yale-Exemplars sandten, waren sie sich des Problems durchaus bewußt und stellten fest, daß der Fischer 220 m Leine abgelassen hatte, die Fangtiefe also schätzungsweise bei 150–200 m gelegen habe. Letztere Zahl ist es, die Millot, Anthony und Robineau in ihrem Überblick über die Fangdaten angegeben haben. Fricke fand seine Quastenflosser zwischen 117 m und 198 m, und er maß die Tiefe natürlich direkt von seinem Unterseeboot aus.

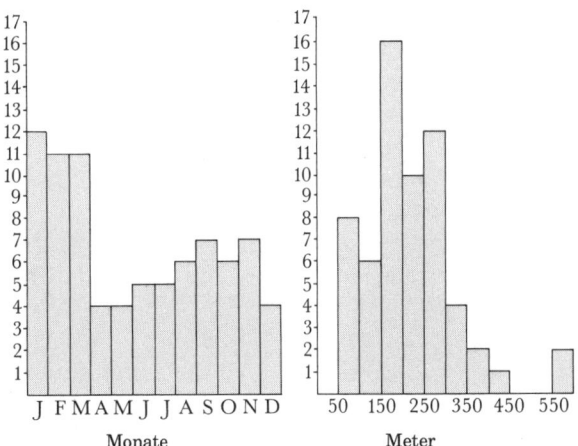

Abb. 29: Verteilung der zwischen 1938 und 1976 gefangenen Comoren-Quastenflosser, aufgeschlüsselt nach den Fangmonaten und der Fangtiefe. Daten
nach Millot, Anthony, Robineau und McCosker.

stentiere neigen interessanterweise zu einer rötlichen Färbung),
doch niemals blau. Bläuliche Fische leben stets in der photischen
Zone, in die noch Licht eindringt. Es gibt noch eine Reihe weiterer
derartiger Argumente. Tiefseefische sind gewöhnlich nicht so
schwer gepanzert wie *Latimeria*. Sie haben meist enorm große
Augen und ein viel größeres Maul. Die Knochen sind leicht gebaut.
Latimeria hat nicht besonders große Augen, dicke Schuppen und
gut verknöcherte (ossifizierte) Knochen. Die Schuppen und die
Knochen zeigen Wachstumsringe; das weist auf ein Leben in einer
Umgebung hin, in der sich die Jahreszeiten auswirken. Smith
schloß aus all dem, daß *Latimeria* ein Fisch aus den tieferen
Wasserschichten von Küstenriffen ist, aber nicht tiefer als ca.
200 m lebt.

Wenn wir Fischen zusehen, so erscheinen uns ihre Schwimmbewegungen leicht und mühelos, dennoch sind Fische im Wasser
nicht von vornherein schwerelos. Ihre Körpergewebe – Muskeln,
Knochen, Blut etc. – sind nur wenig, aber eben doch etwas schwerer als Meerwasser (genauer gesagt: sie besitzen eine größere
Dichte als das Meerwasser). Daher müssen alle Fische bestimmte
Strategien verfolgen, um ihren Auftrieb zu kontrollieren. Wenn sie

nicht sinken und Energie verbrauchen wollen, um weiterschwimmen zu können, benötigen sie irgendeine spezielle Vorrichtung, um ihre Gesamtdichte zu verringern. Viele moderne Knochenfische benutzen abgewandelte Lungen als gasgefülltes Auftriebsorgan oder Schwimmblase. Indem sie das Gasvolumen in der Schwimmblase regulieren, können sie die mittlere Dichte ihres Körpers insgesamt kontrollieren.*

Wegen ihres hohen Fettgehalts ist die Dichte von Quastenflossern sogar etwas geringer als die des „durchschnittlichen" Meerwassers. Sie verfügen deshalb über ein passives Auftriebsorgan, vergleichbar einem Taucher, der das richtige Gewicht für eine bestimmte Wassertiefe an seinem Gürtel befestigt. Innerhalb eines bestimmten Tiefenbereiches kann *Latimeria* frei schwimmen, ohne sich wegen des Dichteproblems Sorgen über Aufsteigen oder Absinken machen zu müssen. Daraus ergibt sich die Frage: Können wir den Tiefenbereich kalkulieren, an den das Quastenflossergewebe mit seinem speziellen Fettgehalt angepaßt ist? Die Antwort der organischen Chemiker lautete: Comoren-Quastenflosser sind daran angepaßt, ihre Position im Bereich zwischen 200 m und maximal 300 m ohne Energieaufwand halten zu können. Auch der Ölfisch *Ruvettus* besitzt genau dieselbe Anpassung zur Auftriebsregulierung, desgleichen viele Haie.

Weitere wichtige Befunde stammen vom optischen System. Alle Quastenflosser, die vor den Comoren gefangen worden sind, hatten etwas gemeinsam, eine Augenschädigung: Die Linse ist trübe, wenn sie an die Oberfläche gebracht werden. In ihrer natürlichen Umgebung haben die Tiere hingegen, wie man in Frickes Filmen sehen kann, völlig klare Augenlinsen. Bereits recht früh erkannte man, daß die Linsentrübung eine Folge der Druckänderungen war. Wenn der Fisch vom Fischer zur Oberfläche heraufgeholt wird, verändern schnelle Druckänderungen die Kristallstruktur der Au-

---

* Einige Fische nehmen direkt Luft in die Schwimmblase auf und geben sie auch direkt wieder ab. Andere können sich durch eine physiologische Anpassung spezifisch schwerer oder leichter machen – sie geben Gas in die Schwimmblase ab (sezernieren) bzw. resorbieren es wieder. Das ist eine nützliche Anpassung, da sie dadurch auch ohne Zugang zur Wasseroberfläche die richtige Dichte erreichen können, um in verschiedenen Wassertiefen schwerelos im Meer zu schweben.

genlinse. Diese Fische konnten daher nicht in seichten, oberflächennahen Wasserzonen leben.

Dr. Adam Locket (früher am Institute of Ophthalmology in London) beschäftigt sich seit längerem ausführlich mit Quastenflossern und nahm auch an der 72er Expedition teil. Er und sein Kollege Dr. H. J. A. Dartnall untersuchten die Augen von *Latimeria* und verglichen sie mit den Augen anderer Fische.[99] Als erstes studierten sie die Netzhaut oder Retina (die Schicht lichtempfindlicher Zellen, auf die das einkommende Lichtsignal fokussiert wird), um festzustellen, an welche Lichtintensität sie angepaßt ist. Die Franzosen, die *Latimeria* 1954 beobachteten, bemerkten, daß der Fisch Licht vermied und auf helles Tageslicht sichtlich gestreßt reagierte. Untersuchungen am frischen Auge des 72er Exemplars zeigten, daß die Retina daran angepaßt ist, schwache Lichtintensitäten zu verarbeiten, die im Meerwasser in einer Tiefe bis zu mehreren 100 m herrschen. Vergleichende Untersuchungen an anderen Fischen stellten den Quastenflosser in dieser Beziehung neben den Hai *Centroscymnus*, der in derselben Tiefe vorkommt, in der *Latimeria* gefangen wird, und – zu niemandes Überraschung – neben *Ruvettus pretiosus*.

Unter Wasser werden rote und gelbe Farbtöne mit zunehmender Tiefe rasch mehr und mehr vom Medium absorbiert; die vorherrschenden Farben sind Blau und Grün. Lockets und Dartnalls Ergebnisse zeigten, daß *Latimeria* grundsätzlich farbenblind ist. Die Netzhaut des Auges weist nur ganz vereinzelt Farbrezeptoren (sogenannte Zapfen) auf, und die Hell-Dunkel-Rezeptoren (die Stäbchen) sind für Lichtintensitäten und Frequenzen ausgelegt, die für Fische in 100–200 m Tiefe typisch sind und nicht etwa für Flachwasser- oder Tiefseebewohner. Daher untermauert der Befund an den Augen von *Latimeria* die Schlußfolgerungen, die wir bereits aus der Körperfärbung und dem Fettgehalt gezogen haben.

Es gibt zwei konkurrierende Theorien über die vertikale Verteilung von *Latimeria*. Die eine geht davon aus, daß Quastenflosser tatsächlich dort leben, wo man sie auch gefangen hat; die andere besagt, daß die Fische, wie einige ihrer Beutetiere, Vertikalwanderungen unternehmen. Die wichtigste Begründung für die zweite Theorie liegt nach Ansicht ihrer Befürworter darin, daß die Fische stets nachts an die Angel gehen, und viele Leute, angefangen mit E. I. White im Jahre 1939, wollten die Entdeckung von *Latimeria* als den zufälligen Fang eines seltenen Tiefseefisches erklären. In gewisser Weise ist es wohl leichter zu glauben, daß dieser Fisch gewöhnlich in großen Tiefen – außerhalb des normalerweise wissenschaftlich zugänglichen Bereichs – lebt, als sich einzugestehen, daß es noch immer weitgehend unerforschte Bereiche in den oberflächennahen Wasserzonen unseres Planeten gibt. Es gibt jedoch keinen überzeugenden wissenschaftlichen Beleg für eine Migrationstheorie im Sinne einer ausgedehnten täglichen Wanderung aus der Tiefe des Ozeans und wieder zurück. Fricke folgte einzelnen Quastenflossern mit seinem Unterseeboot und fand heraus, daß sie passiv mit der Strömung drifteten und nur sehr geringe Wanderungen von rund 100–200 m unternahmen.

Ein besonders schwieriges Problem für Fische ist die Wassertemperatur. Meerwasser in tieferen Schichten ist gewöhnlich viel kälter als Oberflächenwasser. Wie frühe Messungen vor den Comoren zeigten, herrscht in 200 m Tiefe eine Umgebungstemperatur von etwa 15–18°C. In 500 m Tiefe beträgt die Temperatur hingegen nur noch 10–11°C, während sie an der Oberfläche bei bis zu 27°C liegen kann. Im allgemeinen lagen die Temperaturen an der Westküste von Grande Comore unter denjenigen an der Ostküste. Daher lautet eine wichtige Frage: Wie verteilt sich *Latimeria* in bezug auf die Wassertemperatur? Nach Fricke blieb der Fisch, dem er gefolgt war, unterhalb der 18°C-Ebene.[100] Das stimmt mit den allgemeinen Fangdaten überein: Frickes Fisch hielt sich unterhalb von etwa 170 m Wassertiefe auf. Nur dort, wo aufsteigende Strömungen des Nachts kühleres Wasser zur Oberfläche hinauftrugen, stieg er höher nach oben. In diesem Fall driftete der Fisch mit der Strömung bis auf ca. 100 m empor. Fricke nimmt an, daß die Quastenflosser tagsüber in den kühleren, tieferen Wasserschichten ruhen, die ihrem Stoffwechsel zusagen, und dann nachts in wärmere, nahrungsreichere Zonen näher an der Oberfläche kommen, um zu fressen.[101]

Wenn wir alle unsere Informationen zusammenlegen, stimmen Biologie und Fangdaten überein: *Latimeria chalumnae* scheint ein Fisch zu sein, der an ein Leben in 100–200 m Wassertiefe angepaßt ist.

All das bringt uns zum zweiten Problem: der geographischen

Verteilung. Leben Quastenflosser nur an der Küste der Comoren? Auch in diesem Fall sind die direkten Befunde dürftig: 150 bis 200 Exemplare, die vor den Comoren gefangen wurden, und ein Exemplar, das fast 2000 km weit entfernt ins Netz ging. Das ist alles, was wir wissen. Wir können das Problem in vier Fragen fassen. Erstens: Sind die Comoren der einzige Lebensraum von *Latimeria*? Wenn das der Fall ist, dann war das Exemplar vom Chalumna River ein Zufallsfund. Zweitens: Wenn das stimmt, müssen wir fragen: Welche besonderen Eigenschaften von *Latimeria* und den Comoren erklärt diese begrenzte Verteilung? Drittens: Wenn *Latimeria* nicht nur auf den Comoren vorkommt bzw. dort ein Verbreitungszentrum hat, wo sonst sind diese Fische beheimatet? All dies ist eng verbunden mit der vierten Frage: Da die Comoren geologisch sehr jung sind, wo lebte *Latimeria*, bevor die Comoren existierten?

Die Argumentation, nach der sich die Verbreitung von *Latimeria chalumnae* auf die Comoren beschränkt, ist im Prinzip theoretisch begründet. Sie bezieht sich auf paläobiologische Studien und auf Untersuchungen alter Verteilungsmuster von Fauna und Flora bzw. auf ihre Veränderung im Lauf der Zeit. Darwin wies auf eine Übereinstimmung zwischen den Reliktarten hin, die wir lebende Fossilien nennen: Sie weisen im allgemeinen eine nur sehr begrenzte geographische Verbreitung auf.* Reliktarten gelten im Wettbewerb mit evolutionär weiter fortgeschrittenen Arten meistens als benachteiligt; man geht gewöhnlich davon aus, daß sie nur deswegen nicht ausgestorben sind, weil sie sich in irgendeinen isolierten Lebensraum zurückgezogen haben, wo ihnen spezielle Umstände das Überleben ermöglichten. Daher würde man von lebenden Fossilien wie *Latimeria chalumnae* im Prinzip nicht erwarten, daß sie ein großes geographisches Verbreitungsgebiet besitzen. (Wobei die Frage ist, was man bei einem Meeresfisch als „groß" bezeichnet – Hunderte von Kilometern oder Tausende?)

Dieses schwache Argument müßte mit der Entdeckung eines einzigen Exemplares außerhalb der Comoren in sich zusammen-

---

* Als klassisches Wirbeltierbeispiel zitieren Zoologen dabei immer die drei überlebenden Lungenfischgattungen, deren Verbreitung auf einige Flußbassins in Australien, Südamerika und Afrika beschränkt ist.

fallen, und wir haben bereits den Quastenflosser Nr. 1 aus Südafrika. Wenn es aber zutrifft, dann hieße das, daß der ursprüngliche Bestand von *Latimeria* auf eine Population zusammengeschmolzen ist, die biologisch nicht mehr in der Lage ist, irgendwo
anders als an tiefen, unterseeischen Hängen zu leben und per
Zufall auf den Comoren-Archipel verschlagen worden ist.

Für einen Fisch, der darauf spezialisiert ist, an den tiefer
gelegenen Hängen der Küstenränder zu leben, stellt wirklich
offenes Wasser in der Tat eine Verbreitungsbarriere dar. Ein solcher Fisch wird daher sicherlich nur selten oder auch nie die
sichere Zuflucht der Comoren verlassen. Aber selbst dann müßten
einzelne Tiere gelegentlich aus der Sicherheit der Inselränder
abgetrieben werden. Wohin würden sie die oberflächennahen Strömungen in dieser Region verdriften? Der große, westwärts gerichtete Südäquatorialstrom teilt sich, um Madagaskar zu umfließen;
sein südwestlicher Arm – der Mosambikstrom – folgt der Straße
von Mosambik. Daher würden wir erwarten, daß die Comoren
entweder (1.) der südwestlichste Ausläufer des Quastenflosser-
Verbreitungsgebietes sind und die auf den Comoren beheimateten
Fische vielleicht selbst von anderen Populationen aus dem riesigen
Indischen Ozean im Nordosten stammen, oder (2.) daß Quastenflosser zwar ihr Verbreitungszentrum auf den Comoren haben, ihr
Lebensraum sich aber vielleicht nach Südwesten über die ganze
Straße von Mosambik erstreckt.

Die 69er Expedition testete die erste Möglichkeit. Die Bänke
direkt östlich der Comoren sollten eigentlich für *Latimeria* einen
idealen Aufenthaltsort darstellen, wohingegen die Inseln der Al-
dabra-Astoven-Gruppe im Norden wohl weniger geeignet sind.
Doch kein Quastenflosser wurde gefunden. Für die zweite Alter-
native spricht, daß tatsächlich ein Exemplar weit unten in der
Straße von Mosambik gefunden worden *ist*. Ein Beispiel unter
rund zweihundert Fängen ist allerdings nicht genug, um daraus
weitreichende Schlüsse zu ziehen.

Alles in allem sprechen starke Argumente dafür, daß *Latimeria*
hauptsächlich auf den Comoren vorkommt – wahrscheinlich aufgrund besonderer physikalischer und biologischer Bedingungen,
die *Latimeria* direkt begünstigen oder den Druck durch Nahrungs-
konkurrenten und potentielle Feinde verringern. Das südafrikanische Exemplar wäre in diesem Fall von der Strömung verdriftet

worden; solche Irrläufer kann man, wenn auch nur selten, am ehesten südwärts der Comoren an den Küsten der Straße von Mosambik erwarten.

Als nächstes müssen wir uns mit den Negativbefunden beschäftigen. Wenn irgendwo noch andere Populationen von *Latimeria chalumnae* existieren, wie groß müßte eine solche Population sein, in welcher Tiefe könnte sie leben, und wie breit müßte die geographische Verbreitung sein, damit wir eine Chance haben, sie z.B. an der Küste des afrikanischen Festlandes oder vor den anderen Inseln im westlichen Indischen Ozean, einschließlich Madagaskars, zu entdecken? Mit anderen Worten, wie aussagekräftig ist unser *Negativbefund*, daß man Quastenflosser bisher nirgendwo sonst gefunden hat?

Vorausgesetzt, andere Faktoren sind gleich*, würde man annehmen, daß Quastenflosser *in der Lage* sein müßten, überall rund um ähnliche Inseln im westlichen Indischen Ozean zu leben. *Ruvettus pretiosus* z.B. ist im ganzen Indischen Ozean, im Atlantik und im Pazifik verbreitet. Und keine andere Inselgruppe im westlichen Indischen Ozean weist große endemische (nur dort lebende) Arten auf, wenn es auch einige kleinere Fische gibt, die auf Lagunen und seichte Riffe beschränkt sind und ein nur sehr kleines Verbreitungsgebiet haben.

Nach Smiths Ansicht gewann der Negativbefund im Lauf der Jahre stark an Glaubwürdigkeit. Er argumentierte, daß Trawler, die vor der südafrikanischen Küste fischten, inzwischen einen weiteren Quastenflosser gefangen haben müßten. Genügend Anstrengungen in dieser Richtung hatte es gegeben, wenigstens vor der Festlandküste vom Kap der Guten Hoffnung bis nach Kenia, um daraus zu schließen, daß dort keine Quastenflosser vorkommen. Dasselbe galt seiner Meinung nach für Madagaskar. Für die anderen Inseln im westlichen Indischen Ozean steht eine endgültige Entscheidung jedoch bisher noch aus. Mit jedem Jahr ohne Fänge außerhalb des Comoren-Archipels (sicherlich an sich ein recht schwacher Beweis, wenn man andernorts nicht *aktiv* nach *Latimeria* sucht) gewinnt die Hypothese an Gewicht, daß Quasten-

---

* Natürlich sind sie das niemals; man kann z.B. nicht wissen, ob Quastenflosser eine spezielle Vorliebe für irgendein Spurenelement haben, das man nur in den Vulkanen der Comoren findet.

flosser in unseren Tagen nur an der Küste der Comoren vorkommen.

Dennoch glauben verschiedene Autoren (z.B. Fricke und Michael Bruton) noch immer fest daran, daß das Exemplar von East London kein Irrläufer war und eine afrikanische Küstenpopulation existiert.[102] Solange wir nicht sehr viel mehr über die Fischformen im Indischen Ozean wissen, die tiefer als 150 m leben, können wir nur Vermutungen anstellen. Wir sollten uns immer an T. H. Huxleys berühmte Maxime erinnern, daß es nur einer einzigen häßlichen kleinen Tatsache bedarf, um eine ganze wundervolle Hypothese zu zerstören.

Was ist Besonderes an den Comoren? Sie erheben sich als Vulkankegel fast senkrecht vom Meeresboden, und der Mount Karthala ist noch immer aktiv. Die Inseln liegen im südwärts fließenden Mosambikstrom und sind von Madagaskar und vom afrikanischen Festland durch Wasser von bis zu 3000 m Tiefe getrennt. Wie für ozeanische Vulkaninseln typisch, sind die unterseeischen Profile steil und schroff. Bereits direkt vor der Küste nimmt die Wassertiefe sehr schnell zu, und der Boden kann einen Neigungswinkel von 20–40 aufweisen.[103] Um es anders zu sagen: Das sehr produktive Oberflächenwasser, das man an jeder Küste zu finden erwartet, ist hier im Vergleich mit den breiten, seichten Schelfzonen der Kontinentalmassen auf ein sehr schmales Band beschränkt. An den meisten vergleichbaren Inseln im westlichen Indischen Ozean findet man jedoch ein breites Saumriff, ein Korallenriffsystem, in dessen seichten, sonnendurchfluteten Wassern Fische üppig gedeihen. Vor Grande Comore und Anjouan fehlt hingegen ein vollständiges Saumriff.[104]

Da die Comoren große gebirgige Inseln sind, regnet es dort häufig, und das Regenwasser versickert rasch in dem porösen vulkanischen Boden. Dieses Süßwasser sammelt sich in unterirdischen Wasseradern und gelangt unterhalb der Wasseroberfläche ins Meer. Es war immer schon eine Lieblingshypothese mancher Zoologen, daß ein solcher Süßwassereinstrom eine spezielle lokale Umwelt schafft, in der die Quastenflosser leben. Unterseeisches Süßwasser findet man natürlich nicht nur auf den Comoren, doch das Phänomen ist hier vielleicht besonders stark ausgeprägt. Hans Fricke fand aber keinen Süßwasserausstrom unterhalb von 80 m, und das Wasser, in dem *Latimeria* gefangen wird, ist ganz normales Salzwasser.[105] Alle physiologischen Befunde sprechen stark gegen diese Hypothese.

Dank neuerer Untersuchungen, die uns exakte Altersangaben für die Comoren ermöglichen, können wir unserem Puzzle ein neues Teilchen hinzufügen: Grande Comore ist auch die jüngste Insel der Kette. Anjouan wird auf mehr als 1,2 Millionen Jahre datiert, während Grande Comore nur 130'000 Jahre alt ist. Verschiedene Autoren haben festgestellt, daß viele Fänge auf Grande Comore gerade dort stattgefunden haben, wo sich kürzlich Lavaströme über die unterseeischen Hänge ergossen hatten. Vielleicht bietet derart junges Gestein eine einzigartige Kombination von Lebensbedingungen, sei es durch seine chemische Zusammensetzung oder einfach, weil sich dort noch keine Flora und Fauna mit einer normalen biologischen Produktivität entwickeln konnte. Der gesamte Lebensraum unterscheidet sich deutlich von dem anderer ozeanischer Inseln; das beginnt schon mit dem Fehlen eines Korallenriffsystems, eines Saumriffs.

Das Fehlen eines Saumriffs beeinflußt die Fischfangtechniken der Einheimischen stark, und das könnte der Grund dafür sein, daß *Latimeria chalumnae* überhaupt auf den Comoren entdeckt wurde. Wenn es dort ein gut entwickeltes, küstennahes Riff gäbe, hätten sich die Fischer wahrscheinlich niemals aufs offene Meer gewagt; läßt man den medizinischen Wert von *Ruvettus* einmal beiseite, wäre es sicherlich vernünftiger, sich nicht mit den Fischen außerhalb des Riffs abzugeben. In gewisser Weise werden diese Überlegungen durch die Ergebnisse der Expedition von 1972 untermauert. Bei seinen Experimenten mit Langleinen benutzte Forster dieselbe Technik, die 1969 vor den nördlich gelegenen Inseln entwickelt wurde (mit großem Erfolg, nur ohne einen Quastenflosser zu fangen). Er fand heraus, daß in den Wasserschichten rund um die tiefer gelegenen Hänge von Grande Comore Fische aller Art sehr selten sind.[106] Sowohl in bezug auf den Arten- als auch auf den Individuenreichtum sind Fische vielleicht 7–10mal weniger häufig als erwartet. Man findet dort dieselben Arten wie bei anderen Inseln, doch viele andere Arten, die man erwarten würde, fehlen. Nicht einmal große Haie wie *Hexanchus*, die in den Gewässern vor den Inseln im Norden, wo wir 1969 fischten, bis in 400 m Tiefe häufig vorkamen, gingen Forster an die Angel. Bei seinen Beobachtungen rund um Grande Comore vom Untersee-

boot aus kam Fricke zum gleichen Ergebnis.[107] Die Fischfauna
war klein und besonders klein an der Ostküste.

Was bedeutet das alles? Vielleicht nur, daß unter kärglichen
Umweltbedingungen ein relativ inaktiver, träger Fisch sein Auskommen finden kann. Das ist ein schwaches Argument, um das
Vorkommen von *Latimeria* zu erklären. Doch die deutlichen Unterschiede von Fischreichtum und Artenzahl zwischen den Comoren und den sich direkt nördlich anschließenden Inseln sind ein
sehr reales Phänomen, deren Ursachen sicherlich im sehr jungen
geologischen Alter, den erst kürzlich erfolgten Lavaströmen und
dem Fehlen von Korallenriffen vor den Comoren zu suchen sind.

Wo lebten die Vorfahren der modernen *Latimeria* vor dem
Entstehen der Comoren? Das ist noch schwerer zu beantworten.
Es gibt keine Fossilfunde von Coelacanthini seit der Kreidezeit,
als die nächsten Verwandten von *Latimeria* in Europa lebten. Die
Vorfahren von *Latimeria* waren wahrscheinlich eher Bewohner
der seichten Schelfmeere von weniger als 500 m Tiefe als der
offenen und/oder tiefen Ozeane. Da der Indische Ozean erst seit
ca. 125 Millionen Jahren existiert, müssen die Vorfahren von
Latimeria in dem großen Tethys-Meer gelebt haben, einem riesigen Gewässer, das zur Kreidezeit im Norden von Eurasien und im
Westen von Afrika begrenzt wurde. Als die Kontinente sich ausein-
anderbewegten und sich gegeneinander verschoben, schloß sich
das Tethys-Meer allmählich, und der Indische Ozean öffnete sich.

In den letzten 125 Millionen Jahren hat es bei Fischen weltweit
eine starke evolutionäre Aufspaltung gegeben, die einen großen
Artenreichtum mit sich brachte. Wir können vermuten, daß die
Vorfahren von *Latimeria* gegenüber der sich neu entwickelnden
Fischfauna vielleicht sehr rasch ins Hintertreffen gerieten und in
Lebensräume abgedrängt wurden (einschließlich, aber nicht ausschließlich, kürzlich entstandener ozeanischer Vulkanformatio-
nen), wo der Wettbewerb mit anderen großen Fischen nicht so
ausgeprägt war und es nur wenige Räuber gab.

Als sich die Kontinente voneinander entfernten, könnte die
Quastenflosserpopulation aus dem Tethys-Meer südwärts in den
sich öffnenden Indischen Ozean gewandert sein und weiter an der
Küste von Afrika, Madagaskar und Indien entlang. Sichere, d.h.
artenarme Lebensräume haben sich wohl am ehesten vor den
neuen Inselketten gefunden, die sich im Indischen Ozean selbst,

vom westlichen Indien bis zu den Comoren, gebildet hatten. Wir wissen, daß solche Inselketten in einer Reihe, beginnend bei den Amiranten über die Farquahr-Inseln bis hin zum nördlichen Madagaskar und dann zu den Comoren entstanden sind. Der Maskarenenrücken lag wahrscheinlich auch damals schon tiefer als 1000 m, doch er bildet eine Verbindung zu den jüngeren Inseln Mauritius und Réunion. Nach Norden und Osten könnten die Coelacanthini längs der großen Inselketten – Lakkadiven, Malediven, Chagos-Archipel – gewandert sein, die sich auf dem mittelozeanischen Rückensystem gebildet hatten.

Diese Vorstellung vermittelt uns ein ziemlich trauriges Bild von *Latimerias* Vorfahren, wie sie von Insel zu Insel durch den Indischen Ozean getrieben wurden, als sich der Lebensraum ringsum allmählich füllte und die Fischfauna mannigfaltiger wurde. Es blieben ihnen nur wenige Plätze, wo sie noch existieren konnten. Von den Seychellen zu den Comoren kommend, haben sie vielleicht Réunion via Maskarenenrücken erreicht; über die Fauna von Réunion ist nicht viel bekannt. Möglicherweise sind sie auch bis zu den Malediven und dem Chagos-Archipel vorgedrungen, doch diese Inseln haben keine artenarme Fischfauna oder intensiven rezenten Vulkanismus und kamen daher als Lebensraum wahrscheinlich nicht in Betracht.

Aus all dem schließe ich, daß die modernen Quastenflosser durchaus eine wirkliche Reliktart sein können, von der eine (un)gewisse Anzahl Individuen nur auf den Comoren überlebt hat. Falls es noch an anderer Stelle Quastenflosser gibt, handelt es sich höchstwahrscheinlich um Abkömmlinge von comorianischen Populationen, die, wie Smith vorhergesagt hat, von der Strömung zu den tiefer gelegenen Steilhängen an der Küste von Mosambik und weiter nach Süden abgetrieben worden sind. Ihre Überlebenschancen sind wohl dort am höchsten, wo die Fauna artenarm ist, es wenig Konkurrenzdruck gibt und vielleicht in neuerer Zeit Vulkane aktiv gewesen sind. Wenn irgendeine andere Population von Quastenflossern sich parallel zu dem Bestand auf den Comoren entwickelt hat, müßte man sie wiederum am ehesten auf geologisch jungen Inseln mit einer verarmten Fauna suchen, zu denen Fische aus der Nähe zugewandert sein könnten – d.h. am Ende der Inselkette. Nach Bassas da India und dem Europa-Atoll in der Straße von Mosambik wäre daher Réunion der nächste Platz, an

150

dem ich nach weiteren rezenten Quastenflossern Ausschau halten würde.

Das Mittelmeer?

Seltsamerweise können wir uns hier nicht allein auf die wissenschaftlichen Befunde stützen. Eine faszinierende Fußnote zu unserem Thema verdanken wir der Ethnographie. Ein Priester einer kleinen Kirche in der Nähe von Bilbao in Spanien soll einem argentinischen Chemiker 1964 eine kleine Votivfigur, einen Fisch aus Silber, verkauft haben, der möglicherweise aus dem 19. Jahrhundert stammt.[108] Für viele, die eine Fotografie dieser Figur betrachtet haben, sieht es so aus, als habe ein Quastenflosser dafür Modell gestanden. Später fand sich ein zweites derartiges Silbermodell aus Toledo in einem Pariser Antiquitätengeschäft.[109]

Votivfiguren von Fischen sind nichts Ungewöhnliches, besonders in Gemeinschaften, die vom Fischfang leben. Man darf annehmen, daß die Kunsthandwerker, die solche Figuren herstellten, und die Leute, die sie in Auftrag gaben, um damit einen guten Fang zu erbitten, die Fische aus der Umgebung recht gut kannten. Man kann sich einen stilisierten Fisch vorstellen, der in sich Merkmale von bekannten Speisefischen (Sardinen, Heringen, Thunfischen und Kabeljaus) vereinigt, doch eine solche Verkettung würde kaum die fleischig-lappigen Flossen und den dreiteiligen Schwanz eines Quastenflossers hervorbringen. Was mag also der Ursprung dieser Figuren sein?

Es gibt nur drei Möglichkeiten: Diese Figuren sollen Quastenflosser darstellen, die Ähnlichkeit ist reiner Zufall, oder die Figuren sind Fälschungen.

Wenn diese Objekte wirklich Quastenflosser darstellen, müssen die Künstler solche Fische gesehen oder entsprechende Beschreibungen gekannt haben, und es muß einen besonderen Grund gegeben haben, solche Votivfiguren anzufertigen. Es wäre natürlich möglich, daß die Künstler einen fossilen Quastenflosser gesehen haben. Diese Fossilien zeigen deutlich einen dreiteiligen Schwanz und zwei Rückenflossen. Doch fossile Quastenflosser lassen nur sehr selten die fleischig-lappige Struktur der paarigen Flossen erkennen, weil der Muskelanteil in den Flossenstielen

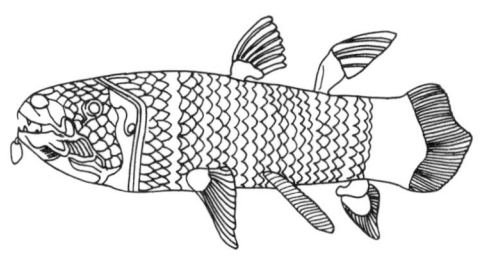

Abb. 30: Skizze der silbernen Votivfigur aus Toledo, Spanien.

verfault, wobei die Knochen des Flossenskeletts zerstört werden und eine Lücke hinterlassen. Nur ein Experte hätte gewußt, daß sich in dieser Lücke einmal etwas befunden hat. Es ist daher unwahrscheinlich, daß die Figuren nach Fossilien geformt worden sind.

Fricke nimmt an, daß die Künstler einen wirklichen Quastenflosser gesehen haben und Populationen von *Latimeria* oder einer verwandten Art noch in jüngerer Zeit im Mittelmeer oder im Roten Meer gelebt haben bzw. vielleicht sogar heute noch dort leben.[110] Das ist eine romantische Vorstellung, für die es nicht den Schimmer eines Beweises gibt. Man kennt die Fische des Mittelmeeres und des Roten Meeres heute sehr gut, und es sind keine Quastenflosser darunter. (Bilbao liegt zudem an der Atlantikküste von Spanien, und niemand glaubt an eine atlantische Population.) Es ist jedoch immerhin denkbar, daß jemand, der Handel an der afrikanischen Küste trieb, einen Quastenflosser erworben, gesalzen und getrocknet hat und ihn interessant genug fand, um ihn nach Europa mitzubringen. In diesem Fall wurde die Votivfigur vielleicht in der Hoffnung auf weitere erfolgreiche Handelsreisen nach Afrika angefertigt statt als Talisman für ertragreiche örtliche Fischzüge. Professor Anthony hielt es für möglich, daß die/der Künstler die Comoren besucht hatte(n).

Die einfachste Erklärung ist, daß ein Künstler nur einen phantastischen Fisch anfertigte und zufällig etwas herstellte, das ein wenig wie ein Quastenflosser aussieht – der Rest liegt im Auge des Betrachters. Dann ist da immer noch die Möglichkeit, daß es sich um eine Fälschung handelt. Möglicherweise ist die Angelegenheit aber subtiler, und wir erlauben uns, mehr zu sehen, als wirklich da ist. Bei der ersten Figur, die 1966 fotografiert und deren Bild in *Sea Frontiers* veröffentlicht wurde, sehen die Brustflossen z.B. nicht wie die Flossen irgendeines Fisches – abgesehen vielleicht vom Schlammspringer *(Periophthalmus)* – aus und scheinen zudem ziemlich grob hinzugefügt zu sein, während der größte Teil des Fisches sehr realistisch gestaltet ist. Die zweite Rückenflosse besitzt keine lappige Struktur, sondern ist strahlenflossig, genau wie die erste. Bei dem Toledo-Figürchen sind die paarigen Flossen weniger stark betont, und die Schwanzflosse ist ziemlich undefiniert. Beide Votivfiguren tragen deutlich herausgearbeitete Schuppen, doch das ist typisch für laienhafte Fischdarstellungen.

Es ist erstaunlich, daß Wissenschaftler in einem Fall wie diesem ihren normalen kühlen Verstand über Bord zu werfen bereit sind, besonders dann, wenn es sich um Befunde aus einer anderen Sphäre, wie der Kunst, handelt. Wir können es das „Loch-Ness-Monster-Phänomen" nennen, etwas, das wirklich wundervoll und aufregend wäre, wenn es nur wahr wäre. Doch was für Journalisten derart auflagensteigernd ist, ist nur selten wissenschaftlich haltbar. Ein klarer Blick auf die Fakten sollte uns folgendes sagen: Diese Votivfiguren stellen vielleicht gar keine Quastenflosser dar, und selbst wenn sie es tun, ist das kein Beweis, daß *Latimeria* oder irgendeine andere Quastenflosserart gegenwärtig im Atlantik, im Mittelmeer oder im Roten Meer lebt – so sehr wir uns das auch wünschen mögen.

7 Wie leben sie?

[Ein] nächtlicher, fischfressender Drift-Jäger.
H. Fricke

Vor einigen Jahren lehrte ich an der Mount Desert Island Biological Station in Salisbury Cove im Bundesstaat Maine, ein herrlicher Platz, wo sich jeden Sommer Forscher aus verschiedenen Sparten der Medizin versammeln, um Vergleichende Physiologie zu betreiben, meist im Zusammenhang mit der Nierenfunktion. Dabei wird viel am Dornhai *(Squalus acanthias)* gearbeitet, ein kleiner, häufiger und recht reizloser Hai. Ich neckte die Zuhörer im Auditorium und meinte, sie arbeiteten gar nicht mit richtigen Haien. Zum Beweis zeigte ich ihnen das Bild eines wunderbaren, stromlinienförmigen Blauhaies *(Prionace glauca)*, der auf den Fotografen (nicht ich!) zuschießt und sich beim Abbiegen fest auf seine Brustflossen stützt, während sein Schwanz kräftig zur Seite schlägt. Mit seinem leicht geöffneten Maul, in dem die Zähne zu sehen sind, ist er für mich das perfekte Modell eines gewandten, schnell schwimmenden Jägers. „Das ist ein *Hai*", erklärte ich. Doch das war unfair, weil die kleineren Haie, die im kälteren Nordatlantik in Bodennähe leben, und viele andere Haie sich im Wasser genauso anmutig bewegen. Meines Erachtens muß man, um Fische zu verstehen, größere Arten wie Haie, Lachse, Barsche, Schwertfische, Marline oder Thunfische untersuchen. Die Fische, die zur Aquarienhaltung geeignet sind, schwimmen häufig die meiste Zeit mehr oder minder auf der Stelle, wobei sie zuweilen in die eine oder andere Ecke schießen, um zu zeigen, wie beschäftigt sie sind. Solche Aquarienfische sind wunderschön und bei genauerem Hinsehen wirklich faszinierend. Doch um den „Gestalttyp Fisch" zu studieren, muß man mit einem größeren Meeresfisch beginnen.

Viele Jahre lang habe ich Stunden damit verbracht, Fische nur zu beobachten, und habe gefunden, daß der beste Platz dafür ein großes öffentliches Schauaquarium ist. Hier kann man beobach-

Abb. 31: Blauhai bei einer engen Wendung.

ten, mit welcher außerordentlichen Kontrolle sich Fische in drei Dimensionen bewegen, während sie langsam ihre Kreise ziehen. Der Schwanz treibt das Tier ständig mit scheinbar einfachen Schlägen vorwärts. Doch Brust-, Bauch- und Rückenflossen (wenn auch manchmal nur an ihren äußersten Spitzen) und der Saum der Schwanzflosse sind ständig dabei, sich kaum merklich nach den Strömungslinien des Wassers, das den Körper umspielt, auszurichten, um diese völlige Körperkontrolle zu erzielen. Vogelbücher sagen vom Königssatrap *(Tyrannus tyrannus)* aus der Familie der Tyrannenvögel, er fliege wie ein Schmetterling durch Verwindungen seiner Flügelkanten. Das gilt in noch stärkerem Maße für Fische; die mächtige Rumpfmuskulatur erzeugt den nötigen Vortrieb, doch gesteuert wird mit den Spitzen der Flossen. Dann, wenn eine rasche Erhöhung der Geschwindigkeit nötig ist, versteift sich der Körper des Fisches sichtbar, die Flossen werden angelegt, die Amplitude der Schwanzschläge verringert sich deutlich, und es scheint fast so, als werde der Körper von wellenartigen Schauern überlaufen. So beschleunigt der Fisch und zieht elegant von dannen.

Vielleicht mehr als andere Tiere demonstrieren Fische in Form und Aussehen die Lebensweise, an die sie angepaßt sind. Dabei ist die Bandbreite ihrer Anpassungen enorm. Viele größere Fische, wie einige Haie und Thunfische, schwimmen mit offenem Maul, so daß das Wasser beim Schwimmen ins Maul und über die Kiemen gepreßt wird. Kleinere Fische, die zwischen Algenbüscheln oder an Felsen auf der Stelle schwimmen, werden durch den nach hinten gerichteten Wasserstrom, den sie über ihren Kiemen erzeugen, tatsächlich langsam wie durch einen Düsenantrieb nach vorne getrieben. Um dem entgegenzuarbeiten und an Ort und Stelle zu bleiben, müssen sie mit ihren paarigen Flossen wie kleine Helikopter ständig Wasser fächeln. (Haie können nicht rückwärts schwimmen; ein wichtiger Punkt für Aquarienbauer!) In einer seltsamen Reihe evolutionärer Abwandlungen entstanden aus haiähnlichen Fischen scheibenförmig abgeplattete Rochen, die am Meeresgrund leben und mit wellenförmigen Bewegungen der Säume ihrer großen Körperscheibe (gebildet aus vergrößerten Brustflossen) schwimmen. Von diesen Bodenbewohnern stammen wiederum freischwimmende Formen wie die Mantas und Adlerrochen ab, die sich mit Hilfe ihrer lappigen Brustflossen wie mit großen, schlagenden Flügeln durchs Wasser bewegen. Etwas fast Unheimliches umgibt den lautlosen Flug eines Rochen durchs Wasser, doch es ist gleichzeitig ein wundervoller Anblick, wie der Flug eines Albatrosses oder eines Kondors. Unter den strahlenflossigen Fischen entwickelten sich parallel zur Evolution der Rochen andere Gruppen bodenlebender, abgeplatteter Fische, die Schollen und ihre Verwandten. Schollen platten sich, bildlich gesprochen, dadurch ab, daß sie sich auf die Seite legen. Dadurch würde jedoch ein Auge auf die neue Unterseite geraten, deswegen wird der ganze Kopf gleichzeitig grotesk herumgedreht. Diese Metamorphose vom „normalen" Fisch zum Plattfisch wiederholt sich im Lauf der Embryonalentwicklung bei jedem Individuum. Die Bandbreite solcher morphologischen Adaptationen an verschiedene Schwimmuster und verschiedene Lebensweisen unter Fischen ist in ihrer Vielfalt fast unüberschaubar. Wohin zwischen all diese verschiedenartigen, teils anmutigen, teils grotesken Fische gehört *Latimeria*? Was für ein Leben führt sie an den tiefen, unterseeischen Steilhängen der Comoren?

Schwimmen

Der am leichtesten zu entschlüsselnde Aspekt der Biologie von *Latimeria* ist wahrscheinlich die Fortbewegung (Lokomotion). Bewegung im Wasser ist eine mechanisch in hohem Maße festgelegte Funktion, daher läßt sich viel über die Schwimmweise eines Fisches aus seiner Körperform ableiten. Torpedoförmige Fische kreuzen durchs Wasser auf der Jagd nach Beute; Fische, die am Boden leben, wie Schollen oder Stachelrochen, sind meist stark abgeplattet; Fische, die sehr schnell schwimmen können, besitzen häufig eine sichelförmige Schwanzflosse (z.B. einige Haie und Thunfische); Fische, die sich im Bewuchs oder anderer Deckung aufhalten, haben einen eher gedrungenen, kurzen Körper und große, fächerförmige Flossen (z.B. Korallenfische, Goldfische und Siamesische Kampffische).

Es ist die Aufgabe des Biologen, Gewandtheit und Kraft, die sich im Schwimmen ausdrücken, auf bekannte mechanische Gesetzmäßigkeiten zurückzuführen. Jede Form des Schwimmens (genauer: jede Bewegung) basiert auf Newtons drittem Gesetz: Auf jede Aktion folgt eine gleichstarke Reaktion, oder kürzer: actio gleich reactio. Um sich im Wasser vorwärtszubewegen, drückt der Schwimmer das Wasser nach hinten, und das Wasser schiebt den Körper daraufhin nach vorn. Beim Gehen oder beim Laufen stoßen Sie mit dem Bein fest nach hinten, und der Boden stößt Ihr Bein genauso fest nach vorn. Da Sie beweglich sind, nicht aber der Boden, bewegen Sie sich vorwärts. Auf einer Eisfläche oder in lockerem Sand, wo die Kraftübermittlung zwischen Ihnen und dem Untergrund durch Reibungsmangel bzw. Reibungsverluste gestört ist, sieht die Sache möglicherweise ganz anders aus. Wasser kann fließen, nicht aber zusammengedrückt werden. Es ist inkompressibel (zumindest bei den Kräften, die Fische erzeugen können), daher „gibt" Wasser jeden Stoß problemlos „zurück" und ermöglicht somit das Schwimmen.

Die ersten schwimmenden Wirbeltiere tauchten im Kambrium auf. Es waren kleine, langgestreckte Tiere, die ihren Körper von einer Seite zur anderen biegen konnten, so daß ihre Flanken eine geneigte Ebene bildeten, die das Wasser nach seitlich-hinten drückte und daher vom Wasser nach seitlich-vorn gedrückt wurde. Alle Wirbeltiere benutzen dasselbe Prinzip. Die Muskeln im

Rumpf eines Fisches sind in eine Reihe einzelner Muskelblöcke (sog. Muskelsegmente) unterteilt, die sich paarweise auf beiden Körperseiten gegenüberliegen. Eine Welle von Muskelkontraktionen läuft jede Seite entlang, so daß sich die aufeinanderfolgenden Segmente eines nach dem anderen zusammenziehen. Die Kontraktionswellen sind auf beiden Seiten des Körpers um einen ganz bestimmten Betrag phasenverschoben, so daß der Körper in eine Reihe von S-Kurven gekrümmt wird. Wenn sich die Kontraktionswellen mit genau entgegengesetzten Phasen auf beiden Seiten ständig wiederholen, wird der Körper dauernd von einer zur anderen Seite gebogen und stößt auf diese Art laufend Wasser zur Seite und nach hinten.

Das System funktioniert nur, weil die Muskeln in diskreten Einheiten zusammengefaßt sind und sich mit einer gewissen Phasenverschiebung zwischen beiden Seiten nacheinander kontrahieren. Wenn sie sich alle gleichzeitig kontrahierten, würde sich der Körper lediglich versteifen. Doch noch ein weiteres Strukturelement ist nötig. Alle Fasern in diesen Schwimmuskelsegmenten

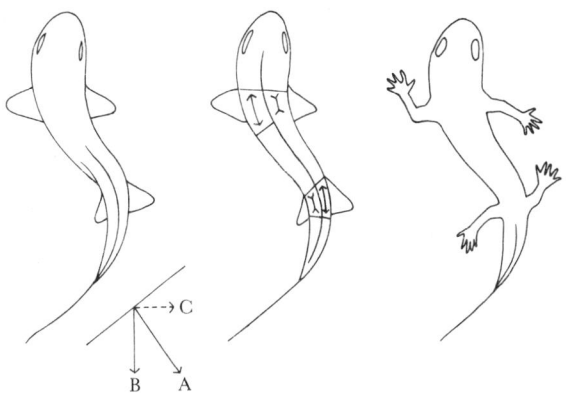

Abb. 32: Schwimmen und Laufen basieren ursprünglich auf der Biegung des Körpers in eine S-förmige Kurve. Beachten Sie die Ausrichtung der Muskelfasern in den Muskelblöcken (Segmenten). Wenn der Schwanz seitwärts gegen das Wasser drückt, läßt sich die dabei entstehende Kraft (A) in eine rückwärts gerichtete Komponente (B) zerlegen, auf die das Wasser reagiert, indem es den Fisch vorwärts treibt, und eine seitliche Komponente (C), die nichts zum Vortrieb beiträgt und verlorengeht.

verlaufen parallel zur Körperlängsachse des Fisches, so daß sie den Körper bei Kontraktion in diesem Bereich verkürzen und ihn dadurch zwingen, sich zu biegen. Das bedeutet, daß sich die Muskeln beim Zusammenziehen alle in derselben Richtung verkürzen. Was verhindert dann, daß der Fisch wie eine Ziehharmonika zusammengequetscht wird? Ursprünglich war das die äußerst wichtige Aufgabe des Achsenstabes im Rücken, der Chorda dorsalis. Die Chorda dient als Versteifung in der Körperlängsachse, als Widerlager, gegen das die Muskeln den Körper verbiegen können, ohne ihn völlig zusammenzudrücken. Die Chorda speichert zudem bei jeder Muskelkontraktion Verformungsenergie, die sie gleich darauf beim Verbiegen in die andere Richtung wieder freisetzt; das erhöht den Wirkungsgrad. (Bei den allerersten Chordaten war die Chorda tatsächlich nicht mehr als eine Art elastischer Muskel.)*

Bereits sehr früh in ihrer Evolution entwickelten die Wirbeltiere Flossen als Kontrollflächen. Die mittleren Flossen und besonders die große Schwanzflosse garantieren Seitenstabilität im Wasser. Sie arbeiten der Tendenz des Schwanzes entgegen, den Fisch vom Kurs abzubringen, und verhindern eine Drehung um die Längsachse. Die paarigen Flossen haben sich wahrscheinlich als Hilfsstrukturen beim Bremsen und Wenden entwickelt. Ein Fisch streckt eine Brustflosse aus, um den Widerstand auf der betreffenden Seite zu erhöhen und damit diese Seite zu verzögern. Wenn der Fisch sich dreht, benutzt er die Flosse fast wie einen Drehpunkt. Viele Knochenfische besitzen große, paarige Flossen, die sie wie Ruder zum Langsamschwimmen gebrauchen. Die paarigen Flossen von Haien sind jedoch steif und fest und ähneln den Tauchflächen eines Unterseebootes oder den Stabilisatoren am Schwanz eines Düsenjägers.

Quastenflosser wie *Latimeria* mit ihrem gedrungenen, stämmi-

---

* Bei einem Fisch wie dem Aal ist die S-förmige Krümmung des Körpers sehr ausgeprägt und die Schwanzflosse nicht besonders groß. Bei fortschrittlicheren, schnell schwimmenden Fischen, wie Thunfischen und Marlinen, ist der sichelförmige Schwanz vom Körper durch einen schmalen Schwanzstiel oder Pedunculus getrennt. Bei diesen Fischen verbiegt sich der Körper selbst kaum. Alle Kraft wird vom Schwanzteil erzeugt, der den Fisch wie ein kräftiger Propeller vorwärtstreibt.

gen Rumpf und ihrem breiten, stumpf endenden Schwanz haben prinzipiell die Körperform von Fischen, die schnell schwimmen *können*, aber nur über kurze Strecken. Es ist der Körperbau eines Fisches, der auf Beute lauert und sie dann nach einem kurzen, schnellen Sprint packt. Ein wohlbekanntes hydrodynamisches Prinzip besagt, daß die Kräfte, die vom Schwanz erzeugt werden, seiner Oberfläche und dem Quadrat der Schlaggeschwindigkeit (von einer zur anderen Seite) proportional sind. Leider ist aber auch der Widerstand, den der Fisch bei seiner Vorwärtsbewegung durchs Wasser erzeugt, seiner Oberfläche und dem Quadrat seiner Geschwindigkeit proportional. Daher müssen alle großen, schnell schwimmenden Fische stromlinienförmig sein. *Latimeria* ist groß und gut gebaut, verfügt aber nicht über die raffinierte, schnittige Figur eines Hochseehaies oder Marlins. Man sollte daher erwarten, daß Quastenflosser (wie bereits seit langem aus mechanischen Gründen vermutet) ähnlich Hechten oder Zackenbarschen gewöhnlich langsam umherschwimmen und dabei ihre paarigen und medianen Flossen – besonders die nach hinten zeigende zweite Rückenflosse und die Afterflosse – als Ruder benutzen, mit denen sie sich langsam durchs Wasser bewegen. Die erste Rückenflosse dient offensichtlich dem Erhalt der vertikalen Stabilität. Bei schnellem Schwimmen kann sie zurückgelegt werden, um den Widerstand des Fisches zu verringern, doch beim Verharren, langsamen Umherschwimmen oder Wenden wird die erste Rückenflosse voll aufgerichtet und gespreizt.

Alle frühen Beobachtungen an *Latimeria* stellen die außerordentliche Beweglichkeit der paarigen Flossen heraus. Bei dem Yale-Exemplar von 1966 fanden wir, daß eine solche Flosse um mehr als 200° nach vorn (proniert) bzw. um 100° nach hinten (supiniert) gedreht werden kann.[111] Eines der frühen französischen Exemplare wurde mit einer um 180° gedrehten linken Brustflosse konserviert und sieht in dieser Haltung so völlig natürlich aus, daß mehrere Wissenschaftler fälschlicherweise annahmen, dies sei die reguläre Orientierung.

Die Exemplare, die den Fang kurze Zeit überlebten, bestätigten all die frühen Mutmaßungen und Schlußfolgerungen über das Schwimmverhalten von *Latimeria*. Die Franzosen beobachteten bei dem Exemplar von 1954 „sonderbare Drehbewegungen" der paarigen Flossen.[112] Der 1972 gefangene Fisch ruderte mit seiner zweiten Rückenflosse und der Afterflosse und spreizte seine erste Rückenflosse, wie um das Gleichgewicht zu halten.[113] Auch die abgespreizten paarigen Flossen, die sich nur wenig bewegten, und die Flossenspitzen, mit denen der Fisch gelegentlich den Boden berührte, schienen der Balance zu dienen. Doch erst seit Prof. Frickes Filmen von Quastenflossern *in situ*, in ihrem natürlichen Lebensraum, wissen wir bedeutend mehr über die Schwimmweise von *Latimeria*.[114] Wie vorhergesagt, fand er keinen Quastenflosser, der – sei es mit hoher oder geringer Geschwindigkeit – ständig umherkreuzte. Statt dessen beobachtete er Quastenflosser, die in Bodennähe verharrten, ruhig ihre Position in der Strömung hielten oder sehr selten auch eine kurze Strecke rasch vorpreschten. Wenn ein solcher Fisch auf der Stelle schwimmt, wirken die Bewegungen der zweiten Rückenflosse und der Afterflosse koordiniert; beide Flossen drehen sich zur selben Zeit, und es hat den Anschein, als ob sie in gegenseitiger Feinabstimmung den Fisch im Gleichgewicht hielten. Dabei ist die erste Rückenflosse gespreizt, doch das wichtigste Steuerorgan bei niedriger Geschwindigkeit oder beim Auf-der-Stelle-Schwimmen in der Strömung sind die paarigen Flossen, die sich in fließenden Drehbewegungen, ähnlich wie Ruder, geschmeidig vor- und zurückbewegen. Wenn der Fisch langsam schwimmt oder auf der Stelle verharrt, sind alle Flossen vollständig abgespreizt und lassen den Fisch trotz seiner Größe wunderschön, ja anmutig und zart aussehen. Frickes Beobachtungen über das Schwimmen von *Latimeria* unterscheiden sich geringfügig von den Beobachtungen an geköderten Fischen (1954 und 1972), die erschöpft vom Haken gelöst und in seichtes Wasser oder einen Behälter gesetzt wurden. Diese Fische benutzten ihre Brustflossen nicht so sehr zum Schwimmen, sondern eher zum Balancieren und ruderten mit ihrer zweiten Rückenflosse und der Afterflosse langsam vorwärts. Auch dieser Befund weist darauf hin, daß der 66er Fisch, der von Stevens fotografiert wurde und der offensichtlich ein ähnliches Verhalten zeigte, tatsächlich mit einer Langleine gefangen und später losgemacht worden war.

Die meisten Zoologen waren ursprünglich der Ansicht, daß die Coelacanthini und die fossilen Fleischflosser ihre paarigen Flossen als echte Gliedmaßen gebrauchten, um sich am Meeresboden oder an Felsen abzustützen.[115] Die muskulöse Flossenbasis, die für die ganze Fleischflossergruppe typisch ist, besteht aus einer zentralen

161

Abb. 33: Skizzen von schwimmenden Comoren-Quastenflossern, nach Fotografien von Hans Fricke.

Achse von Skelettelementen und den zugehörigen Muskeln. Sie sieht durchaus kräftig genug für diese Aufgabe aus, besonders dann, wenn man berücksichtigt, daß der Fisch im Wasser praktisch schwerelos ist. So hatte sich die Vorstellung durchgesetzt, daß die Coelacanthini einen Teil ihrer Zeit auf dem Boden oder in Bodennähe verbringen und ihre paarigen Flossen für Bewegungen ähnlich dem Laufen benutzen (ohne daß sie dabei jedoch Gewicht zu tragen hätten). Diese These wurde durch die Tatsache bestärkt, daß der Australische Lungenfisch, *Neoceratodus*, seine ähnlich aussehenden fleischigen Flossen anscheinend in eben dieser Weise gebraucht.[117] Smith, der sein Buch über *Latimeria* in einem für ihn untypischen Anfall von Verniedlichung *Old Fourleg*s (Altes Vierbein) nannte, bestärkte damit diese Sichtweise.

Tatsächlich sahen die Zoologen in den paarigen Flossen primär den Ursprung der Tetrapodengliedmaßen, statt sie erst einmal als Flossen zu betrachten. Man verwandte zu viele Gedanken darauf, in *Latimeria* den Prototetrapoden, den Vorläufer der vierfüßigen Wirbeltiere, zu suchen, statt einfach einen anderen Typ Fisch. Als Fricke Exemplare *in situ* nahe am Boden filmte, konnte er keinen Hinweis darauf finden, daß die paarigen Flossen aktiv zum „Laufen" benutzt wurden, d.h., um den Fisch vom Boden abzustützen oder abzustoßen. Auch auf diesem Gebiet bleibt noch viel zu entdecken.

Frickes Filme bestätigten die interessante Tatsache, daß die paarigen Flossen in einem mehr oder minder regelmäßig alternierenden Muster bewegt werden: Die beiden Flossen eines jeden Paares und die Flossen auf derselben Seite bewegen sich in entgegengesetzter Richtung. Die Koordination war nicht perfekt, doch Fricke schien es dasselbe Muster zu sein, das den Gliedmaßenbewegungen bei der Fortbewegung von Vierbeinern an Land zugrunde liegt.[117]

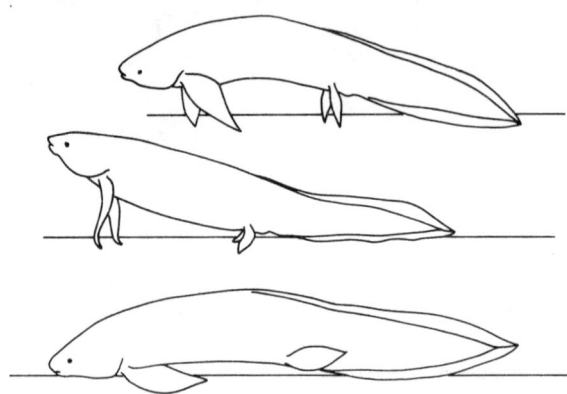

Abb. 34: Ein Australischer Lungenfisch am Boden. Er benutzt seine Flossen zum Balancieren und vielleicht auch zum „Abstoßen", ohne sie jedoch zu belasten. Nach Dean.

Die alternierende Bewegung der Gliedmaßen läßt sich bei einem Salamander, einer Eidechse, einem Hund, einem krabbelnden Baby und selbst in der Bewegung beobachten, mit der wir beim Gehen oder Laufen unsere Arme schwingen. Dieses Muster ist offensichtlich in der Mechanik der Fortbewegung von vierfüßigen Wirbeltieren tief verankert. Es ist jedoch keineswegs einzigartig und nur bei Tetrapoden zu finden, sondern eine Folge der Art und Weise, in der Fische schwimmen, nämlich durch Krümmen ihres Körpers. Die Flossen werden dabei aus mechanischen Gründen an den beiden Schwingungsbäuchen der sinusförmigen Körperwelle (s. Abb. 32) plaziert. Dieses Bewegungsmuster wurde von dem ersten Wirbeltier „erfunden", das mit seitlichen Schlängelbewegungen schwamm, und man findet es in der einen oder anderen Form bei allen Wirbeltieren, einschließlich uns selbst. (Nur einige wenige Vierbeiner benutzen ihre paarigen Gliedmaßen generell auf eine stärker symmetrische Weise. Ein Frosch bewegt seine Hinterbeine beim Schwimmen natürlich im Gleichtakt, und Pferde und Giraffen bewegen die Beine einer Körperseite beim Paßgang bei jedem Schritt etwa gleichzeitig nach vorn.)

Daher ist die Tatsache, daß die rezenten Quastenflosser ihre „Arme und Beine" anscheinend alternierend in derselben Art wie Vierbeiner „schwingen", wahrscheinlich kein Zeichen für eine direkte Verwandtschaft zwischen beiden, sondern erinnert lediglich daran, daß beide Gruppen Wirbeltiere sind. Man kann dieses Bewegungsmuster, daß sich bei *Latimeria* oder den devonischen Fleischflossern wohl zum Auf-der-Stelle-Schwimmen entwickelt hat, als Präadaptation bezeichnen – ein Merkmal, das unter bestimmten Umweltbedingungen bestens funktioniert und von dem sich dann herausstellt, daß es unter anderen Bedingungen eine unvermutete, neue funktionale Bedeutung gewinnt. Lungen, die sich im Wasser als Atemvorrichtung entwickelten, waren z.B. Präadaptationen für das Atmen an Land.

Die wenigen modernen strahlenflossigen Fische, die sich aus dem Wasser wagen und an Land herumspazieren, bewegen sich ganz anders als Tetrapoden; ihnen fehlt die entsprechende Muskulatur in den Flossen. Sie können ihre paarigen Flossen nur als Stützen bzw. Krücken gebrauchen. Der sonderbare kleine Schlammspringer *Periophthalmus*, der in sumpfigen Gebieten in Asien, Afrika und Australien lebt, und der asiatische Wanderwels

(Clarias batrachus) sind gute Beispiele dafür. Die rezenten Quastenflosser und Lungenfische sind nur in begrenztem Maße in der Lage, ihre paarigen Flossen im „Vierbeinerstil" zu benutzen, d.h., mit den Vordergliedmaßen zu ziehen und mit den Hintergliedmaßen zu schieben (Kapitel 10), während sie im „Schulter-" und „Hüftgelenk" viel beweglicher sind als Tetrapoden.

Ein charakteristisches Merkmal aller Coelacanthini, ob lebend oder fossil, ist der Bau des Schwanzes. Er ist vollständig symmetrisch und trägt in der Mitte eine kleine, separate Terminalflosse. Diese Terminalflosse kann sowohl seitlich abgebogen (fast um 180°) als auch gedreht werden. Aus Beobachtungen an lebenden Quastenflossern und aus Vergleichen mit anderen Fischen vermutet man, daß diese Terminalflosse speziell zum Trimmen oder Ausbalancieren dient. Sie korrigiert wahrscheinlich die Drehmomente, die die anderen Flossen beim Schwimmen erzeugen und die den Fisch destabilisieren könnten, und unterstützt gleichzeitig die Ruderbewegungen.

Fressen und Atmen

Die modernen Wirbeltiere stammen von Formen ab, die entfernt wie unsere heutigen Neunaugen und Schleimaale – die bereits als lebende Fossilien aus einer alten Stammbaumaufspaltung primitiver kieferloser Fische (Agnatha) erwähnt wurden – ausgesehen haben müssen. Diese Fische aus dem Kambrium, dem Ordoviz und dem Silur ernährten sich wahrscheinlich dadurch, daß sie pflanzliches Material, verwesende Tierleichen und kleine lebende Tiere, wie z.B. Würmer, mit ihrem sehr einfach gebauten Maul vom Boden aufnahmen. Die modernen Schleimaale leben als Aasfresser am Meeresboden. Erwachsene Neunaugen hingegen sind Parasiten. Sie saugen sich mit ihrem Saugmaul an lebenden Fischen fest und raspeln die Haut ihres Opfers auf, um an dessen Blut zu gelangen, von dem sie sich ernähren.*

---

* Die modernen Neunaugen und Schleimaale besitzen eine etwas anders gebaute Raspelzunge, und wir wissen nicht genau, wann diese Struktur entstand. Da diesen Fischen jedoch Kiefer und Zähne zum Zubeißen fehlen, konnte keine dieser Fischformen, rezent oder fossil, Stücke aus einer größeren Beute herausreißen oder -schneiden.

Den Agnathen fehlten eigentliche Kiefer, sie besaßen jedoch ein gut entwickeltes Kiemensystem. Die Kiemen bestehen aus einer Reihe respiratorischer Taschen oder Säckchen, die zum Gasaustausch mit Blutkapillaren ausgekleidet sind und von einem Kiemenskelett gestützt werden. Bei den meisten Fischen werden die Kiemen von Muskeln ventiliert, die Wasser pumpen, indem sie Kiemen- und Mundhöhle abwechselnd erweitern und verkleinern. Die frühesten Formen waren vielleicht einfacher gebaut und besaßen ein Skelett aus elastischem Knorpel, so daß die Muskeln nur beim Zusammenziehen aktiv waren und sich an die Kontraktion eine passive – elastische – Rückstoßphase anschloß.

Die Evolution des komplexen Schädels der Coelacanthini mit seinem Intercranialgelenk aus diesen primitiven Formen ist überraschend einfach. Der hypothetische Vorfahr aller kiefertragenden Wirbeltiere (wiss. Gnathostomata = Kiefermäuler) „erfand" den ersten Kiefer durch Modifizieren des vorderen Abschnitts des Kiemenapparates. Die Muskeln und Knochen, die den Pumpmechanismus für die erste Kiemenkammer betätigten, wurden abgewandelt, um Nahrungsbrocken festzuhalten und zu zerquetschen. Das war der Anfang echter Kiefer. Die ersten Kieferknochen (vormals Kiemenknochen) bedeckten sich bald mit Zähnen, und die ursprünglichen Kiemenmuskeln wurden zu kräftigen Muskeln zum Zubeißen. Diese Entwicklung bedingte jedoch, daß die Kiefer und die Kiemen von Fischen seitdem mechanisch gekoppelt sind; sie sind schließlich beide Teil eines gemeinsamen Systems. So ist das Muskelsystem, das das Maul öffnet, indem es die Kiefer auseinanderzieht, bei allen Fischen ein integraler Bestandteil des Kiemen-Zungen-Apparates.*

Erst als die vierbeinigen Wirbeltiere an Land gingen und ihre

---

* Eine hübsche Erinnerung an diese anatomische Vorgeschichte ist die Eustachische Röhre des Menschen. Man ist sich dieser Struktur im allgemeinen gar nicht bewußt, bis man eine Erkältung hat und mit dem Flugzeug fliegt. Diese enge Röhre verbindet die Paukenhöhle im Mittelohr mit dem Rachenraum. Sie dient dazu, den Luftdruck auf beiden Seiten des Trommelfells auszugleichen. Wenn Sie sich erkälten, schwillt die Röhre zu. Das Flugzeug hebt ab, der Druck in der Kabine verringert sich im Vergleich zu dem in der Paukenhöhle, und das Trommelfell wölbt sich nach außen – die Folge sind Ohrenschmerzen. Die Eustachische Röhre ist nichts anderes als ein Überbleibsel eines der Kiemengänge unserer Fischvorfahren.

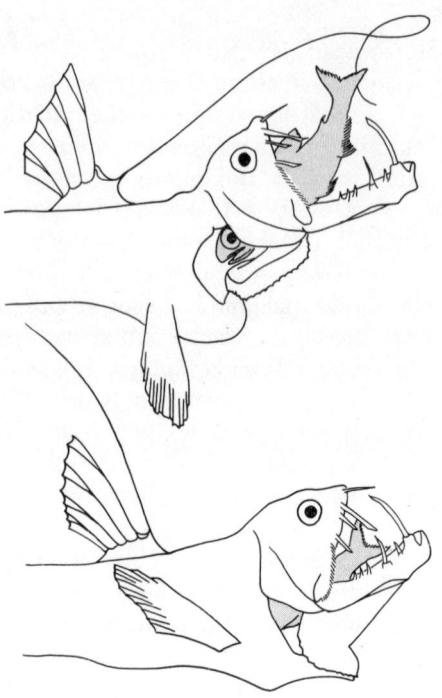

Abb. 35: Anglerfische benutzen eine Angelschnur samt Köder, die sich von dem ersten Flossenstrahl der Rückenflosse ableiten, um Beute in ihr riesiges, gelenkiges Maul zu locken. Nach Tchernavin.

Lungen anstelle der Kiemen zum Atmen gebrauchten, wurde diese Verbindung von Freß- und Atemmechanismus schließlich aufgelöst – aber nicht vollständig. Wir Menschen tragen wie alle Säuger ein Relikt aus dieser stammesgeschichtlichen Entwicklung als drei kleine Gehörknöchelchen im Mittelohr. Diese drei Knochen leiten sich von den ersten beiden Kiemenbögen unserer Fischvorfahren ab – zwei Knochen vom Kieferbogen und einer von dem dahinterliegenden Zungenbein- oder Hyoidbogen. Und das Skelett des Zungenapparates samt Kehlkopf ist ebenfalls ein Überbleibsel des Kiemenskeletts.

Nachdem ein Räuber seine Beute aufgestöbert hat, muß er sie zwischen seine Kiefer bekommen. Das hört sich einfach an, doch die Kiefer arbeiten nicht wie Zangen oder Scheren. Bereits sehr früh in der Evolution der Wirbeltiere wurde der gesamte Kieferapparat fest mit dem Schädel verbunden (wahrscheinlich als zusätzliche Unterstützung, da die Kraft, die die Kiefermuskeln beim Zubeißen entwickelten, anstieg). Während der Unterkiefer (durch Depressor- und Adductormuskeln) frei bewegt werden kann, bleibt der Oberkiefer als eine Art Amboß, gegen den der Unterkiefer arbeitet, an Ort und Stelle fixiert. Alle Wirbeltiere haben daher dasselbe Problem. Um einen Nahrungsbrocken symmetrisch von oben und unten zu packen, müßte ein primitiver Fisch den Unterkiefer nach unten fallen lassen (einfach) und dann irgendwie den Kopf zurücklegen, um den ganzen Oberkieferapparat hochzuheben (schwierig). Sie können das nachvollziehen, wenn Sie einem Hund einen Knochen zuwerfen oder versuchen, eine Erdnuß oder ein Bonbon mit Ihrem eigenen Mund aufzufangen. Sie müssen Ihren Kopf in den Nacken legen, und das ist möglich, weil alle Säuger über einen beweglichen Hals verfügen. Ein Fisch hat keinen Hals, da sein Kiemenapparat hinter und unter seinem Kopf sitzt. Noch schwieriger ist es für Haie, da ihre Mäuler nicht an der Schnauzenspitze liegen, sondern auf der Kopfunterseite.* Um diese Schwierigkeit zu überwinden, haben Fische faszinierende Anpassungsmechanismen entwickelt. Viele fortschrittliche Gruppen haben verkürzte Oberkiefer, verlagerten sie nach vorn und „lösten" sie vom übrigen Schädel. Zu den modernen Strahlenflossern, auf die das zutrifft, gehören einige wirklich bemerkenswerte

---

* Stellen Sie sich z.B. die Schwierigkeiten vor, die Sie hätten, den Mund zu öffnen, wenn Sie ein Fisch wären, der am Meeresboden lebt, und ihr Hals fest in den Sand gepreßt wäre. Wie würden Sie vorgehen? Der Unterkiefer sollte nach unten gezogen werden, doch er ruht bereits auf dem Boden. Der Oberkiefer wird vom Kopf blockiert, solange sich nicht der ganze Rumpf hebt. Fische, die frei im Wasser schwimmen, können dieses Problem vermeiden, indem sie ihre Beute etwas versetzt von unten angreifen, wie es Haie tun. (Vielleicht macht es der kleine Hai *Isistius brasiliensis* am geschicktesten. Er frißt auf eine ganz bemerkenswerte Art und Weise, nähert sich seiner Beute [die gewöhnlich viel größer ist als er selbst] heimlich und schlägt ihr seine extrem scharfen Zähne in den Leib. Dann dreht er seinen ganzen Körper wie einen Plätzchenstecher und schneidet einen zylindrischen Fleischbrocken aus seiner Beute heraus.)

Tiefseeformen mit Kiefern wie mechanische Hände. Doch solche Anpassungen traten frühestens im späten Mesozoikum auf.

Jetzt können wir uns endlich vorstellen, wozu das Intercranialgelenk der Coelacanthini dient. In Kapitel 4 habe ich erwähnt, daß ich Modelle entwickelt habe, die zeigen sollten, wie das Intercranialgelenk bei den Coelacanthini und anderen Fleischflossern gearbeitet haben könnte bzw. arbeitet. Nach meiner Hypothese von 1965 werden, sobald der Unterkiefer nach unten geht und dabei das Maul öffnet, der Oberkiefer und der ganze vordere Teil des Schädels durch eine Drehung um das Intercranialgelenk emporgehoben. Auf diese Weise kann der Fisch das Maul öffnen, um sich einer Beute von unten oder auch von oben zu nähern. Die Geometrie des Quastenflosserschädels zeigt, daß sich der Unterkiefer gleichzeitig vorwärtsbewegt. Wird das Maul wieder geschlossen, kehrt sich der Bewegungsablauf um. Der Unterkiefer zieht die Nahrung zurück ins Maul, während sie gleichzeitig von oben und unten eingeschlossen wird. Alles in allem haben wir es wohl mit einem hochspezialisierten Freßmechanismus zu tun.

Der einzig mögliche Test für diese Hypothese war es, festzustellen, ob das Intercranialgelenk sich bei dem einzig rezenten Fisch, der dieses Gelenk besitzt (d.h. bei *Latimeria*), wirklich bewegen läßt. Als ich mit meinen Untersuchungen begann, galt es als der Weisheit letzter Schluß, daß das Intercranialgelenk bei allen lebenden und fossilen Rhipidistiern und Coelacanthini (einschließlich *Latimeria*) völlig unbeweglich war. Als wir 1966 das gefrorene Yale-Exemplar auftauten, machte ich, nachdem alle anderen das Labor verlassen hatten, ein letztes, recht simples eigenes Experiment. Es war ein spannender Moment: eine liebgewordene Hypothese stand auf dem Spiel. Aber es gab nach all den Vorbereitungen keine Wahl. Der Fisch war vollständig aufgetaut und flexibel. Ich packte die Spitze der Schnauze (vorsichtig, denn die Zähne sind scharf) und hob sie an … Das Gelenk bewegte sich mühelos in seinen Scharnieren, die Schnauzenspitze kam herauf, und der Unterkiefer fiel herunter und bewegte sich nach vorn. Es gab keinen Zweifel. Ich fühlte mich ein bißchen wie Galilei: „Und es bewegt sich doch!" Dann wiederholte ich das Experiment, machte Bewegungsstudien und benutzte eine Reihe von Markern auf dem Kopf, so daß ich die Relativbewegungen der verschiedenen Teile präzise rekonstruieren konnte.[118]

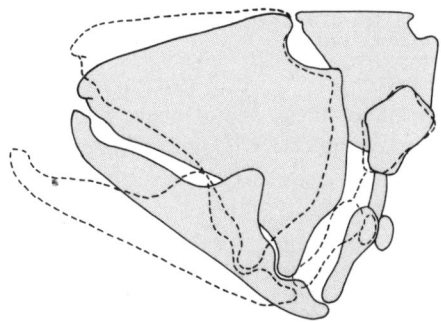

Abb. 36: Die einfachste mögliche Bewegung des Intercranialgelenks bei *Latimeria* schiebt die Schnauze nach oben und den Unterkiefer nach vorn. Doch auch viel kompliziertere Bewegungen sind möglich.

In Filmen von dem lebenden 72er Exemplar sind die Kiemenbewegungen deutlich zu sehen, denn der Fisch litt unter Sauerstoffmangel, und die Kiemenbewegungen waren übertrieben heftig (sie sind deshalb möglicherweise auch etwas abnormal). Man konnte eine sehr leichte Bewegung der Schnauzenspitze während des Atmens wahrnehmen, doch der Fisch öffnete sein Maul niemals vollständig.[119] Auch Fricke gelang es nicht, einen Fisch beim Fressen aufzunehmen, und diese Frage bleibt für mich von höchster Priorität, denn nachdem wir definitiv wissen, daß das Gelenk frei beweglich ist, stellten sich sofort neue Fragen. Wozu dient diese Bewegung wirklich, und welche Muskeln sind daran beteiligt?

Diese Fragen werden so lange unbeantwortet bleiben, bis wir einen lebendigen Quastenflosser beim Fressen beobachten können. Sicherlich muß das Gelenk daran beteiligt sein, die Kiefer um die Beute zu schließen. Wir wissen, daß *Latimeria* die Kiefer gebraucht, um kleinere Fische zu fangen (ca. 15–30 cm lang). Coelacanthini haben keine massiven Zähne zum Zermalmen oder einen Zubeißmechanismus wie Haie. Wir wissen auch, daß sie ihre Beute nicht aufgrund ihrer enormen Geschwindigkeit fangen. Der Biß ist eher präzise und kontrolliert; sie haben kurze, scharfe Zähne, die dazu dienen, die Beute zu halten und richtig zurechtzulegen. Vielleicht wird der Mechanismus auch z.T. als Saugvorrichtung genutzt, die beim Beutefang hilft. Vielleicht ist aber auch die relative Vorwärts- und Zurückbewegung des Unterkiefers der entscheidende Punkt. Auf jeden Fall handelt es sich um einen höchst komplizierten Freß- und Atmungsmechanismus; dessen können wir uns sicher sein. Mehr noch, wir haben heute guten Grund zu der Annahme, daß Fleischflosser mit ähnlichen Gelenken ebenfalls zu derartig spezialisierten Bewegungen ihres Kiefer- und Kiemenapparates fähig waren.

Welche Muskeln betätigen dieses komplexe System? Die Lösung dieses Puzzles erfordert zwei Antworten. Wir müssen erstens erklären, wie die vordere Schädelregion nach oben gezogen wird, obwohl am Hinterkopf offenbar keine dazu geeigneten Muskeln verfügbar sind. Und wir müssen zweitens aufzeigen, wie der Unterkiefer nach vorn gezogen werden kann, wenn Muskeln sich doch nur kontrahieren und nach hinten und oben ziehen können. (Weil sich Muskeln nur zusammenziehen, nicht aber verlängern können, müssen alle Muskeln in „antagonistische Systeme" arrangiert werden, bei dem einer beugt und der andere streckt, wie der Bizeps und der Trizeps, die unseren Unterarm bewegen.) Bald wurde eine Vielzahl immer komplizierterer Erklärungen für diese Vorwärtsbewegung vorgeschlagen. Plötzlich hatte jeder eine Meinung zu diesem Thema. Zuerst arbeitete ich einen Mechanismus aus, doch er war bei weitem zu einfach.[120] Dann, nach einem größeren Meinungsumschwung, machten Robineau und Millot, die das Intercranialgelenk bisher für unbeweglich gehalten hatten, einen Vorschlag, wie sich das Gelenk bewegen könnte. Sie gingen von einem kleinen Exemplar (42 cm) aus, das sie 1973 in gefrorenem Zustand von den Comoren erhalten hatten. (Es war das erste gefrorene Exemplar, das dem französischen Laboratorium zugegangen war.)[121] Doch ihr Ansatz erwies sich als falsch. Es scheint, als habe Dr. George Lauders das Rätsel endlich gelöst.[122] Er postulierte eine komplizierte Folge von Muskelkontraktionen, bei der die Kraft via Zungenapparat (Hyoidapparat) übertragen wird. Ich glaube, damit ist immer noch nicht das letzte Wort gesprochen, doch Lauders Lösungsvorschlag ist bisher der beste.

8 Physiologie und Verhalten

Er hat das Blut eines Haies ...
G. E. Pickford

Moderne biologische Untersuchungen eines lebenden Organismus sind raffiniert und komplex. Selbst Amateurforscher, die für die grundlegende Feldforschung so wichtig sind, benutzen heutzutage eine technisch fortschrittliche Ausrüstung und sammeln vergleichende Daten – alles weit entfernt von den guten alten Zeiten, als unsere einzigen Hilfsmittel ein Binokular und ein Notizbuch waren und „Daten" aus einer Liste von Beobachtungen bestanden.

Den Naturwissenschaftlern stehen heutzutage eine Vielzahl ausgefeilter Techniken zur Verfügung, von denen viele auf biochemischen Methoden basieren, unabhängig davon, ob man nun genetische Verwandtschaftsverhältnisse oder Verhalten untersucht. Bei all diesen neuen, faszinierenden Möglichkeiten ist es nicht verwunderlich, daß sich Zoologen und Paläontologen darum bemühten, möglichst frisches Material von *Latimeria* zu bekommen. Die konservierten Exemplare in ihren Formalinbehältern bringen heute einfach weniger neue Erkenntnisse als vor fünfzig Jahren. Doch frisches Material war schon immer rar, denn niemand konnte bzw. kann einen Quastenflosser „auf Bestellung" liefern. Wir mußten stets darauf hoffen, an Ort und Stelle zu sein, wenn ein Fisch noch lebend zum Strand gebracht wurde. Nun, da wir dank des technischen Fortschritts (insbesondere Unterseebooten) Zugang zu Quastenflossern in ihrem Lebensraum gewinnen, sollten wir aus Gründen des Artenschutzes und des gefährdeten Bestandes genauestens überlegen, bevor wir *irgendein* neues Exemplar zu Forschungszwecken töten. Vielleicht müssen wir uns in Zukunft auf Untersuchungen konzentrieren, bei denen allein das Beobachten der Tiere ausreicht.

Glücklicherweise haben wir mit dem verfügbaren Material viel erreicht; das gilt besonders für das unschätzbare Yale-Exemplar von 1966 und die beiden frischen Exemplare von 1972 sowie neueres gefrorenes Material. Wir kommen endlich auch mit physiologischen und biochemischen Untersuchungen und der Aufarbeitung der empfindlichen Weichteile voran. Wir haben sogar damit begonnen, uns neben Schwimmen und Fressen auch mit anderen Verhaltensweisen zu beschäftigen, die sich nicht so leicht aus der Anatomie des Skeletts oder von einem konservierten Exemplar ableiten lassen.

Gehirn und Sinnesorgane

Das Gehirn von *Latimeria* ist intensiv untersucht worden, weil man sich davon Aufschluß über die entscheidende Frage nach den verwandtschaftlichen Beziehungen der Coelacanthini zu heute lebenden Formen versprach: Sind Comoren-Quastenflosser näher mit Lungenfischen oder mit Amphibien verwandt? Bisher lassen die Ergebnisse keine eindeutigen Schlüsse zu. *Latimeria* hat ein recht großes Gehirn von relativ primitivem Typ, doch sonderbarerweise nimmt es beim erwachsenen Fisch nur ca. 1,5 Prozent der Schädelkammer ein[123]; der übrige Raum ist mit Fetten und Ölen ausgefüllt. (Daher kann man bei Fossilien aus der inneren Oberfläche der Schädelhöhle möglicherweise nur wenig über die Form des Gehirns lernen.) Bei der kleinsten *Latimeria*, die weniger als 45 cm maß, füllte das Gehirn die Schädelhöhle vollständig aus, daher handelt es sich um ein Wachstumsphänomen.

Das Gehirn weist eine gut entwickelte Region (Tectum opticum) für die Verarbeitung von Informationen vom Auge auf. Es ähnelt im Prinzip dem Gehirn von Haien und Lungenfischen der Gattung *Neoceratodus*, nicht aber dem der anderen Lungenfische *Protopterus* und *Lepidosiren*, die allgemein als die am stärksten abgeleiteten oder spezialisierten Fleischflosser gelten.

Die Sinnesorgane von *Latimeria* sind genau so ausgebildet, wie man es von einem Fisch erwarten würde. Die Augen sind weder auffällig groß noch besonders klein, jedenfalls keineswegs so groß wie bei vielen echten Tiefseefischen. Wir haben einige Charakteristika der Augen bereits in Kapitel 6 besprochen. Verschiedene Autoren haben erwähnt, daß die Augen von *Latimeria* lumineszieren. Doch Beobachtungen an dem 72er Exemplar und von Fricke zeigen deutlich, daß die Augen nicht wirklich im Sinne von „Licht erzeugen" lumineszieren. Die Netzhaut (Retina) weist lediglich eine stark reflektierende Schicht (Tapetum lucidum) auf, und wenn ein Lichtstrahl auf das Auge trifft, wirft diese Schicht das Licht größtenteils zurück. Dasselbe Phänomen kann man bei einer Hauskatze beobachten. Das Tapetum lucidum ist eine Anpassung an das Sehen bei geringen Lichtintensitäten.

Das Geruchsorgan ist gut, aber nicht ungewöhnlich stark entwickelt. Es weist keine der Spezialisierungen auf, wie man sie bei Amphibien findet; insbesondere fehlen ihm die inneren Nasenöffnungen, die Choanen – die Passage, die bei Landwirbeltieren die Nase mit dem Rachenraum verbindet und ihnen erlaubt, bei geschlossenen Mund zu atmen. *Latimerias* Geruchsorgan ist eher das eines Fisches als eines Lurches.

Der Bogengangapparat im Innenohr, der Sitz des Gleichgewichtssinns, ist groß und gut entwickelt. Das ist typisch für Fische und Vögel, die beim Schwimmen und Fliegen – im Vergleich mit den sich auf einer Fläche bewegenden, erdgebundenen Landtieren – den dreidimensionalen Raum zur Fortbewegung nutzen. Das Seitenliniensystem, mit dem Druckschwankungen im Wasser bzw. Wasserbewegungen und damit auch die Anwsenheit anderer Fische wahrgenommen werden, ist ebenfalls so gut entwickelt, wie zu erwarten.

Es gibt ein ungewöhnliches Sinnesorgan bei den Coelacanthini, dessen Funktion bisher noch nicht sicher geklärt werden konnte. Hohlstachler besitzen normale Augen, Ohren und Geruchsorgane, doch zusätzlich verfügen sie über ein auffälliges Sinnesorgan, das Rostralorgan, das anscheinend nur bei dieser Gruppe vorkommt. Man findet es bereits bei den frühesten fossilen Formen, und es ist eines der Merkmale, durch die Hohlstachler charakterisiert sind. In der Schnauze, direkt über dem Geruchsorgan und vor den Augen, liegt ein zentraler Sack, von dem drei Paar kurze Röhren ausgehen, die an der Oberfläche in drei Paar Öffnungen münden.[124]

Das Muster der Nervenverbindungen, die das Rostralorgan mit dem Gehirn verbinden, zeigt, daß diese Struktur sensorische Funktionen ausübt. Doch welche? Dient das Rostralorgan speziell der Chemorezeption (Geruchs- bzw. Geschmackswahrnehmung)? Das ist unwahrscheinlich, denn das Geruchsorgan ist gut entwik-

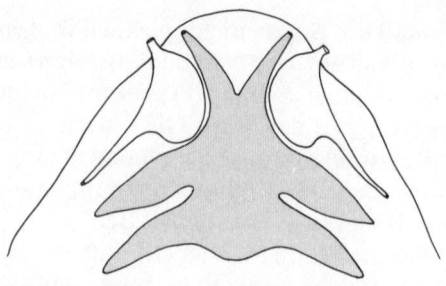

Abb. 37: Die Lage des Rostralorgans zwischen den Nasensäcken in der Schnauze von *Latimeria*. Nach Millot und Anthony.

kelt. Vielleicht ein Tiefen- oder Druckrezeptor? Unwahrscheinlich, dafür sorgt zudem das gut entwickelte Seitenlinienorgan.

In den letzten Jahren ist der Tatsache große Aufmerksamkeit geschenkt worden, daß die meisten Fische (und einige Amphibien) ein zusätzliches Sinnesorgan besitzen, das echten Landtieren weitgehend zu fehlen scheint: nämlich Elektrorezeptoren in der Haut. Bereits in der Antike war bekannt, daß Fische wie die Zitterwelse, Zitterrochen und Zitteraale starke elektrische Impulse erzeugen, die sie zur Verteidigung benutzen, um Beute zu betäuben, und manchmal sogar als eine Art von Radar, um Beute zu orten. Man mußte nicht wissen, was Elektrizität ist, um den Schlag zu spüren, den man erhält, wenn man auf einen Zitterrochen tritt. Die elektrischen Impulse, die teilweise sehr stark sind, werden von speziellen Organen erzeugt, die sich von modifiziertem Muskelgewebe ableiten.

Schließlich stellte sich heraus, daß selbst Fische, die keine elektrischen Ströme generieren, schwache Verzerrungen des elektrischen Feldes im Wasser wahrnehmen können und zu diesem Zweck ein besonderes Sinnesorgan besitzen. Man findet sogar bei altertümlichen fossilen Gruppen (einschließlich der Schwestergruppen der Coelacanthini, den Rhipidistiern und den Lungenfischen) Hinweise auf Elektrorezeptoren.[125] Die fraglichen Organe bestehen aus winzigen Kammern und Kanälen in den Deckknochen und -geweben, die den Kopf bedecken. Größe und Verteilung dieser Organe würden zu einem Elektrorezeptor passen, doch wir können uns natürlich nicht sicher sein.

Welche Art von elektrischen Signalen gibt es im Meer, die von Fischen wahrgenommen werden könnten? Die klassischen Experimente von A. J. Kalmijn von der Woods Hole Oceanographic Institution (jetzt bei Scripps) geben darauf Antwort.[126] Kalmijn untersuchte Haie, deren Schnauzenregion dicht mit Elektrorezeptoren bepackt ist, die man nach ihrem Entdecker Lorenzinische Ampullen nennt. Sie sind in einer Reihe von Kapseln angeordnet, die die Sinneszellen enthalten und mit der Oberfläche durch enge, mit einer gelatinösen Masse gefüllte Röhrchen verbunden sind. Die gelatinöse Substanz in den Röhrchen ist ein besonders guter elektrischer Leiter. Haie benutzen diese Sinnesorgane, um Beute aufzuspüren, die sie nicht sehen oder riechen können. Ein Dornhai hat die erstaunliche Fähigkeit, einen Plattfisch zu orten, der im Sand eingebuddelt liegt: Er registriert die schwachen elektrischen Potentiale, die von den Kontraktionen der Muskeln in den Kiemen hervorgerufen werden, während der Plattfisch ruhig unter seiner Sanddecke liegt und atmet. Das Signal ist natürlich nur schwach, aber Salzwasser ist ein guter elektrischer Leiter.

Wahrscheinlich ist die Elektroortung ein ursprüngliches Wirbeltiermerkmal aus der Zeit, als die ersten Fische noch am Boden lebten und im Schlamm, wo Augen nicht viel nützten und der Geruchssinn leicht in die Irre geleitet werden konnte, nach Nahrung suchten.

Man vermutet heute, daß es sich bei dem Rostralorgan von *Latimeria* um einen Elektrorezeptor handelt.[127] Es unterscheidet sich zwar im Bau von den Elektroorganen anderer Fische, doch möglicherweise ist das Rostralorgan von *Latimeria* aus dem Zusammenwachsen einer großen Anzahl von Organen ähnlich den Lorenzinischen Ampullen der Haie entstanden.

Es gibt zwei Möglichkeiten, diese Frage zu klären: detailliertere morphologische Untersuchungen oder direkte Experimente. Jeder Sinneszelltyp hat seine eigene charakteristische Struktur, die man in einem Elektronenmikroskop ohne weiteres identifizieren kann. Exemplare, die mit Formalin konserviert worden sind oder längere Zeit eingefroren waren, sind für solche Techniken jedoch nicht geeignet, daher sind diese entscheidenden Untersuchungen bisher noch nicht durchgeführt worden.

Was die Experimente angeht, so hat Fricke bei den Quastenflossern, die er *in situ* filmte, ein sonderbares Verhalten beobach-

tet. Die Fische verharrten gelegentlich direkt über der Sandober-
fläche in einem länger andauernden „Kopfstand" – Körper senkrecht, Kopf nach unten. Fühlten sie in dieser Haltung irgendetwas,
oder suchten sie etwas? Mit dem Geruchs- oder mit dem Rostralorgan? Fricke experimentierte in der Nähe des Fisches mit einem
elektrischen Entladegerät, und das schien wiederholt den Kopfstand auszulösen.[128] Die Beweislage ist noch nicht schlüssig, doch
im Moment sieht es so aus, als sei eine elektrorezeptive Funktion
des Rostralorgans die beste Hypothese.

Organphysiologie

Die große Bedeutung des Yale-Exemplars, das frisch gefroren
verschifft worden war, lag darin, daß es uns die Möglichkeit
eröffnete, aus erster Hand mehr über viele physiologische Aspekte
moderner Quastenflosser zu lernen. Im folgenden möchte ich an
drei Beispielen die Fortschritte erörtern, die gemacht worden sind,
Beispiele, die zeigen, wie Wissenschaftler darangehen, mehr über
die Biologie dieses Fisches zu erfahren und wichtige Fragen zur
Evolution der Vertebraten zu klären. (Viele weitere Untersuchungen, von den Analysen der Eiweiße im Gehirn bis zu den Salzen in
den Gallensäuren, kann man an anderer Stelle nachlesen; sie sind
zu speziell für diesen allgemeinen Überblick.) Wieder einmal gilt
es, die richtige Hypothese zu finden und einen Weg, diese Hypothese zu testen.

In der Geschichte des Quastenflossers haben Wissenschaftle-
rinnen, angefangen mit Majorie Courtenay-Latimer, stets eine
große Rolle gespielt. Grace Evelyn Pickford war Professorin in
Yale, als unser Exemplar 1966 ankam; ihr Labor lag direkt neben
meinem. Grace war ein bißchen wie J. L. B. Smith, schroff im
Umgang und mager und völlig uninteressiert, was ihre Kleidung
oder ihr Aussehen anging. Sie trug aus Gründen der Bequemlich-
keit meist ein Männerhemd und Blue Jeans. Für Vorlesungen
besaß sie ein altes Sergekostüm, dessen abgewetzte Kanten wie
ein Spiegel glänzten. Sie lebte für ihre Arbeit und ihre Studenten.
Als Wissenschaftlerin, die in der älteren, gründlichen Tradition
der Naturwissenschaften an der Universität von Cambridge ausgebildet worden war und an der Blutchemie und Physiologie von

Fischen arbeitete, war Grace genauso aufgeregt wie ich, als unser gefrorenes Exemplar 1966 in Yale eintraf.

An dem großen Tag (es war der Memorial Day 1966) taute der Fisch mit einem wunderbar frischen Geruch auf. Er war offensichtlich sehr schnell und gut eingefroren worden. Während der Präparation sammelte Grace Blut und andere Körperflüssigkeiten in Ampullen und als Ausstriche auf Objektträgern. Dann nahm sie die Ampullen mit in ihr Labor und blieb für eine sehr lange Zeit verschwunden.

Schließlich kam Grace in das Labor zurück, in dem wir arbeiteten. Sie sah schockiert aus. „Das Blut ist isotonisch mit Meerwasser. Es ist voll von nicht-eiweißgebundenem Stickstoff. Keith, es ist das Blut eines Haies." Sie funkelte uns an, als sei das irgendwie unsere Schuld. Dann grinste sie und verschwand, nachdem sie sichergestellt hatte, daß auch genügend Leberproben für Untersuchungen zurückgelegt wurden, wieder in ihrem Labor. Pickford hatte eine außerordentlich wichtige Entdeckung gemacht.[129]

Fische befinden sich in einem ständigen Austausch mit dem Medium Wasser, in dem sie leben. Ihr Blut ist ein komplexes Gewebe aus Wasser und gelösten Salzen, Zuckern, Eiweißen und anderen chemischen Verbindungen, Hormonen, Spurenelementen und darin herumschwimmenden Zellen. Die korrekten Konzentrationen all dieser gelösten Bestandteile sind entscheidend für das richtige Funktionieren aller Körperzellen. Die Entladung eines Nervenimpulses hängt z.B. von einer Veränderung der chemischen Konzentrationen auf beiden Seiten der Zellmembran ab. Die Konzentrationen im Zellinneren und im Außenmedium müssen stets genau stimmen, und das gilt nicht nur für die Konzentrationen bestimmter Blutbestandteile, sondern auch für die Gesamtkonzentration aller Salze in den Körperflüssigkeiten. Das ist für landlebende Tiere offensichtlich problematisch, da sie Wasser durch Verdunstung verlieren und daher stets neue Wasserquellen – sei es durch Trinken oder durch saftige Nahrung – auftun müssen. Doch die Situation ist für Wassertiere nicht viel einfacher; in vieler Hinsicht schafft dieser Lebensraum Probleme.

Die Konzentration der wichtigsten chemischen Blutkomponenten ist – abgesehen von einigen bemerkenswerten Ausnahmen – bei allen Fischen grundsätzlich ähnlich. Zu den wichtigsten Blutbestandteilen gehören gelöste Salze, wie Natrium- und Kaliumchlorid. Bei fast allen Fischen beträgt die Summe dieser Blutsalze rund ein Drittel der Salzkonzentration von gewöhnlichem Meerwasser. Daher ist das Blut von Fischen, die im Süßwasser leben, offensichtlich viel höher konzentriert („salziger") als das Außenmedium, und das Blut von Meeresfischen ist viel stärker verdünnt als das Salzwasser, in dem sie leben.

Bei Süßwasserfischen dringt das Wasser durch einen Vorgang, den man als Osmose* bezeichnet, ständig von außen in das Gewebe ein. Dieser Wassereinstrom findet vonehmlich an den Kiemen statt, die dünnhäutig sind und eine große Oberfläche erfordern. Fische, die im Meer leben, haben dagegen mit dem umgekehrten Problem zu kämpfen. Da ihr Blut stärker verdünnt ist als das umgebende Meerwasser, verlieren sie osmotisch durch die Kiemen Wasser aus dem Körper.

Nur bei einer Fischgruppe – wiederum den Schleimaalen, den primitivsten rezenten Fischen, die wir kennen – entspricht die Salzkonzentration im Blut derjenigen im Meerwasser; Schleimaale haben daher keine osmotischen Probleme.** Da Schleimaale so urtümliche Wirbeltiere sind, nimmt man allgemein an, daß ihre Blutzusammensetzung die primitiven Verhältnisse bei Fischen repräsentiert. Demnach stellt der reduzierte Salzgehalt von Körperflüssigkeiten bei höher entwickelten Fischen möglicherweise eine spezielle Anpassung dar, mit deren Folgen der Organismus sich als Teil der Kosten für komplexe Organfunktionen abfinden muß, für die eine niedrigere Salzkonzentration im Blut nötig ist.

Es gibt natürlich auch andere Erklärungen für die anscheinend so widersprüchlichen Parameter Blutzusammensetzung und osmotisches Gleichgewicht bei modernen Fischen. Vielleicht war die Salzkonzentration in den Meeren zur Zeit des Kambriums, als sich

---

*   Osmose: Ein Übertreten des Lösungsmittels (hier: Wasser) von der Seite der geringer konzentrierten auf die Seite der höher konzentrierten Lösung durch eine halbdurchlässige Scheidewand (hier: Kiemenmembran). Bei der Konzentration spielt nur die *Anzahl*, nicht aber die *Art* der osmotisch wirksamen Teilchen eine Rolle, d.h., es ist osmotisch unerheblich, ob eine bestimmte Konzentration z.B. durch Natrium- oder durch Kalium-Ionen hervorgerufen wird.

**   Selbst dann ist die Konzentration eines jeden einzelnen Stoffes im Blut natürlich eine ganz andere als im Meerwasser; nur die *Summe* ist osmotisch gleich.

die ersten Fische entwickelten, noch nicht so hoch wie heute; dann wären die modernen Verhältnisse in Wirklichkeit archaische Verhältnisse, die sich bis heute erhalten haben. Das ist jedoch nicht besonders wahrscheinlich. Nach einer anderen Hypothese hat die frühe Evolution der Fische im Süßwasser und nicht im Meer stattgefunden. In diesem Fall ist es vielleicht bereits sehr früh zu einer Verringerung des Blutsalzgehaltes gekommen, um das Problem des Wassereinstroms in den Körper zu verringern, und diese Anpassung konnte – einmal eingeführt – nicht mehr rückgängig gemacht werden. Leider sind alle diese möglichen Erklärungen nicht mehr als eben plausible Vorstellungen (Wissenschaftler benutzen gern den abwertenden Ausdruck *Szenario*) und nur sehr schwer zu widerlegen. Es gibt kaum direkte Hinweise auf die Umwelt, in der sich die ersten echten Fische entwickelt haben, und dieses Thema ist heftig umstritten.

Auf jeden Fall haben alle Fische mit Ausnahme der Schleimaale ständig mit dem Problem eines Wasserverlustes (im Meer) bzw. eines Wassereinstroms (im Süßwasser) durch Osmose zu kämpfen. So seltsam, wie es sich anhört: Für Fische ist das Meer eine Wüste.

Süßwasserfische müssen zeit ihres Lebens überschüssiges Wasser, das sie durch Osmose aufgenommen haben, wieder aus dem Körper pumpen. Dazu benutzen sie ihre Nieren und scheiden einen stark verdünnten Urin aus.* Meeresfische hingegen sind bestrebt, beim Ausscheiden von Abfallstoffen so wenig Wasser wie möglich mit dem Harn hinauszupumpen.

Abgesehen von den Schleimaalen haben Meeresfische ständig gegen die drohende Austrocknung (Dehydratation) zu kämpfen. Es gibt im Prinzip zwei Möglichkeiten, dies zu vermeiden. Haie und ihre Verwandten lösten das Problem, indem sie die osmotische Konzentration in ihrem Blut auf ungewöhnliche Weise erhöhten. Im Stoffwechsel aller Organismen fallen beim Abbau von Eiweißen eine Menge stickstoffhaltiger Abfallprodukte an. Dabei entsteht vorwiegend Ammoniak, das im Wasser sehr gut löslich ist; Fische

---

* Das wiederum bringt sie in Gefahr, mit dem Harn ständig wertvolle Blutzucker und -salze zu verlieren. Daher pumpen die Nieren bei diesen Fischen nicht nur Wasser nach außen, sondern agieren auch als Filter und Absorptionseinrichtung, um Salze und Zucker im Körper zurückzuhalten.

können es daher leicht aus ihren Geweben spülen, wenn genügend Wasser vorhanden ist. Das ist in Süßwasser kein Problem, wohl aber in Salzwasser. Ammoniak ist hochgiftig und darf sich daher nicht im Gewebe ansammeln. Haie machen aus der Notwendigkeit eine Tugend und entgiften das Ammoniak, indem sie es mit einem anderen sehr einfachen Molekül, dem Kohlendioxid, zu Harnstoff verbinden. Dieser Umwandlungsprozeß findet in der Leber statt und erfordert die Beteiligung von fünf Enzymen. Harnstoff ist das Exkretionsprodukt der Wahl für viele Organismen, die Wasser sparen müssen, einschließlich vieler Tetrapoden wie uns Menschen.

Haie stellen große Mengen an Harnstoff (und einer anderen Verbindung, Trimethylaminoxid, kurz TMAO) her und häufen sie in ihrem Blut in einer Konzentration an, die für Menschen tödlich wäre. Ihr Blut erreicht dadurch dieselbe osmotische *Gesamtkonzentration* wie das Meerwasser, und Wasserverluste oder -gewinne durch Osmose sind damit ausgeschlossen. Indem sie die Menge an Harnstoff und TMAO in ihrem Blut kontrollieren, können sich diese Fische sogar an verschiedene Meerwasserkonzentrationen anpassen. Einige Stachelrochen und Haie können zwischen Flüssen und dem Meer hin- und herwandern, und es gibt sogar einige wenige Haie, wie den im Nicaragua-See lebenden Nicaragua-Hai (*Carcharhinus nicaraguensis,* heute mit dem Gangeshai, *C. gangeticus,* unter dem Artnamen *C. leucas* zusammengefaßt), die gelegentlich in reinem Süßwasser anzutreffen sind. (Haie besitzen eine spezialisierte Rektaldrüse im Darm, mit der sie überschüssiges Salz ausscheiden.)

Die andere große Gruppe von Meeresfischen, die strahlenflossigen Knochenfische (Osteichthyes), hat das Problem des osmotischen Gleichgewichts ganz anders gelöst. Diese Fische trinken Meerwasser, halten das Wasser zurück und scheiden das überschüssige Salz durch spezialisierte Zellen in ihren Kiemen aus. (Menschen und andere Tetrapoden können das nicht; daher sterben Schiffbrüchige, wenn sie Salzwasser trinken.) Die meisten Knochenfische können (oder brauchen) daher keinen Harnstoff in der Leber synthetisieren.*

---

* Ein Hauptproblem für Knochenfische, die im Meer leben, besteht darin, daß es viel Stoffwechselenergie kostet, Salze aktiv gegen einen Konzentrationsgradienten zurück ins Meer zu sezernieren.

Unsere Frage war: Wie lösten die Coelacanthini, wie löst *Latimeria* dieses Problem? Die Coelacanthini gehören wie die Lungenfische und die fossilen Rhipidistier zu den Knochenfischen. Theoretisch sollte *Latimeria* daher Salzwasser trinken und anschließend aktiv Salz ausscheiden, und ihre Blutzusammensetzung sollte der anderer mariner Osteichthyes, wie Kabeljau oder Thunfisch, entsprechen. J. L. B. Smith war wahrscheinlich der erste, der darauf hinwies, daß die Osmoregulation aufgrund der urtümlichen stammesgeschichtlichen Stellung von *Latimeria* interessante Vergleiche zwischen Haien und Knochenfischen verspräche.[130]

Alle drei Gattungen rezenter Lungenfische sind reine Süßwasserformen (obwohl viele fossile Formen im Meer lebten) und daher zum Vergleich nicht gut geeignet. Sie besitzen jedoch die Fähigkeit, in ihrer Leber Harnstoff zu synthetisieren, und sie können auch hohe Harnstoffkonzentrationen im Blut tolerieren. Der Grund dafür ist, daß Lungenfische – zumindest die afrikanischen und südamerikanischen Gattungen – während der Trockenzeit zuweilen mehrere Monate pro Jahr im Schlamm eingegraben überdauern müssen. Während sie derart übersommern, müssen sie Eiweiße als Energiequelle nutzen. Dabei entstehen eine Menge stickstoffhaltiger Abfallprodukte, und daher fällt auch potentiell eine Menge giftigen Ammoniaks an. Deshalb wandeln Lungenfische das Ammoniak in klassischer Weise in der Leber zu Harnstoff um. Dieser Harnstoff wird, sobald es die Umstände erlauben, ausgespült. Diese Art der Anpassung könnte eine weitere entscheidende Präadaptation gewesen sein, die es den Vorfahren der ersten amphibischen Fische ermöglichte, an Land zu verweilen und dort aktiv zu bleiben, anstatt nur bewegungslos zu übersommern und auf den Beginn der Regenzeit zu warten.

Da Lungenfische Harnstoff synthetisieren und ansammeln können, wie steht es in dieser Beziehung mit den modernen Quastenflossern? Wegen der engen Verwandtschaft zwischen Coelacanthini und Lungenfischen hatte Dr. George Brown bereits vermutet, daß rezente Quastenflosser in diesem Fall eher den Haien als den anderen Knochenfischen ähneln könnten.[131] Nun hatte Grace Pickford gezeigt, daß das Blut von *Latimeria* in seiner Zusammensetzung fast genau dem von Haien und Rochen entsprach; Comoren-Quastenflosser sind die einzigen meeresbewohnenden Knochenfische, von denen wir wissen, daß sie eine derartige Osmoregulation betreiben.

Das war eine sehr wichtige Entdeckung. Wir baten daraufhin die Doktoren George und Susan Brown, die Leber des aufgetauten Exemplars zu analysieren, um festzustellen, ob *Latimeria* die richtige Enzymausrüstung besitzt, um Harnstoff zu synthetisieren. Innerhalb weniger Wochen erhielten wir die Antwort: Ja.[132]

Daraus ergab sich ein neues phylogenetisches Problem. Die bisherige Vorstellung, daß die zwei Wege der Osmoregulation phylogenetisch völlig unabhängig voneinander (auf der einen Seite die Osmoregulation der Haie, auf der anderen die der Knochenfische) entstanden seien, war offensichtlich falsch. Die Verhältnisse bei Lungenfischen (auch Knochenfischen) waren nur als eine sekundäre Spezialisation für die Übersommerung angesehen worden. Das war auch falsch. Nun zeigte sich, daß es Harnstoffsynthese und Harnstoffretention (Rückhalt) im Blut bei beiden Gruppen gab. Vielleicht war *dies* die ursprüngliche Art der Osmoregulation bei allen Fischen, die bei den höher entwickelten marinen Knochenfischen (wie den Strahlenflossern) verlorengegangen ist. Falls das zutrifft, warum und wie sollten diese Gruppen diese Anpassung aufgegeben haben? War es statt dessen möglich, daß Harnstoffsynthese und Harnstoffrückhalt eine Anpassung waren, die nicht nur einmal, sondern mehrmals parallel entstanden war? Wir kennen die Antwort immer noch nicht, doch die meisten Experten neigen zu der Ansicht, daß diese Anpassung mehr als einmal in der Frühgeschichte der Fischentwicklung stattgefunden hat.[133] Wenn das stimmt, ist die ganze Frage nach der Umwelt der ersten Fische – ob sie sich im Süß- oder im Salzwasser entwickelten – wieder völlig offen.

Wenigstens erlaubt uns Professor Pickfords Entdeckung, daß das Blut von *Latimeria* im wesentlichen isoosmotisch (vom gleichen osmotischen Wert) zum Meerwasser ist, die – niemals sehr glaubwürdige – Theorie zurückzuweisen, nach der Quastenflosser in Süßwasserquellen unter der Meeresoberfläche leben. Wie Haie, die im Süßwasser leben können, kann vielleicht auch *Latimeria* sich an solche Bedingungen anpassen, doch die bisher gefangenen Exemplare haben keine Anzeichen einer verringerten osmotischen Konzentration im Blut gezeigt. Vor kurzem hat Fricke den Salzgehalt des Wassers getestet, in dem die Quastenflosser, die er beob-

achtete, lebten. Es war reines Meerwasser. Trotzdem bleibt ein
kleines Rätsel offen. Das Blut von *Latimeria* ist nämlich etwas
geringer konzentriert als Meerwasser. (Seine osmotisch wirksame
Konzentration entspricht etwa 95 Prozent der Konzentration von
Meerwasser.) Demnach müssen moderne Quastenflosser zumindest in geringem Ausmaß wie die anderen Knochenfische Meerwasser trinken. Sie verfügen zudem ebenso wie Haie über eine
Rektaldrüse, wahrscheinlich, um überschüssiges Salz auszuscheiden. Warum stimmt ihre Blutzusammensetzung nicht besser mit
der des Meerwassers überein? Dient ihnen das Meerwasser als
Quelle für lebenswichtige Salze?*

DNS

Jeder hat heutzutage schon von dem berühmten Desoxyribonu-
kleinsäure-Molekül – kurz DNS – gehört, in dessen Struktur die
Information der Gene, der Vererbung und des Lebens selbst codiert
ist. Jede Organismengruppe besitzt einen nur ihr eigenen Satz
DNS Moleküle, der sie genetisch von allen anderen Gruppen unterscheidet. In diesem Zusammenhang ergab sich jedoch ein interessantes evolutionäres Rätsel: Verschiedene Organismengruppen
zeigen bedeutende Unterschiede in der *Menge* der DNS, die man
in ihren Zellen findet.

Es ist schon länger bekannt, daß die fortschrittlichsten Strahlenflosser im Vergleich zu urtümlicheren Fischen nur sehr geringe
Mengen von DNS in ihren Zellen aufweisen: Bei hochentwickelten
Teleosteern (Knochenfische im engeren Sinne) wie den Kugelfischen sind es etwa 0,8 pg DNS pro Zelle, bei Haien hingegen rund
14,7 pg DNS/Zelle (1 pg = 1 Picogramm = 10^{-12} g). Offensichtlich

---

*   Als wir die Daten des Yale-Exemplares veröffentlichten, wurden sie
von einigen Leuten angezweifelt; vielleicht sei der Fisch doch bereits
in Zersetzung begriffen gewesen. Als Bob Griffith dem 72er Exemplar
absolut frische Blut- und Gewebeproben entnahm, die keinesfalls
verdorben sein konnten, konnte er seine Ergebnisse mit denen von
Pickford und anderer Gruppen vergleichen, die mit verschiedenen
gefroren aufbewahrten Exemplaren gearbeitet hatten. Die ersten
Daten von unserem Yale-Exemplar stellten sich als bemerkenswert
gut heraus.

reicht diese Menge an DNS in den Zellen hochentwickelter Strahlenflosser jedoch aus, alle notwendigen genetischen Funktionen zu erfüllen. Haben die urtümlicheren Formen mehr DNS, als sie brauchen, oder benötigen sie aus irgendwelchen Gründen mehr DNS? Vergleiche innerhalb der Tetrapoden zeigen dasselbe Bild: Einige Amphibien weisen eine sehr große Menge DNS pro Zelle auf (beim Furchenmolch *Necturus* sind es bis zu 205 pg und bei *Amphiuma* 192 pg), während fortschrittlichere Amphibien wie der Frosch *Rana* und der Krallenfrosch *Xenopus* mit kleineren Mengen auskommen (15 pg bzw. 6,3 pg). Die am höchsten entwickelten Tetrapoden – Vögel und Säuger – haben kleinere DNS-Werte (7 pg bei Labormäusen).[134]

Dafür gibt es mehrere mögliche Erklärungen. Eine Hypothese geht davon aus, daß der DNS-Gehalt bei den frühen, urtümlichen Wirbeltieren hoch war und im Laufe der phylogenetischen Veränderungen in der Stammlinie ständig abgenommen hat. Aber auch das Gegenteil könnte zutreffen. Die Formen mit sehr großen Mengen DNS pro Zelle könnten eine Art sekundärer Abweichungen darstellen. Detaillierte Analysen haben gezeigt, daß Formen mit viel DNS pro Zelle nicht über viele verschiedene *Sorten* von DNS verfügen, sondern lediglich über eine größere *Anzahl von Kopien* derselben Elemente.[135] Vielleicht ist das Ausmaß dieser „Duplikation" eine Funktion der Zeit: Je älter die Stammlinie, desto mehr Chancen hatte die DNS, vervielfältigt zu werden und sich anzusammeln.

Offensichtlich ist es zur Klärung dieser Frage wichtig, die Verhältnisse bei den frühen Wirbeltieren zu kennen, und hier kommen wieder die lebenden Fossilien ins Spiel. Wie vergleichende Übersichten zeigen, liegt der DNS-Gehalt pro Zelle bei primitiven rezenten *Strahlenflossern* mit 10–15 pg im selben Bereich wie bei Haien. Die Lungenfische weisen jedoch riesige DNS-Mengen pro Zelle auf – 160 pg bei *Neoceratodus*, 240 pg bei *Lepidosiren* und 284 pg bei *Protopterus*. Das sind die größten Werte, die wir von Wirbeltieren kennen.

Um direkter überprüfen zu können, ob hohe oder niedrige Werte bei Wirbeltieren als ursprünglich anzusehen sind, untersuchten meine Mitarbeiter und ich in Yale die Größe von Knochenzellen bei fossilen Lungenfischen. Wir wissen aus Vergleichen zwischen einer Vielzahl lebender Organismen, daß im allgemeinen eine positive Korrelation zwischen Zellgröße und DNS-Gehalt besteht: Organismen mit höheren DNS-Werten besitzen größere Zellen. Wir konnten den DNS-Gehalt in den Zellen der Fossilien natürlich nicht direkt messen. Es ist jedoch recht einfach, die Größe der Knochenzellen zu bestimmen, da der Raum, der von den Zellen im Knochen eingenommen wird, in fossilem Knochengewebe, wie Schuppen, oft gut erhalten ist. Durch einen Vergleich der Zellgrößen fossiler Tiergruppen aus verschiedenen geologischen Zeitaltern ließen sich möglicherweise indirekt unter anderem die DNS-Gehalte vergleichen.[136]

Diese Untersuchungen erbrachten interessante Ergebnisse. Durch den Vergleich von Lungenfischknochen aus verschiedenen Zeitperioden konnten wir eine ständige *Zunahme* in der Zellgröße im Lauf ihrer Evolution aufzeigen; daraus kann man ableiten, daß sich ein hoher DNS-Gehalt pro Zelle sekundär entwickelt hat. Die Zellgröße bei den ersten, devonischen Lungenfischen ließ darauf schließen, daß sie einen DNS-Gehalt pro Zelle besaßen, der etwa dem von Haien vergleichbar ist. Daher waren die DNS-Werte für alle Fische ursprünglich wahrscheinlich niedrig, doch ob sie so niedrig waren wie bei Kugelfischen (0,8 pg/Zelle), läßt sich nicht sagen.

Mikroskopische Schliffpräparate von den Knochen fossiler Coelacanthini wiesen eine Zellgröße auf, die in etwa der devonischer Lungenfische entsprach. Nun, da uns Blut von einem modernen Vertreter der Coelacanthini zur Verfügung stand, hatten wir Gelegenheit, weitere Daten zu gewinnen. Würden die DNS-Werte von *Latimeria* im oberen, im unteren oder im mittleren Bereich liegen? Die frischen Blutproben, die vom 72er Exemplar stammten, sollten uns darauf Antwort geben, und mit Hilfe zweier Kollegen führten wir eine Analyse durch. Wir vermuteten, daß die Werte eher niedrig (wie bei einem Hai) als hoch sein würden. Vorangegangene Versuche, DNS-Gehalte aus der Größe des Zellkerns in konserviertem Körpergewebe zu schätzen, hatten vorläufige Werte im Bereich von 6–10 pg ergeben.[137] Bei unserer neuen Analyse erhielten wir einen Wert von 13,2 pg pro Zelle, mehr als die niedrigsten Werte für Teleosteer (Knochenfische wie den Kugelfisch) und Säuger, aber sehr viel weniger als die höchsten Werte bei Lungenfischen und gewissen Amphibien – insgesamt am ehesten auf einer Linie mit Fröschen und Haien.[138]

Nach Eintritt des Todes verändert sich das Blut von *Latimeria* außerordentlich schnell, und die roten Blutkörperchen zerplatzen. Wir hatten mit Blutproben gearbeitet, die sofort nach der Entnahme auf Objektträgern ausgestrichen worden waren. Eine andere Gruppe von Wissenschaftlern, die tiefgefroren gelagertes und dann aufgetautes Blut verwendet hatten, ermittelte einen Wert von 7,2 pg, was vermuten läßt, daß ihre Probe bereits verändert war, doch man sollte die Untersuchungen wiederholen.[139]

Mit einem hohen DNS-Gehalt pro Zelle ist bei Vertrebraten ein anderes Merkmal korreliert. Tiere wie Lungenfische und einige wenige Amphibien mit großen Zellen und einem hohen Anteil duplizierter DNS weisen eine sehr niedrige Stoffwechselrate auf. Die wenigen, bisher vorliegenden physiologischen Ergebnisse (s.u.) lassen vermuten, daß auch die modernen Quastenflosser einen relativ niedrigen Stoffwechselumsatz haben, und die DNS-Daten sprechen dafür.

Inzwischen liegen neben Untersuchungen zur DNS-Menge auch Daten zur DNS- und Protein-Sequenz (Hämoglobin) von *Latimeria* vor. Sie legen den Schluß nahe, daß *Latimeria* als direkter Vorfahr der Tetrapoden nicht in Betracht kommt; demnach stehen die Lungenfische dem Ursprung der Tetrapoden näher (s. Nature, Vol. 353, 1991; Anmerk. d. Üb.).

Stoffwechsel und Atmung

Anhand einer Analyse der Körperform und der Schwimmweise von *Latimeria* läßt sich voraussagen, daß Comoren-Quastenflosser ein recht ruhiges, ja träges Leben führen. Sie driften am Meeresboden entlang, verharren hier und dort auf der Stelle und warten darauf, daß sich ein Opfer nähert, das sie nach einem kurzen Sprint erbeuten können. Wenn diese Vorstellung richtig ist, sollte sie sich durch Untersuchungen allgemeiner Stoffwechselparameter und Analysen der Atmung des Fisches belegen lassen. Als erstes sieht man sich dazu am besten den Kiemenapparat an. Professor Georges M. Hughes von der Bristol University und seine Mitarbeiter führten eine detaillierte Analyse des Kiemenapparates von *Latimeria* durch und stützten sich dabei überwiegend auf die beiden Exemplare, die im Lauf der 72er Expedition gefangen wurden.[140]

Ihre Untersuchungen zeigten, daß die Kiemen von *Latimeria* denen anderer Fische ähneln, die in etwa 200 m Meerestiefe leben, und sich deutlich von den Kiemen flachwasser-bewohnender Fische unterscheiden. Die Kiemen von *Latimeria* weisen im Vergleich zur Körpermasse des Fisches eine relativ kleine Oberfläche auf. Die einzelnen Kiemenfilamente sind kurz und nur selten in sekundäre Kiemenfilamente unterteilt. Es sind eher die Kiemen eines trägen als eines sehr aktiven Fisches, und sie gehören sicherlich keinem Fisch, der ständig mit hoher Geschwindigkeit auf der Suche nach Beute umherkreuzt.

Biochemische Untersuchungen des Blutes und anderer Gewebe von *Latimeria* können uns viel Grundsätzliches über den Stoffwechsel des Fisches erzählen, wenn auch auf diesem Gebiet bisher nur wenige Daten vorliegen. Das Blut spielt, wie jeder weiß, bei allen Stoffwechselfunktionen der Wirbeltiere eine außerordentlich wichtige Rolle. Es verteilt nicht nur Nährstoffe und Hormone im Körper und kontrolliert mit Hilfe der weißen Blutzellen und des Immunsystems Krankheitserreger, sondern transportiert auch Sauerstoff in die Gewebe und Kohlendioxid aus den Geweben.

Der Sauerstoff, der in den Kiemen aufgenommen wird, wird an die Hämoglobinmoleküle in den roten Blutkörperchen (Erythrozyten) angelagert und anschließend in die Gewebe zu den Zellen gebracht, wo er benötigt wird. Kohlendioxid löst sich im Blut und wird aus den Zellen, in denen es gebildet worden ist, zu den Kiemen geschafft und dort ins Wasser abgegeben. Die Fähigkeit des Blutes, diese lebenswichtigen Gase zu transportieren, ist bei verschiedenen Organismen ganz unterschiedlich stark ausgeprägt. Viel hängt davon ab, wie und wo sie leben. Daher kann man durch Analysen verschiedener biochemischer Eigenschaften des Blutes auf die Lebensweise von *Latimeria* rückschließen. Wir sollten danach entscheiden können, ob es sich um ein eher träges Tier oder um einen schnellen Dauerschwimmer handelt.

Methodisch einfach, aber besonders aussagekräftig ist in diesem Zusammenhang die Bestimmung der sogenannten Sauerstoffdissoziationskurve. Dabei wird die Menge an Sauerstoff gemessen, die ein bestimmter Hämoglobintyp in Abhängigkeit von der Menge des verfügbaren Sauerstoffs bei verschiedenen Säurewerten im Blut binden kann. Analysen des Blutes von *Latimeria* ergaben eine recht geringe Sauerstofftransportkapazität, d.h., *Latimeria* würde bei länger andauernden Anstrengungen sehr schnell ermüden.[141] Die optimale Sauerstoffsättigung des Blutes wird bei Temperaturen zwischen 15° und 20°C erreicht, die vor der Küste der Comoren in Tiefen von unter 150 m herrschen. Zudem weist das Blut einen sehr niedrigen Gehalt an Cytochrom C auf, einer wichtigen Verbindung, die an der Veratmung von Nährstoffen, d.h. an der Energiefreisetzung in den Zellen, beteiligt ist. Wieder einmal stimmen die morphologischen und physiologischen Daten mit den wenigen Beobachtungen an lebenden Fischen überein.

Das Herz selbst ist bei *Latimeria* ungewöhnlich primitiv gebaut; es hat in mancher Beziehung Merkmale aus den Embryonalstadien der Herzentwicklung bei höheren Wirbeltieren bewahrt.

Alter

Latimeria kann eine Länge von ca. 1,80 m erreichen. Wie alt ist ein derart großer Fisch? Die meisten Lebewesen hinterlassen irgendwelche Zeichen ihres Wachstums in Form von Wachstumslinien in ihren widerstandsfähigeren Gewebeteilen. Das gilt besonders für Bäume. Fast jedes Museum in den USA besitzt eine Scheibe aus dem Stamm eines Mammutbaumes, bei denen Pfeile auf die Wachstumsringe aus den Jahren 1776 (amerikanische Unabhängigkeit) oder sogar 1066 (Schlacht bei Hastings) weisen. An den Skeletten von Wirbeltieren findet man ebenfalls Wachstumszeichen, wenn auch weniger deutlich als an Bäumen. Das gilt besonders für die Zähne; andere Hartteile werden seltener zur Bestimmung des Lebensalters herangezogen, weil sie bei Säugern nach dem Tode häufig durch physiologische Vorgänge noch „umgebaut" werden. Auch Abnutzungsspuren sagen oft etwas über das Alter aus. Man kann z.B. das Alter eines Pferdes (bis zum achten Lebensjahr) recht genau am Abnutzungsgrad seiner Zähne ablesen.

Leicht zu kultivierende Organismen wie Muscheln (z.B. Austern) mit ihren harten Schalen sind bestens dazu geeignet, die Genauigkeit und das Auflösungsvermögen von Wachstumsmarken zu testen. Bei Muscheln kann man nicht nur Jahreswachstumsringe erkennen, sondern sogar Zeichen von saisonalen, monatlichen, ja selbst täglichen Wachstumsschwankungen finden. Alle diese Marken stellen Unregelmäßigkeiten in der ansonsten glatten, kontinuierlichen Ablagerung von neuem Schalenmaterial dar, die sich im Lauf des Wachstums ansammeln. Das Wachstum kann aus vielerlei Gründen beschleunigt, verlangsamt oder auch ganz unterbrochen werden, so z.B. durch Nahrungsmangel im Winter, Nahrungsüberschuß im Sommer oder die Umsetzung von Nahrung während der Fortpflanzungsperiode in Eizellen und Spermien anstatt in Hartsubstanzen. Dazu kommen Krankheiten und Verletzungen usw. Bei Austern kann man manchmal sogar zwei Marken pro Tag erkennen, in denen sich die Gezeiten, das veränderte Nahrungsangebot im Zusammenhang mit Ebbe und Flut, widerspiegeln.

Fische weisen eine Reihe von Wachstumsmarken in ihren Hartteilen auf, besonders in ihren Schuppen und den Otholithen (sogenannten „Ohrsteinchen") im Innenohr. Das Alter von Fischen auf der Basis dieser Wachstumsringe zu schätzen hat sich zu einer raffinierten Kunst entwickelt. Leider funktionieren derartige Altersschätzungen nur bei Bewohnern der stark von Jahreszeiten geprägten gemäßigten Breiten zufriedenstellend, weniger gut jedoch bei Tropenbewohnern, deren Jahreslauf kaum Schwankungen, Temperatur- und Vegetationswechsel unterworfen ist.

Bei häufigen und leicht zu beobachtenden Organismen kann man neue, noch ungesicherte Beobachtungen mit experimentell unter kontrollierten Bedingungen gemessenen Daten vergleichen. Diese Kontrollmöglichkeiten gibt es bei *Latimeria* nicht, doch Schuppen, Otholithen und verschiedene Kopfknochen weisen regelmäßige Wachstumsringe auf, die denjenigen anderer tropischer Fische ähneln. Die „Ringe" sind in einigen Fällen nur schwer zu erkennen, und ihre Anzahl kann von Knochen zu Knochen verschieden sein. Experten streiten darüber, wie diese Ringe bei *Latimeria* zu interpretieren sind. Eine Gruppe ist der Ansicht, daß jedes Jahr als Folge der Wachstumsunterbrechung zwischen Januar und Februar bzw. August und September zwei Ringe gebildet werden. In diesem Fall wären die größten bisher bekannten Exemplare – Weibchen mit einer Körperlänge von ca. 1,80 m – elf Jahre alt. Nach einer anderen Hypothese wird nur ein Ring pro Jahr angelegt, dann wären die ältesten Exemplare 21 Jahre alt; das war auch Smiths erste Schätzung.[142] Auf jeden Fall sind Comoren-Quastenflosser relativ, aber nicht ungewöhnlich langsam wachsende und langlebige Fische. Zum Vergleich: Karpfen sind in menschlicher Obhut bereits mehrfach älter als 50 Jahre geworden, und Fischer haben schon Störe von mehr als 100 Jahren gefangen.

9 Fortpflanzungsbiologie

[Wir] sind der Meinung, daß die modernen Quastenflosser höchstwahrscheinlich ovovivipar sind.
R. W. Griffith und K. S. Thomson

He, Jim, sieh einmal, was ich gefunden habe.
C. L. Smith

Irgendwo im Indischen Ozean, an den steilen unterseeischen Hängen von Grande Comore und Anjouan, lebt zumindest eine Population von Quastenflossern. Diese Quastenflosser schwimmen, atmen und fressen in der Strömung, die am Fuß der Inseln vorbeistreicht. Wir wissen jedoch nicht, wie viele Individuen dort leben. Und obwohl wir inzwischen eine Menge über *Latimeria chalumnae* in Erfahrung gebracht haben, hatten wir bis vor kurzem keine Ahnung davon, wie dieser Fisch sich fortpflanzt.

Eine Art kann ihr Überleben nur durch Fortpflanzung sichern. In einer perfekten Welt müßte jeder einzelne Organismus in seinem ganzen Leben nur einen einzigen Nachkommen hervorbringen, der ihn selbst nach seinem Tod ersetzt, dann würde die Populationsgröße konstant bleiben. Wenn jedoch jährlich die Hälfte der Population Räubern zum Opfer fällt, müßte jedes überlebende Individuum pro Jahr durchschnittlich zwei Nachkommen haben, um die Verluste auszugleichen. Falls nicht alle Mitglieder der Population sexuell aktiv sind und sich erfolgreich fortpflanzen, müßten die übrigen noch mehr Nachwuchs hervorbringen, um die Populationsgröße konstant zu halten. Und so weiter. Daher ist es biologisch sinnvoll, daß die meisten Arten größte Anstrengung darauf verwenden, genügend Vorräte für die Fortpflanzung zu speichern.

Der Bestand von *Latimeria* und das Überleben der Art kann keinesfalls als gesichert gelten. Wir wissen nicht genau, wo Quastenflosser leben, wie viele Individuen es gibt und wie groß die Zunahme der Population(en) durch Fortpflanzung bzw. die Verluste durch Räuber sind. Und wir wissen keineswegs, welchen Einfluß das Befischen auf den Bestand der Art hat, dürfen diesen Aspekt aber nicht vernachlässigen. All das macht es so wichtig, mehr über die Fortpflanzungsbiologie von *Latimeria* zu lernen.

Die Vielfalt der Fortpflanzungsstrategien bei Fischen stellt alles, was die sogenannten höheren Wirbeltiere „erfunden" haben, in den Schatten und zeigt uns, daß Fische sich über einen sehr langen Zeitraum an bestimmte Umweltbedingungen anpassen konnten. Sicherlich pflanzen sich viele, wenn nicht die meisten Fische auf die einfachste mögliche Weise fort: Männchen und Weibchen geben ihre Spermien und Eier – häufig ohne längeres Werbeverhalten – direkt ins Wasser ab. Die Geschlechtszellen finden aufgrund chemischer Lockstoffe zueinander und verschmelzen miteinander. Die Larven, die sich in den befruchteten Eiern entwickeln, sinken zu Boden oder werden mit der Strömung verdriftet und reifen langsam zu schlüpfreifen Jungfischen heran. Typische Beispiele für eine derartige Art der Fortpflanzung findet man beim Kabeljau, dessen Weibchen bis zu 1 000 000 Eier legen können, oder beim Hering, dessen Weibchen es *nur* auf 50 000 Eier bringen, die alle gleichermaßen ihrem Schicksal überlassen werden. Das ist offensichtlich eine vernünftige Strategie. Indem sie die Umgebung mit einer riesigen Anzahl von Geschlechtsprodukten überschwemmen, stellen die Eltern sicher, daß auch ohne elterliche Fürsorge eine ausreichende Anzahl von Nachkommen überlebt. Man kann darin das Darwinsche Prinzip der natürlichen Selektion sehen: Die am besten angepaßten Individuen – die größten und stärksten Jungfische, die schnelleren und besseren Futterverwerter, diejenigen, die am raschesten wachsen oder Feinden am geschicktesten ausweichen – haben danach eine bessere Überlebenschance als ihre schwächeren Artgenossen. (Ich muß jedoch gestehen, daß ich in diesem Zusammenhang an dieser Sichtweise gewisse Zweifel hege. Wenn sich ein Schwarm Raubfische auf schutzlose, mit dem Plankton verdriftete Larven stürzt, dürfte der *Zufall* eine große Rolle dabei spielen, welches Individuum überlebt und welches gefressen wird.)

Bei anderen Fortpflanzungsstrategien wird weniger dem Zufall überlassen. Anstatt eine große Anzahl von Jungen zu erzeugen, die dann ihrem Schicksal überlassen wird, produzieren die Elterntiere nur relativ wenige Eier und investieren statt dessen viel mehr Material, Energie und Zeit in jedes einzelne Ei. Ein Kabeljauweibchen kann nicht jedem ihrer eine Million Eier einen großen Dottervorrat mitgeben; jede der Larven ist winzig und muß sich so bald wie möglich selbst ernähren. Bei nur wenigen Eiern kann jedes Ei mit mehr Dotter ausgestattet werden und die wichtigen ersten Entwicklungsstadien unabhängig von den Gefahren seiner Umgebung überstehen. Zusätzlich können die Eltern bei nur wenigen Eiern auf andere Weise in die Zukunft ihrer Nachkommen investieren – z.b. indem sie Zeit und Energie für Brutfürsorge aufwenden, bis die Jungen so groß sind, daß sie für sich selbst sorgen können. Daher finden wir bei vielen Fischarten ein ausgeprägtes Nestbauverhalten; das reicht von Schaumnestern der Siamesischen Kampffische bis zu Nestern aus Pflanzenresten, wie sie die Stichlinge anlegen. Bei einigen Cichliden entwickeln sich die Jungen im Maul ihrer Eltern (Maulbrüter), und bei den Seepferdchen tragen die Männchen die befruchteten Eier sogar geschützt in einer Bauchtasche mit sich herum.

Eine andere, sehr erfolgreiche Art und Weise elterlicher Fürsorge für die Nachkommen ist die Viviparie (das Lebendgebären). Diese „fortpflanzungstechnische Lösung" ist bei Landwirbeltieren weit verbreitet. Amphibien legen ihre Eier gewöhnlich ins Wasser, wo sie sie oft an Pflanzen heften und mit einer gallertigen Hülle umgeben. Doch viele Arten schützen ihre Eier auf andere Weise: Bei einigen Beutelfröschen tragen die Weibchen ihre Nachkommen in einem Brutbehälter auf dem Rücken herum (ähnlich wie Seepferdchenmännchen ihren Nachwuchs in der Bauchtasche), und bei Wabenkröten entwickeln sich die Eier in der Rückenhaut des Weibchens. Reptilien und Vögel legen im allgemeinen nur einige wenige beschalte Eier mit großem Dottervorrat. Die meisten Vögel bebrüten ihre Eier im Nest und kümmern sich auch um die geschlüpften Jungen, bis sie flügge sind. Bei der großen Mehrzahl der Säuger werden die Eier gar nicht mehr „gelegt", sondern die Gebärmutter (Uterus) des Weibchens ersetzt unter anderem auch das Nest. Die Jungen entwickeln sich bestens geschützt und ernährt im mütterlichen Körper. Nach der Geburt werden sie weiter durch Säugen ernährt. In einigen Fällen sind die Jungen schon kurze Zeit nach der Geburt recht selbständig; Hirschkälber und Fohlen können z. B. schon Stunden nach der Geburt sicher stehen und laufen. In anderen Fällen, wie beim Menschen, bleibt der Nachwuchs lange Zeit hilflos, und die Eltern kümmern sich viele

Jahre lang um ihn, bis sein Überleben (und damit auch das der Art) gesichert ist.

Bei lebendgebärenden Fischen findet man gewöhnlich eine besondere Fortpflanzungsstrategie, die man als Ovoviviparie bezeichnet. Dabei bleiben die Eier im Fortpflanzungstrakt des Weibchens, und die Embryonen wachsen dort geschützt heran; erst wenn die Jungen „schlüpfreif" sind, werden sie aus dem mütterlichen Körper entlassen. In vielen Fällen erschöpft sich damit allerdings die mütterliche Fürsorge für die Embryonen. Doch bei einigen Haien trägt die Mutter aktiv zur Ernährung der Embryonen bei, und die Verhältnisse nähern sich einer echten Viviparie (Lebendgebären).

Ovoviviparie erfordert wie jede Form des Lebendgebärens in der Regel eine innere Befruchtung durch das Männchen und einen ausreichend großen Dottervorrat. Die wichtigsten Atemgase, Sauerstoff und Kohlendioxid, können die Eihüllen problemlos passieren. Es kann vorkommen, daß dem Embryo im mütterlichen Organismus gewisse Nährstoffe zur Verfügung stehen (z. B. Absorbieren oder Schlucken von uterinen Sekreten), doch grundsätzlich ist das Ei im mütterlichen Körper „Selbstversorger".

Echte Viviparie ist mit der Entwicklung einer Reihe spezieller Gewebestrukturen verbunden, die den heranwachsenden Embryo mit dem mütterlichen Gewebe verbinden, um ihn zu ernähren und Abfallstoffe fortzuschaffen. Das ist eine Anpassung, die die hochentwickelten Säuger mit Placenta, die Placentalia, so erfolgreich macht. Die Placenta (Mutterkuchen) ist ein spezieller Gewebekomplex, der dem Unterhalt des Embryos dient und nach der Geburt, wenn er nicht mehr gebraucht wird, als sogenannte Nachgeburt ausgestoßen wird.

Aber nicht alle Säuger verfügen über eine Placenta. Die urtümlichen Kloakentiere (Monotremata) – Schnabeltiere und Schnabeligel, beide in Australien beheimatet (und ebenfalls lebende Fossilien) – sind Säuger, die Eier legen. Alle Beuteltiere (Marsupialia), wie Känguruhs und Opossums, gebären sehr unreife Junge, die nach ihrer Geburt in eine Bauchtasche wandern, wo sie geschützt sind und noch längere Zeit (über Monate hinweg) gesäugt werden. Nur sehr wenige Fische weisen eine vergleichbar hochentwickelte Fortpflanzungsbiologie auf, doch einige Haie zeigen ein überraschend ähnliches Muster. Bei gewissen Vertretern der Familien Carcharhinidae (Blauhaie) und Sphyrnidae (Hammerhaie) hat sich in Verbindung mit dem Dottersack eine Placenta entwickelt. Die Eier dieser Haie sind charakteristischerweise mit weniger Dotter versehen als es bei Eiern der Fall ist, die vollständig selbstversorgend sind.

Es sei noch eine letzte, eigenartige Variation des Themas „vivipare" Embryonalentwicklung bei Fischen erwähnt. Bei einigen wenigen Haien (z.B. beim Heringshai, *Lamna nasus*) ernähren sich die Embryonen im Uterus kannibalisch von unreifen Eiern oder sogar von ihren jüngeren Geschwistern.[143]

Was machen Lungenfische, die engsten lebenden Verwandten von *Latimeria*? Lungenfische bauen Nester. Alle drei Gattungen heben im seichten Wasser Mulden im Boden aus und legen große, dotterreiche Eier hinein. Das Männchen befruchtet die Eier mit seinem Sperma, sobald sie das Weibchen ins Nest legt. Das erfordert ein besonderes Paarungsverhalten, um eine perfekte Zeitabstimmung zu erzielen, denn das Sperma allein überlebt nicht lange im Wasser. Bei der afrikanischen Gattung *Protopterus* bewacht das Männchen das Nest und wedelt gelegentlich kräftig mit dem Schwanz, um Räuber abzuschrecken, und vielleicht auch, um das Gelege mit frischem, sauerstoffreichem Wasser zu versorgen. Wie Amphibienlarven haben Lungenfischlarven äußere Kiemen, und in ihrem Fortpflanzungsverhalten erinnern Lungenfische an primitive Amphibien, die Vettern der Lungenfische und Quastenflosser.[144]

Was die Hohlstachler (Coelacanthini) betrifft, so war die Beweislage bis 1976 verworren. Wie bereits erwähnt, gab es recht schlüssige Hinweise darauf, daß zumindest eine fossile Gattung lebendgebärend war. Bei diesen jurassischen Fossilien findet sich eine kleine Anzahl von offensichtlich noch sehr unreifen Individuen in der Bauchhöhle, und sie liegen zu weit hinten im Körper, als daß es sich um Mageninhalt handeln könnte. Als Professor Watson diese Exemplare beschrieb, herrschte allgemein Einverständnis darüber, daß zumindest dieser Hohlstachler lebendgebärend gewesen sein mußte; das war nicht einmal besonders überraschend, wenn man bedenkt, daß praktisch in allen Fischgruppen einige lebendgebärende Arten vorkommen. Diese durch Untersuchungen an Fossilien gewonnenen Fakten konnten zwar keine zweifelsfreien Rückschlüsse erlauben, doch Watsons Interpretation des Fundes wurde immerhin 50 Jahre lang nicht angezweifelt.

Der neunte Comoren-Quastenflosser, der am 12. Februar 1955 gefangen wurde, war ein Weibchen mit geschwollenem Ovar (Eierstock), das „etwa zehn Oocyten" (unbeschalte Eier) von 1–2 cm Durchmesser enthielt. Nummer 18 (gefangen am 1. Januar 1966) war ein sehr schlecht erhaltenes Exemplar, doch bei der Präparation stellte sich heraus, daß sich in seinen Ovarien Eier befanden, die bereits weiter entwickelt waren als diejenigen des Weibchens Nummer 9. Eines davon maß 7 cm Durchmesser, und die Wissenschaftler hielten es für ausgereift – *vraisemblement en cours de ponte"*. Das waren die ersten Quastenflosser-Eier, die man zu sehen bekam. Und bald darauf wurde zum ersten Mal die Vermutung geäußert, daß *Latimeria* vielleicht wie die große Mehrzahl aller Fische letztlich doch nur einfach Eier legt. Dagegen sprach, daß Eier mit einem Durchmesser von 7 cm sicherlich eine schützende Hülle brauchen, doch es fand sich kein Anzeichen für eine Schalendrüse im weiblichen Genitaltrakt. Andererseits ergaben die ausführlichen anatomischen Untersuchungen der französischen Gruppe bei keinem der weiblichen Exemplare irgendwelche Hinweise, die auf Viviparie hingedeutet hätten. Im Gegenteil, da sich kein augenfälliges zur Spermaübertragung geeignetes Organ beim Männchen erkennen ließ, schien die Möglichkeit des Lebendgebärens auszuscheiden. Man kam daher zu der Überzeugung, daß *Latimeria* ovipar (eierlegend) sei: „*Nous avon pu nous assurer...que la reproduction est ovipare.*"[145]

Die Frage wurde dann kaum noch erörtert – bis 1972. Wie in Kapitel 4 beschrieben, hatten Mitglieder der 72er Expedition (veranstaltet von der Royal Society, der National Geographic Society, der National Academy of Science und dem Muséum National d'Histoire Naturelle) das Glück, an Ort und Stelle zu sein, als ein großes *Latimeria*-Weibchen gefangen wurde. Dieses Weibchen war, wie sich herausstellte, trächtig und trug 19 große Eier, die die Eierstöcke bereits verlassen hatten. Es gab keinen Hinweis darauf, daß die Entwicklung der Eier bereits begonnen hatte. Zudem besaßen die Eier nur eine äußerst dünne membranöse Hülle, und sie fühlten sich bei Berührung an, als ob das Innere flüssig sei. Nichts deutete darauf hin, daß sie am Eileiter (Oviduct) angeheftet waren.

Je mehr die beteiligten Wissenschaftler über dieses Phänomen nachdachten, um so seltsamer erschien es ihnen. Die Franzosen hatten bereits gezeigt, daß sich im Eileiter keine Schalendrüsen befanden und es daher keine Möglichkeit für das Weibchen gab, die Eier mit einer festen Hülle zu schützen. Doch wie konnte ein so großes Ei, das größte aller bekannten Knochenfischeier, so schutzlos ins Wasser abgegeben werden? Wie konnte es unter diesen Bedingungen überleben?

Vielleicht, so spekulierte man, wurden die Eier wie bei Lungenfischen in Nestern abgelegt und dort vom Männchen befruchtet; dann mußten die empfindlichen Eier aber von einem Elternteil oder beiden Eltern sorgfältig bewacht werden. In jedem Fall schien die Entdeckung dieses hochträchtigen Weibchens der Beweis dafür zu sein, daß das fossile Exemplar von *Undina (Holophagus)* von Watson wohl falsch interpretiert worden war. Vielleicht handelte es sich doch um einen Fall von Kannibalismus. *Latimeria* zumindest war anscheinend nicht ovovivipar.[146] Kurze Zeit darauf beschrieb Dr. Hans-Peter Schultze einige kleine fossile Exemplare von *Rhabdoderma*, einem Vertreter der Coelacanthini aus dem Karbon; es handelte sich um noch sehr unreife Junge samt anhängender Dottersäcke. Es schien sich um gerade geschlüpfte Fischbrut im Dottersackstadium zu handeln; die Größe dieser Exemplare lag jedenfalls im dafür typischen Bereich. Das wurde als ein weiterer Beweis dafür gewertet, daß die Eier in ein Nest gelegt oder ins offene Wasser abgegeben wurden und die junge Fischbrut mit ihren Dottersäcken sich im offenen Wasser entwickelte. Schultze stellte fest: „Das beweist, daß dieser Hohlstachler ovipar ist."

Doch Dr. Robert Griffith, ein Student von Professor Pickford und mir, der an der 72er Expedition teilgenommen hatte und bei der Präparation des ersten trächtigen Exemplars zugegen war, konnte sich diese Eier nicht aus dem Kopf schlagen. Bob ist ein hochgewachsener Mann, der langsam spricht, aber schnell denkt. Seine Vorstellung von Folter ist es, gezwungen zu sein, Schlips und Anzug zu tragen. In regelmäßigen Zeitabständen kam er in mein Büro und meinte: „Ich glaub' es einfach nicht." Nach und nach sammelte er Argumente, die belegten, daß *Latimeria* dennoch ovovivipar sein müsse. Wir publizierten diese Theorie 1973, wobei ich unterstreichen möchte, daß das Verdienst daran größtenteils

Bob Griffith gebührt. Unsere Arbeit schien vielen Leuten geradezu verrückt, doch die Argumente basierten auf zuverlässigen vergleichenden Daten, daher entschieden wir uns, es zu riskieren, uns weit aus dem Fenster zu hängen.

Die Argumentation verlief folgendermaßen: So große Eier wie bei *Latimeria* findet man sonst nur bei Fischen wie Haien, die ovovivipar sind. Ein Ei dieser Größe wird niemals ohne Schale abgelegt. *Latimeria* ist ein urotelischer Fisch, d.h., sie bedient sich zur Osmoregulation der Harnstoffsynthese und Harnstoffretention im Blut, wie es auch Haie tun. Bei Haien wiederum existiert eine spezielle Beziehung zwischen Urotelie und Ovoviviparie, und zwar aus folgendem Grund: Der biochemische Anpassungsmechanismus „Harnstoffretention" beginnt erst recht spät in der Embryonalentwicklung zu arbeiten. Bevor er voll funktionstüchtig ist, sind die Embryonen dauernd in Gefahr, einem tödlichen osmotischen Ungleichgewicht zum Opfer zu fallen, denn das Meerwasser ist konzentrierter als ihr Blut. Die einzige Möglichkeit, dieses Problem zu umgehen, ist, das Ei mit einer eigenen, kontrollierten Umwelt zu umgeben. Haie tun dies, indem sie ihre Eier entweder durch stabile Eibehälter schützen (und damit einen weitgehend abgeschlossenen Mini-Kosmos schaffen) oder durch Ovoviviparie (in diesem Fall wachsen sie im mütterlichen Körper heran). Der große sechskiemige Grauhai *Hexanchus*, der in derselben Tiefe wie *Latimeria* lebt, ist beispielsweise ovovivipar.

Da *Latimeria* in allen anderen Beziehungen einem großen Hai ähnelt, besonders, was die Urotelie angeht, und keinen stabilen Eibehälter produziert, sollte der Fisch ovovivipar sein.[148]

Wenn das richtig ist, wie findet dann die Befruchtung statt? Eine Möglichkeit ist, daß die Struktur aus sonderbaren Falten und Erhebungen rund um die Geschlechtsöffnung des Männchens in Wirklichkeit eine Art erigierbares Einführorgan darstellt. Doch es muß auch darauf hingewiesen werden, daß eine Reihe von Vertebraten über eine innere Befruchtung verfügt, ohne daß das Männchen einen Penis oder ein ähnliches Organ einführt. Viele Amphibien fallen in diese Kategorie. Beim europäischen Wassermolch *Triturus* z.B. umwirbt das Männchen das Weibchen mit ausgeprägten Schlängelbewegungen und Pheromonabgaben, bevor es sein Sperma in einem gelatinösen Samenpaket (Spermatophore) absetzt. Das Weibchen stellt sich darüber, plaziert seine Kloake über dem Samenpaket und nimmt es auf. Das gelatinöse Material löst sich auf, und die Spermien schwimmen die Eileiter hinauf. Es gibt keinen einleuchtenden Grund, warum *Latimeria* nicht dasselbe machen sollte. Die Schwierigkeit dabei ist dieselbe wie immer: Es gibt keinen direkten Beweis.

Ganz unerwartet wurde das Rätsel dann gelöst. Die Ichthyologen am Museum in New York entschieden, ihr großes *Latimeria*-Weibchen zu sezieren. Es war das Exemplar Nr. 26, das 1962 vom Museum erworben worden war (s. Kapitel 2). Dieser Fisch hat eine bewegte Vergangenheit. Er war am 8. Januar 1962 vor Anjouan gefangen worden, doch der Name des Fischers ist nicht überliefert. Dr. Garrouste, der Arzt in Anjouan, der so tatkräftig bei der Konservierung des ersten, 1953 gefangenen französischen Exemplares geholfen hatte, erwarb den Fisch – unter Umgehung der offiziellen Kanäle – vermutlich direkt vom Fischer. Er bot ihn zuerst J. L. B. Smith in Südafrika an. Smith lehnte ab, verwies Dr. Garrouste aber an das American Museum of Natural History. Damals war Dr. Bob Schaeffer der Leiter der Abteilung für Wirbeltierpaläontologie am Museum, und er war sehr am Erwerb eines Exemplares interessiert. Zuerst war es schwierig, die Übergabe zu arrangieren, denn die französischen Behörden wollten nicht, daß Dr. Garrouste den Fisch verkauft. Endlich gaben sie den Fisch gegen eine 1000-$-Spende an medizinischen Bedarfsartikeln für Dr. Garrouste frei, die ein Gönner des Museums gestiftet hatte.

Im Jahre 1975 benötigte Dr. Charles Rand, ein Hämatologe an der Fakultät der Long Island University, für vergleichende Untersuchungen eine Gewebeprobe aus der Milz von *Latimeria*. Zu diesem Zeitpunkt waren bereits viele andere *Latimeria*-Exemplare zu Forschungszwecken seziert worden, und auch am vorliegenden Exemplar waren schon einige oberflächliche Präparationen im Museum durchgeführt worden. Die alte Einschränkung, daß Nummer 26 nur zu Schauzwecken dienen dürfe, galt offensichtlich nicht mehr. Als Dr. C. L. Smith von der Abteilung für Ichthyologie und Dr. Rand Nummer 26 öffneten, fanden sie zu ihrem Erstaunen in dem geschwollenen Eileiter fünf fast vollständig entwickelte junge *Latimeria*, die alle noch die Überreste eines großen Dottersacks trugen.[149] Jedes Tier war ca. 30 cm lang, und der Dottersack maß immerhin noch 6 cm. *Latimeria* ist also wirklich lebendgebärend, daher mußte Professor Watson bei seinem Fossil wohl doch recht

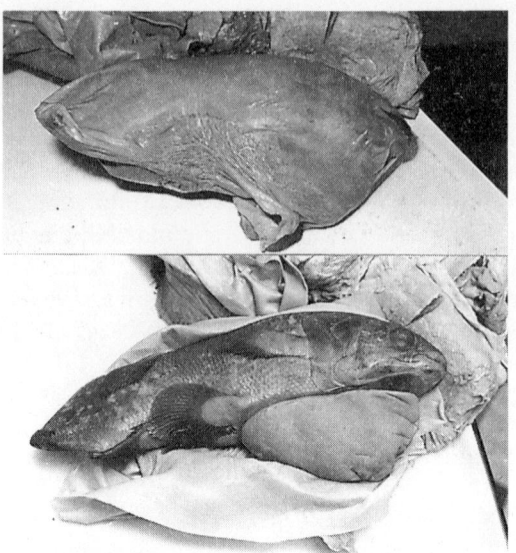

Abb. 38: Die geschwollene Gebärmutter des Exemplares Nummer 62 enthielt fünf 30 cm lange Embryonen wie diesen. Mit freundlicher Genehmigung des American Museum of Natural History, Photographic Library, negatives 66635 und 66637.

gehabt haben. Wir wissen weder, mit welcher Größe die Jungen geboren werden, noch, ob sie bei der Geburt noch irgendwelche Überreste des Dottersacks tragen oder ob zu diesem Zeitpunkt bereits aller Dotter resorbiert ist. Das 43 cm lange Exemplar, das 1973 – vermutlich freischwimmend, da mit Haken und Leine – gefangen wurde, zeigte keinerlei Anzeichen eines Dottersackes; daher ist alles, was wir wissen, daß die Jungen mit einer Körperlänge zwischen 30 und 43 cm geboren werden.

Die Fossilien aus dem Karbon, die Schultze als freilebende Dottersacklarven beschrieben hatte, gehören zu einer Gattung *(Rhabdoderma)*, die wohl eher im Brackwasser als im Meer gelebt hat. In diesem Fall (wenn das Wasser weniger salzig als das Körpergewebe ist), ist es denkbar, daß Ovoviviparie nicht nötig war, doch das würde die Angelegenheit stark komplizieren. Einfacher und wahrscheinlicher ist es, davon auszugehen, daß diese Gattung ebenfalls ovovivipar war. Als wir auf unserer 69er Expedition Haie der Gattung *Hexanchus* im westlichen Indischen Ozean fingen, waren darunter gelegentlich auch trächtige Weibchen. Die stark unter Streß stehenden Tiere stießen ihre Embryonen aus, sobald sie an Deck gehievt wurden. Vielleicht sind diese fossilen Embryonen von *Rhabdoderma* auch von sterbenden Weibchen in den Sümpfen urtümlicher Kohlewälder ausgestoßen worden.

Von den fünf *Latimeria*-Babys, die vom American Museum of Natural History entdeckt worden waren, wurde eines an das British Museum of Natural History weitergegeben, ein zweites gelangte im Austausch gegen ein erwachsenes männliches Exemplar (Nummer 25) ins Muséum National d'Histoire Naturelle in Paris. Ein drittes Exemplar wurde an das Children's Hospital in San Francisco gesandt, um dort eine spezielle Schnittserie anzufertigen, das heißt, der Quastenflosserembryo sollte in eine komplette Serie von mikroskopischen Schnitten, von denen jeder eine wenige tausendstel Millimeter dicke Scheibe darstellte, zerlegt werden. Eine solche Serie mikroskopischer Schnitte, auf Objektträger aufgezogen, hätte es Studenten ermöglicht, beispielsweise feinste anatomische Details der Nerven und Blutgefäße, die die Organe durchziehen, an jeder Stelle im Körper zu sehen und zu rekonstruieren. (Dieses Projekt ist leider nicht zu Ende geführt worden, und die Serie ist unvollständig geblieben.) Eines der beiden Exemplare, die im Museum geblieben sind, ist nach einer speziellen Methode behandelt worden, durch die die Weichteile transparent werden und man daher kleinste Einzelheiten der Skelettelemente erkennen kann. Das letzte Exemplar ist intakt erhalten geblieben.

Endlich ist das Rätsel um die Fortpflanzung von *Latimeria* gelöst – und hat zu einer weiteren Hypothese, die auf indirekten Daten basiert, geführt.[150] Kürzlich haben Dr. James Atz vom American Museum und Dr. John Wourms von der Clemson University der Geschichte eine neue Facette hinzugefügt, indem sie die Ansicht vertraten, daß auch *Latimeria* möglicherweise die seltsame „kannibalische" Ernährung der Jungen mit unbefruchteten Eiern zeige, wie wir sie von Haien wie *Lamna* kennen.[151]

Bei all unserer Euphorie über die Bestätigung einer Hypothese, die damals gewagt erscheinen mußte, sind alle diese neuen Informationen über die Fortpflanzungsweise von *Latimeria* in einer sehr wichtigen Hinsicht alarmierend. Da die Trächtigkeit bei *La-*

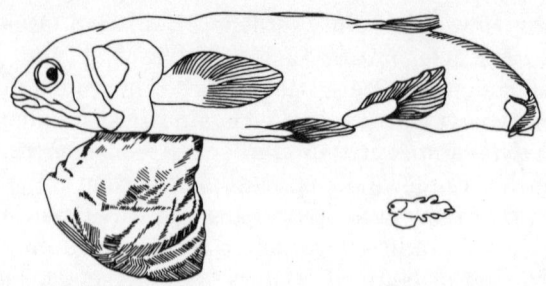

Abb. 39: Jeder der fünf Embryonen führte noch seinen Dottersack (Überbleib-sel des Eies) mit sich, genau wie die fossilen Embryonen viel kleinerer Arten, die bereits früher beschrieben wurden (unten rechts). Nach Smith, Rand, Schaeffer, Atz und Schultze.

timeria sicherlich recht lange – mehrere Monate, wenn nicht ein ganzes Jahr – dauert, muß die Vermehrungsrate der Population notwendigerweise gering sein. Und weil jedes Weibchen für das Wohlergehen einer kleinen Anzahl lebendgeborener Jungen – anstatt für eine riesige Anzahl von Eiern – verantwortlich ist, bedroht der Fang eines Weibchens jedesmal die Fähigkeit der Population, ihren Bestand zu halten oder sich gar zu vergrößern. Wir haben möglicherweise eine sehr verletzliche Stelle des Comoren-Qua-stenflossers erkannt.

10 *Latimeria* und der Ursprung der Tetrapoden

Damals war man allgemein davon überzeugt,
daß die Hohlstachler nahe mit den Vorfahren der
Tetrapoden verwandt seien.

P. L. Forey

Die Forschungsergebnisse zur Anatomie und Physiologie von *Latimeria* haben uns neue Einsichten in die Biologie fossiler Fleischflosser vermittelt; daher sollten wir die verwandtschaftlichen Beziehungen zwischen den Hohlstachlern und anderen Fischgruppen erneut überprüfen. Das ist deshalb so wichtig, weil gerade dann, wenn die Dinge eigentlich hätten einfacher werden müssen, stets einige ziemlich ausgefallene Ideen auftauchten, die die Situation unnötig komplizierten und damit wieder einmal die Wahrheit von Alexander Popes Bonmot „Ein bißchen Gelehrsamkeit ist eine gefährliche Sache" bestätigten.

Die Analyse der verwandtschaftlichen Beziehungen zwischen Organismengruppen ist eines der wissenschaftlichen Themen, bei denen jedermann dazu neigt, einen festen eigenen Standpunkt zu vertreten. Bei all den Mythen und dem Spektakel, die ein lebendes Fossil wie *Latimeria* umgeben – die Romantik seiner abgelegenen tropischen Heimatinseln und die teilweise dramatischen Bemühungen, die sich um die Erforschung dieses Fisches ranken –, ist es nicht verwunderlich, daß es viele Verzerrungen und Übertreibungen gegeben hat. Einer der Hauptgründe für die Faszination, die *Latimeria chalumnae* ausstrahlt, liegt in ihrer genetischen Verwandtschaft mit unseren entfernten Vorfahren, die einer anderen Linie fleischflossiger Fische entstammen, und mit den ersten devonischen Amphibien. In diesem Zusammenhang gilt es, zwei Schlüsselfragen zu klären: Mit welcher Gruppe oder mit welchen Gruppen sind Hohlstachler (Coelacanthini) am nächsten verwandt, und welches Licht wirft *Latimeria* auf die Frage nach dem Ursprung der Landwirbeltiere?

Seit sie auf einem Treffen der Zoologen 1978 zum ersten Mal gestellt wurde, ist die folgende scheinbar scherzhafte Frage eine Art Erkennungszeichen unter Zoologen, die sich mit Systematik, das heißt mit der genetischen Verwandtschaft zwischen verschiedenen Organismengruppen, befassen: Welche beiden der folgenden drei Tiere – Lungenfisch, Lachs und Kuh – sind am nächsten miteinander verwandt? Die Frage hört sich verrückt an, ist aber ernst gemeint, und die richtige Antwort hilft uns bei der Lösung der Frage nach der Bedeutung von *Latimeria*.

Schon seit Beginn der Quastenflosser-Story im März 1939 richtete sich das öffentliche Interesse an *Latimeria* auf die Frage nach ihrer verwandtschaftlichen Beziehung zu den Tetrapoden – Amphibien, Reptilien, Vögeln und Säugern. Wie in Kapitel 3 bereits erwähnt, waren Zoologen lange Zeit davon überzeugt, daß sich die ersten devonischen Landwirbeltiere von *irgendeinem* Vertreter der Fleischflosser (Sarcopterigii) ableiteten, der aussah wie ein Fisch, aber Luft atmete. Doch es galt auch seit mindestens 100 Jahren als unwahrscheinlich, daß es unter den drei oder vier Fleischflosser-Gruppen die Hohlstachler waren, aus denen dieser Vorfahr hervorging. Dieser Vorfahr war vermutlich eher ein Vertreter der „osteolepiformen Rhipidistier" oder ein „Lungenfisch". Dennoch, und zweifellos, weil Hinweise auf eine besondere verwandtschaftliche Beziehung zu höheren Wirbeltieren und damit zum Menschen enorm zur Popularität beitragen, wird *Latimeria* oft als „missing link" zwischen Fisch und Mensch bezeichnet. Manchmal wird diese Bezeichnung als eine Art Kurzschrift verwendet oder durch Raumknappheit erzwungen. (Mir selbst ist das auch schon mal passiert.) Manchmal wird dieser Hinweis aber auch ganz bewußt eingesetzt, um Aufmerksamkeit zu erregen, denn darum buhlen Wissenschaftler nicht weniger als andere Sterbliche; gelegentlich haben sie dabei vielleicht auch den Hintergedanken, daß eine solche Aufmerksamkeit nicht selten bei der Bewilligung von Forschungsgeldern eine Rolle spielt.

Im Laufe der Untersuchungen an *Latimeria* haben wir viele ganz unterschiedliche Informationen gesammelt, die wir niemals an Fossilien hätten gewinnen können – so z.B. die Struktur der Weichteile und ihre physiologischen Funktionen sowie Verhaltensweisen. Damit stellte sich uns ein faszinierendes neues Rätsel. Während Hohlstachler offensichtlich (wenn auch indirekt) mit den Vorfahren der Tetrapoden verwandt zu sein scheinen, erinnern sie in anderer Beziehung (z.b. was ihre Blutchemie und die Harnstoffretention betrifft) an Verwandte von *Haien*. Doch Knorpelfische (Haie, Rochen und Chimären oder Seedrachen) gelten gewöhnlich als phylogenetisch völlig getrennt von der großen Gruppe der Knochenfische (Osteichthyes), zu der unter anderem auch die Fleischflosser gehören. Dieses Rätsel spricht wahrscheinlich eher andere Zoologen als ein breites Publikum an, doch es ist nicht weniger faszinierend als die Frage nach dem Ursprung der Tetrapoden.

Daher müssen wir unseren Wissensstand in bezug auf diese beiden Probleme überprüfen und sehen, welches Licht *Latimeria* heute auf den Ursprung der Tetrapoden wirft.

Auf dem später berühmt gewordenen 78er Meeting der Wirbeltierzoologen in Reading, England, verursachte die scherzhaft klingende Frage nach dem Lungenfisch, dem Lachs und der Kuh eine kleine Sensation. Im Rückblick sollte sie eigentlich nicht mehr als ein verwundertes Augenreiben hervorgerufen haben. Die offensichtliche Antwort ist natürlich, daß die beiden Fische enger miteinander verwandt zu sein *scheinen* als einer der Fische mit der Kuh. Schließlich sind es beides Fische. Doch ... man reibe sich die Augen, und es wird deutlich, daß der Lungenfisch und die Kuh näher miteinander *verwandt* sind (obwohl äußerlich weniger *ähnlich*), da sie zu einer kürzeren Abstammungslinie gehören. Der Lungenfisch ist als Fleischflosser zumindest eine Art Vetter der Tetrapoden (einschließlich der Kühe), während der Lachs nur ein Vetter der *gesamten* Gruppe (Lungenfische und Tetrapoden) ist.

Um die Frage anders zu beantworten: Lachse und Lungenfische weisen viele Gemeinsamkeiten auf, die alle damit zusammenhängen, daß sie Fische sind; so haben beide z.B. Kiemen und Flossen. Doch das sind urtümliche Merkmale, die allen Fischen gemeinsam sind; sie stellen keine besonderen Verbindungen zwischen Lungenfischen und Lachsen her. Obwohl Lungenfische und Kühe nur wenige Merkmale teilen, die Lachsen fehlen, sind diese fortschrittliche Merkmale, die man nur in einer einzigen Stammlinie (der bestimmter Fleischflosser und ihrer Abkömmlinge) findet und nirgendwo sonst. Entscheidend ist, daß man beim Entziffern von Verwandtschaftsbeziehungen zwischen zwei Organismengruppen nach exklusiven Merkmalen suchen muß, die beiden Gruppen eigen sind. Zwei oder mehr Gruppen können nur dann ein spezielles (abgeleitetes) Merkmal teilen, wenn sie von einem gemeinsamen Vorfahren abstammen; Ausnahmen davon sind nur möglich, wenn dieses Merkmal durch Konvergenz oder Parallelevolution mehr als einmal entwickelt worden ist. (Das ist in der Praxis ein schwieriger Punkt. Einige Wissenschaftler sind der Ansicht, daß Parallelevolution extrem selten vorkommt, andere halten sie für recht häufig.)

Diese einfachen Prinzipien, anhand derer man Verwandtschaften zwischen Organismen analysiert, sind im Lauf dieses Buches bereits mehrfach angewandt worden. Nun müssen wir diese Grundsätze auf die Verwandtschaftsverhältnisse der Coelacanthini anwenden.

Das erste Problem, das es dabei zu lösen gilt, ist: Welche Merkmale sollen wir analysieren – anatomische, physiologische oder solche aus dem Verhaltensbereich? Das zweite Problem ist unser Bezugsrahmen. Wir brauchen einen Standard, gegen den wir eichen können, ob etwas urtümlich oder fortschrittlich ist oder sich mehrfach konvergent/parallel entwickelt hat. Wir benötigen am einen Ende unserer Eichskala einen Fisch, der erwiesenermaßen sehr primitiv ist. Dazu können wir einen urtümlichen strahlenflossigen Fisch, wie einen Stör, den Kahlhecht *Amia* oder einen fossilen devonischen Strahlenflosser heranziehen; ans andere Ende setzen wir natürlich ein Amphibium oder Reptil. Wenn wir Strahlenflosser, *Latimeria* und moderne Lungenfische mit Amphibien vergleichen, stellt sich immer wieder heraus, daß die Lungenfische die engsten Verwandten der Tetrapoden sind. Je mehr wir über die Lungenfische und *Latimeria* lernen, besonders über die Anatomie ihrer Weichteile und ihre Physiologie, desto enger scheint die Beziehung zu sein. Wenn diese Vorgehensweise auch sehr vernünftig erscheint, so sollten wir doch die *fossilen* Fleischflosser mit einbeziehen.

Leider ist die Anzahl von verfügbaren Merkmalen bei der Stammbaumanalyse fossiler Gruppen kleiner. Statt daß unsere Analyse sich auf Merkmale wie Gehirnbau, Blutgefäßsystem, Muskulatur und Eingeweide stützen könnte, muß sie sich beinahe ausschließlich auf Skelettmerkmale konzentrieren. Doch dabei kommt man zu ganz anderen Ergebnissen.

Wenn wir in unsere Stammbaumanalyse fossile osteolepiforme Rhipidistier (z.B. die spätdevonische Art *Eusthenopteron foordi* aus Ostkanada) und die ersten fossilen Amphibien aus dem späten Devon von Grönland (*Ichthyostega* und *Acanthostega*) einbeziehen, ergibt sich ein vollständig neues Bild. Jetzt sind die fossilen Osteolepiformen die engsten Verwandten der Amphibien, Lungenfische folgen als nächste in der Stammlinie, und Hohlstachler sind die verwandtschaftlich am weitesten entfernte Gruppe.*

Die Skelettmerkmale, die bei dieser Stammbaumanalyse eine entscheidende Rolle spielen, sind der Schädel und die Knochenelemente in den paarigen Flossen. Die Anordnung der Hautknochen im Schädel (die die äußere knöcherne Decke des Kopfes bilden) ist bei der osteolepiformen Gattung *Eusthenopteron* und den frühesten Amphibien Punkt für Punkt dieselbe, unterscheidet sich jedoch deutlich von derjenigen bei Lungenfischen. Noch bemerkenswerter ist die Ähnlichkeit der paarigen Flossen von Osteolepiformen und Tetrapoden, besonders, wenn man ihre so unterschiedliche Funktion im Wasser und an Land bedenkt (s.u.).

Hohlstachler und Lungenfische weisen in ihren Fleischflossen grundsätzlich die gleichen Skelettelemente auf: eine kräftige Zentralachse aneinandergereihter Knochen, an denen seitlich Flossenstrahlen ansetzen. Die osteolepiformen Rhipidistier andererseits sind insofern einzigartig, als sie in ihren paarigen Flossen (nicht in der zweiten Rückenflosse oder der Afterflosse) ein sich auffächerndes Flossenskelett aufweisen: Im Brust- und Bauchflossenskelett ist das erste, proximale (rumpfnahe) Element ein einzelner Knochen. Dieser Knochen ist distal (rumpffern) mit zwei weiteren Knochen gelenkig verbunden. Einer dieser Knochen spaltet sich wiederum in zwei Knochen auf, von denen sich einer nochmals aufzweigt. Am Ende dieses Knochenfächers setzen schließlich die Flossenstrahlen an.[152]

---

* Daraus muß man schließen, daß die Anatomie der Weichteile, die bei Lungenfischen und Tetrapoden so viele Ähnlichkeiten aufweist, in mancher Hinsicht auch der der Osteolepiformen ähneln muß. Leider kann man diese These nicht direkt testen, und natürlich fühlt man sich etwas unwohl mit einem Ergebnis, das so stark vom Hinzufügen oder Weglassen einer systematischen Gruppe abhängt.

Es ist nicht schwer, hier exakte Homologien zu den Vorder- bzw. Hinterextremitäten der Tetrapoden und damit auch zu unseren Armen und Beinen zu sehen. Die proximalen Elemente entsprechen dem Oberarmknochen (Humerus) oder Schenkelknochen (Femur), gefolgt von Elle und Speiche (Ulna und Radius) bzw. Schienbein und Wadenbein (Tibia und Fibula). Darauf folgen die Handgelenk- und Fußgelenkknochen, die sich an die Elle (Vorderextremität) bzw. an das Schienbein anschließen. Weiter distal wird diese schöne, exakte Homologie durchbrochen; sie läßt sich nicht von den endständigen Flossenskelettabschnitten eines devonischen Fisches bis in die distalen Fingerknochen und Zehen eines Tetrapoden (die eine vollkommen neue Erfindung sind) verfolgen. Die Ähnlichkeiten in den proximalen Teilen der Gliedmaßen sind jedoch bemerkenswert und zu vollständig, um noch als Zufall gelten oder um auf den Erhalt irgendeines gemeinsamen urtümlichen Zustandes zurückgeführt werden zu können, der bei allen anderen Gruppen verlorengegangen ist.

Man könnte der Ansicht sein, daß die Tetrapodenextremität etwas symmetrischer gebaut ist, als es nach der gerade beschriebenen Analyse aussieht; die beiden Knochen im Unterarm bzw. Unterschenkel (Ulna/Radius und Tibia/Fibula) scheinen sich in die Hand bzw. den Fuß aufzuspalten. Doch wenn wir uns die Reihenfolge der Entwicklungsschritte bei einem Tetrapodenembryo ansehen, erkennen wir deutlich, daß sich Radius und Fibula nicht aufspalten; sie sind genau wie bei den fossilen osteolepiformen Rhipidistiern verbunden.*

Alle derartigen Stammbaumanalysen fallen unter die Rubrik „frustrierend", doch wenn alles klar und einfach wäre, würde die Forschung auch nicht soviel intellektuelles Vergnügen bereiten. Um die Systematiker noch mehr zu frustrieren (oder um ihnen noch mehr Vergnügen zu bereiten) ist eine neue Frage aufgetaucht:

---

*   Es gibt noch viel mehr Ähnlichkeiten zwischen Osteolepiformen und Tetrapoden, die ausschließlich in diesen beiden Gruppen zu finden sind; so ist der Humerus beispielsweise bei beiden um seine Längsachse verdreht. Andererseits ist vor kurzem der Embryo eines australischen Lungenfisches gefunden worden, bei dem die ersten Elemente der Flossenachse gepaart statt einzeln vorlagen. Das läßt ahnen, wie sich die Osteolepiformen-Tetrapoden-Verhältnisse aus den Coelacanthini-Dipnoi-Verhältnissen entwickelt haben könnten.

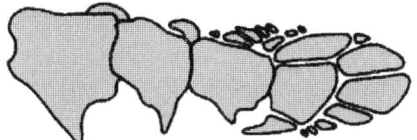

Hohlstachler *(Latimeria)*

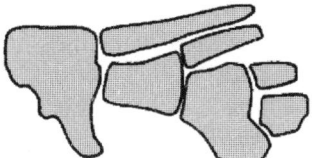

osteolepiformer Rhipistier

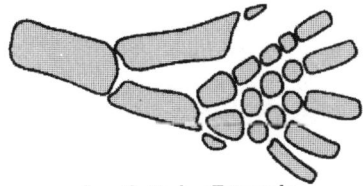

hypothetischer Tetrapode

Abb. 40: Skelett der linken Brustflosse von *Latimeria* und dem devonischen osteolepiformen *Sterropterygion* im Vergleich mit dem hypothetischen Schema einer Tetrapodenvorderextremität. Neuere Untersuchungen lassen vermuten, daß die Gliedmaßen der allerersten Amphibien mehr als fünf Finger bzw. Zehen aufwiesen.

Sind die Hohlstachler mit den Haien verwandt? Haben die Zoologen etwas übersehen? Vielleicht sind Hohlstachler letzten Endes doch keine Fleischflosser. Mit anderen Worten: Wenn wir einen oder zwei Haie zu den Wirbeltierformen gezählt haben, die wir gerade analysiert haben, kämen wir zu einem ganz anderen Ergebnis.[153]

Die Hai-Verwandtschafts-These basiert auf der Tatsache, daß moderne Quastenflosser in ihrer Weichteilanatomie und Stoffwechselphysiologie in der Tat gewisse Ähnlichkeiten mit Haien aufweisen; man denke nur an die Harnstoffretention im Blut zur Osmoregulation.*

Nur wenige Wissenschaftler unterstützen diese Ansicht, doch sie haben ihre Meinung in der Vergangenheit sehr engagiert verteidigt. Es ist leicht zu verstehen, warum jemand die „Hai-Hypothese" selbst gegen große Widerstände und bei einer hohen Irrtumswahrscheinlichkeit vertritt. Schließlich ist es der geheime Wunsch eines jeden Wissenschaftlers, eine hundert Jahre alte Meinung umzustoßen und eine neue Hypothese zu etablieren. Doch in diesem Meinungsstreit ist Hilfe in Sicht. Alle morphologischen und physiologischen Merkmale basieren letztlich auf einer Umsetzung genetischer Informationen. Wenn wir die Merkmale des genetischen Codes – durch eine detaillierte Sequenzanalyse der DNS-Moleküle in den Chromosomen und der ihnen verwandten RNS-Moleküle – direkt vergleichen könnten, bekämen wir sehr viel eindeutigeres Datenmaterial, mit dem wir weiterarbeiten könnten; davon sind zumindest die meisten Wissenschaftler überzeugt. Die Möglichkeit einer Konvergenz oder Parallelevolution wäre sicherlich auch dann noch gegeben, doch molekulare Systematik ist offensichtlich ein sehr vielversprechendes Instrument, wenn auch bei Fossilien bisher noch nicht einsetzbar.

Erste Ergebnisse der molekularen Analyse, die auf Gewebeproben des 72er Exemplares und später gefrorenem Material basierten, bieten keinen Rückhalt für die Hai-Theorie. Haie und Hohlstachler sind nur sehr entfernt miteinander verwandt. Daher müssen jedwede Ähnlichkeiten ihrer Weichteile einen beiden gemeinsamen urtümlichen Zustand widerspiegeln oder auf Parallelentwicklungen zurückgeführt werden. Die Hai-Theorie kann man zweifellos ad acta legen.

Wie vorherzusehen war, hat dieselbe molekulare Technik bei Lungenfischen, *Latimeria* und modernen Amphibien bisher keine überzeugende Lösung für das Problem der wechselseitigen Beziehungen gebracht. Fleischflosser und Tetrapoden sind eindeutig

---

*   Andere Merkmale, die zugunsten einer speziellen
Coelacanth-Hai-Beziehung herangezogen werden, beziehen sich auf die Natur des Hypophysenkomplexes im Gehirn, das Vorhandensein einer Rektaldrüse im Zusammenhang mit der Salzexkretion, eine hohe Konzentration von Trimethylaminoxid im Blut und Ähnlichkeiten im Bau der Langerhansschen Inseln im Pankreas.

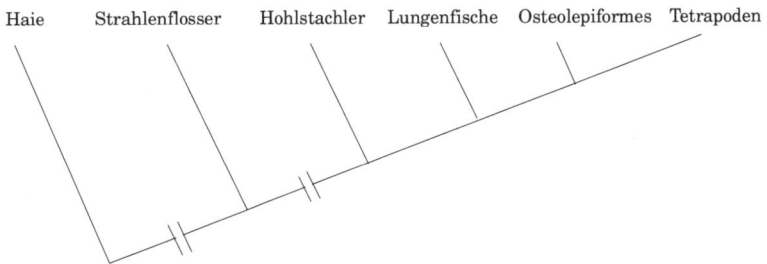

Abb. 41: Verwandtschaftliche Beziehungen zwischen Fleischflossern, Tetrapoden, Strahlenflossern und Haien.

nahe verwandt, und zwar enger, als jeder von ihnen mit Strahlenflossern oder Haien verwandt ist. Doch miteinander konkurrierende phylogenetische Schemata *innerhalb* einer Gruppe finden in den Daten jeweils fast die gleiche Unterstützung.

Da Fossilien sich nicht auf der Basis von Weichteilen und molekularen Merkmalen analysieren lassen, wird sich die Beziehung zwischen Lungenfischen, Rhipidistiern und urtümlichen Amphibien vielleicht niemals vollständig und zu jedermanns Zufriedenheit aufklären lassen, doch wenn wir alle die gleiche Meinung verträten, gäbe es nichts mehr, das man erforschen oder über das man schreiben könnte. Es scheint heute jedoch weitgehend Konsens über die Stellung der Hohlstachler (Coelacanthini) zu herrschen.

Der Ursprung der Tetrapoden

Selbst wenn *Latimeria* und alle fossilen Hohlstachler nicht eng mit den direkten Vorläufern der Tetrapoden verwandt sind, so hat dieses lebende Fossil doch dazu beigetragen, die faszinierende Frage, warum und wo sich die ersten Landtiere, zu beantworten.

Wenn vorsichtige Wissenschaftler auch stets gezögert haben, *Latimeria* als „missing link", als fehlendes Glied zwischen Fischen und Tetrapoden im direkten phylogenetischen Sinn zu bezeichnen, so haben wir doch alle gehofft, daß die Untersuchungen der Anatomie, der Physiologie und des Verhaltens dieses lebenden Fossils neue Erkenntmisse über den devonischen Ursprung der Tetrapoden aus anderen Fleischflossern liefern würden. In gewisser Hinsicht ist *Latimeria* jedoch als Meeresfisch für solche Vergleiche – besonders, was Atmung und Stoffwechsel betrifft – weniger geeignet als die modernen, im Süßwasser lebenden Lungenfische. In anderer Hinsicht – z.B. als der einzige rezente Fisch mit einem Intercranialgelenk – ist *Latimeria* vergleichend-anatomisch außerordentlich wichtig gewesen.

Die ältesten fossilen Amphibien, die wir kennen, stammen aus dem Oberen Devon. In der obersten devonischen Schicht in Ostgrönland gibt es mindestens zwei, wahrscheinlich aber drei verschiedene Amphibiengattungen: Die Fischschädellurche (Ichthyostegalia), von denen die am besten bekannte Gattung *Ichthyostega* ist. Man hat in Australien Amphibienfährten und auch einen höchst zweifelhaften Unterkiefer aus dem Oberen Devon gefunden.[154] Daher können wir den Zeitpunkt des ersten Auftretens der Amphibien begrenzen: wahrscheinlich nicht später als im Oberen Devon und nicht früher als mit Beginn des Unteren Devon (möglicherweise erst nach dem Mittleren Devon).

Zu diesem Zeitpunkt entstanden zwar eine Reihe unterschiedlicher Fleischflosser, insgesamt fand aber eine nur mäßige Zunahme der Artenzahl statt. Nach konservativen Schätzungen kennen wir aus dem Devon 25–30 Lungenfischgattungen und etwa genauso viele Gattungen osteolepiformer Fische: die Hohlstachler wiesen nur etwa 15 Gattungen auf. Die Osteolepiformen und die Lungenfische waren damals bereits ins Süßwasser eingedrungen und besiedelten viele verschiedene Lebensräume, rein marine Gebiete wie Küstenriffe und Lagunen über Brackwasserregionen in den Mündungsgebieten großer Flüsse bis zu Süßwasser-Teichen, Seen und Flüssen. Rhipidistier und Lungenfische waren in

Abb. 42: Modell des am vollständigsten erhaltenen Amphibs aus dem Oberen Devon, *Ichthyostega*, aus Grönland. Nach Jarvik.

diesen urzeitlichen Biotopen die dominanten Räubergruppen; sie fraßen Fische, Gliedertiere, Weichtiere und wahrscheinlich jede Form tierischen Lebens, das im Wasser zu finden war. Dabei gab es zwei verschiedene Freßmechanismen: Die Lungenfische benutzten massive Zahnplatten, um ihre hartschalige oder gepanzerte Beute zu zermalmen. Die meisten anderen Fleischflosser bewahrten sich ein Intercranialgelenk und packten ihre Beute mit einer Reihe scharfer Zähne als Ganzes. Die Lungenfische lebten am Boden und streiften auf der Suche nach Gliedertieren und Muscheln umher. Die anderen Fleischflosser ernährten sich vorwiegend von Fischen, obwohl sie zweifellos auch Gliedertiere und weiche Wirbellose verzehrten, wenn sie sie zu fassen bekamen.

Zu diesem Zeitpunkt besaßen wahrscheinlich alle Fleischflosser funktionierende, luftatmende Lungen – zumindest können wir dies für die Lungenfische und die Osteolepiformen als sicher annehmen. Lungen entwickelten sich aus paarigen Ausstülpungen des Vorderdarms in der Schlundregion und dienten als Hilfsstrukturen zur Sauerstoffaufnahme. Gewöhnlich wird die Meinung vertreten, daß Luftatmung in seichten tropischen Süßwassern große Vorteile bietet. Die Löslichkeit von Sauerstoff in Süßwasser ist gering, und in warmem Wasser noch geringer. In einem gegebenen Volumen Luft ist mindestens 20mal soviel Sauerstoff wie im gleichen Volumen Wasser. Bei Sauerstoffmangel im Wasser haben Luftatmer sicherlich eine höhere Überlebenschance. Sauerstoff ist in tropischen Süßwassertümpeln und Sümpfen oft knapp, da die hohen Temperaturen zu einer hohen Rate bakterieller Zersetzung von Pflanzen und anderem organischen Material führen; der Sauerstoff wird dann von den Bakterien verbraucht, und andere Lebewesen im Wasser drohen zu ersticken.[155]

Es ist oft vermutet worden, daß sich Lungen im Süßwasser entwickelt haben, weil moderne Fische mit Lungen grundsätzlich Süßwasserformen sind. Meerwasser mit seiner dauernden Wellenbewegung gilt allgemein als besser durchlüftet. Doch tatsächlich ist die Löslichkeit von Sauerstoff in warmem Salzwasser sogar noch geringer als in warmem Süßwasser, und der Sauerstoffgehalt kann in marinen tropischen Tümpeln und Lagunen sehr niedrige Werte annehmen. Es ist daher keineswegs sicher, daß die Lungen nicht doch im Meer entstanden sind.[156] Sei es wie es wolle, es besteht kein Zweifel daran, daß Lungen für alle Fleischflosser, die in seichtem Wasser lebten, von Vorteil gewesen wären. Die großen kontinentalen Landmassen und ihre Küstenregionen waren im Devon so angeordnet, daß die meisten Lebensräume (Salzwasser oder Süßwasser), die von Fleischflossern bewohnt wurden, tropisch und damit heiß waren.

Tropische Lebensräume sind biologisch oft sehr produktiv; aquatische Systeme in den Tropen können jedoch starken Belastungen (Änderungen der Lebensbedingungen) durch Regen und Temperaturschwankungen ausgesetzt sein. Unter genau diesen Bedingungen drangen die frühen devonischen Fleischflosser zum ersten Mal vom Meer ins Süßwasser ein, und wegen der vorangegangenen erfolgreichen Besiedlung durch Pflanzen fanden sie dort Nahrung im Überfluß und eine Fülle neuer Lebensräume. Im Devon gab es zum ersten Mal eine voll entwickelte Süßwasserflora, eine semiterrestrische und sogar eine terrestrische Flora (zumindest in den Niederungen). Diese Floren boten ihrerseits einer neuen Fauna von Würmern, Weichtieren und Gliedertieren Schutz und Nahrung. Wir weisen heute gern auf die Bedeutung von Feuchtgebieten – Sümpfe, Marschen, Tümpel und Teiche – als Komponenten eines komplexen Ökosystems hin. Derartige Lebensräume müssen im Devon eine noch viel größere Bedeutung für die Evolution gehabt haben.

Wenn man davon ausgeht, daß Süßwasser und Brackwasser im Mündungsgebiet großer Flüsse und Küstenregionen im Devon Lebensräume mit stark schwankenden Umweltbedingungen gewesen sein müssen, warum wagten sich Fische von dort auf das noch unsicherere Land? Sie taten es gewiß nicht von heute auf morgen. Statt dessen sicherten sie sich einen Stützpunkt (und gebrauchten dabei natürlich ihre neu entwickelten Vierbeinerfüße) in semiterrestrischer Umgebung, z.B. in Marschen und im Schutz der Ufervegetation entlang der Wasserläufe. Sie pflanzten sich auch weiterhin im Wasser fort, doch da sie zumindest einen Teil ihres täglichen Lebens vom Wasser unabhängig waren, hatten sie bessere Überlebenschancen als gewöhnliche, vollständig ans Wasser gebundene Fische. Sie konnten Raubfischen aus den überbevölkerten Tümpeln in austrocknenden Wasserläufen entkommen, indem sie sich durch den Schlamm in ein neues, frisches Wasserloch schlängelten. Sie konnten sich zwischen den Wurzeln der jungen Vegetation neue Nahrungsquellen erschließen und der

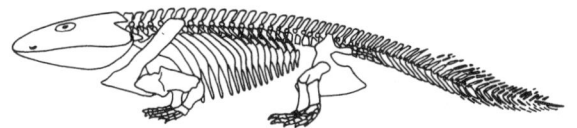

Abb: 43: Das Skelett von *Ichthyostega*. Nach Jarvik.

brütenden Hitze unter die schattenspendenden Pflanzen entfliehen. Sie konnten auf wasserlebende Beute lauern, sie packen und auf eine Sandbank ziehen, um sie dort in aller Ruhe zu verzehren, und sie konnten ihre Eier in isolierte Tümpel und Wasserlöcher legen, wo sie vor räuberischen Fischen sicher waren.

Doch wie schafften Fische das alles körperlich? Wahrscheinlich entwickelten sich die dazu notwendigen Anpassungen nicht an Land, sondern bereits in den Gewässern, die sie gerade Anstalten machten zu verlassen. *Ichthyostega*, durch seine Gliedmaßen und das Fehlen von Kiemen deutlich als Amphibium zu erkennen, sah dennoch wie ein Fisch aus. Dieser frühe Lurch behielt einen langen Schwanz zum Schwimmen, komplett mit Flossenstrahlen. Die beiden wichtigsten Anpassungen an das Landleben – Luftatmung und Tetrapodengliedmaßen – entstanden wahrscheinlich zunächst, um das Leben im Wasser zu erleichtern. Erst später stellte sich heraus, daß Lungen und Gliedmaßen an Land noch viel nützlicher waren. Die Luftatmung entwickelte sich, wie wir bereits besprochen haben, als Hilfseinrichtung zum Atmen bei Sauerstoffmangel im Wasser. Der Fisch brauchte jedoch Wasser, um Kohlendioxid auszuscheiden; das erforderte eine ständig feuchte Haut.

Die Tetrapodenextremitäten begannen sich auf der Basis der paarigen Fleischflossen zu bilden. Wie wir gesehen haben, besitzt eine Fleischflosse eine kräftige Muskulatur und eine massive knöcherne Achse, an der die Flossenstrahlen ansetzen. Solch eine Flosse ist sehr beweglich und diente zunächst komplexen Schwimmbewegungen, besonders beim langsamen Schwimmen oder wenn der Fisch auf der Stelle verharrte, um Beute aufzulauern – vielleicht ganz so, wie es *Latimeria* noch heute tut, oder wie bei *Neoceratodus*, der am Boden nach Beute sucht. In seichtem Wasser waren die muskulösen, gestielten Flossen auch dazu geeignet, den Fisch vom Boden abzustoßen, um die Fortbewegung zu erleichtern. Langgestreckte Fleischflosser konnten sich wie ein

Aal an Land vorwärtsschlängeln, doch kurze oder steifere Formen benötigten zur Bewegung auch die paarigen Flossen.

Möglicherweise lag die Hauptfunktion der paarigen Flossen zunächst jedoch gar nicht so sehr in der Fortbewegung, sondern stand mit der Atmung in Verbindung. In tiefem Wasser kann ein Fisch wie ein Lungenfisch zur Oberfläche schwimmen und dort fast senkrecht hängen, um einige Züge lang Luft zu schnappen.[157] In seichtem Wasser muß er den Vorderkörper jedoch biegen. Wenn das Wasser so flach ist, daß der Vorderkörper des Fisches teilweise aus dem Wasser ragt, beginnt er, schwer zu werden. Dann verhindern die Flossen, die den Vorderkörper unterstützen, daß das Gewicht des Körpers auf die Lungen drückt und die Ventilation behindert.

Gleich zu Beginn des Überganges von einer aquatischen zu einer terrestrischen Funktion der paarigen Gliedmaßen haben Vorder- und Hinterextremitäten daher wahrscheinlich verschiedene Aufgaben gehabt. Die Vorderextremitäten dienten hauptsächlich dazu, den Körper zu unterstützen und den Fisch aufzurichten. Die Hinterextremitäten arbeiteten bei seitlichen Körperbewegungen als Hebel, die nach hinten gegen den Untergrund drückten, um die Fortbewegung zu unterstützen. Die Vordergliedmaßen waren zuerst nur teilweise an der Fortbewegung beteiligt, und der funktionelle Unterschied zwischen Vorder- und Hinterextremitäten ist in der entgegengesetzten Beugung von Ellenbogen- und Kniegelenken dauerhaft belegt. Das Ellenbogengelenk beugt sich nach hinten, so daß die „Hand" nach vorne unter die „Brust" gebracht wird, um das Gewicht des Vorderkörpers zu tragen. Das

Abb. 44: Die ersten Prototetrapoden benutzten ihre Vorder- und Hinterextremitäten auf unterschiedliche Weise. Eine Hauptfunktion der „Arme" war es, das Gewicht des Kopfes und des Rumpfes zu tragen.

Kniegelenk biegt sich hingegen nach vorn. (Dieser funktionelle Unterschied hat bei allen Tetrapoden insofern bis heute überdauert, als die Vorderextremitäten mehr Gewicht tragen als die Hinterextremitäten. Sie können das testen, indem Sie einen Hund gleichzeitig auf zwei Waagen stellen: Das Gewicht, das die Waage anzeigt, auf der die Vorderbeine stehen, ist um ca. 50 Prozent höher als das Gewicht, das die hintere Waage anzeigt.)

Bei der Fortbewegung von Tetrapoden arbeiten die beiden Extremitätenpaare unterschiedlich. Die Vorderbeine strecken sich nach vorn und *ziehen* den Untergrund nach hinten (bzw. den Körper nach vorn). Die Hinterbeine werden durch Beugen des Kniegelenks hochgezogen und *stoßen* sich dann ab. Darin spiegelt sich wiederum der ursprüngliche funktionelle Unterschied zwischen dem vorderen und dem hinteren Flossenpaar wider, das während des Fisch-Vierbeiner-Übergangs bei der Atmung halfen bzw. die Fortbewegung unterstützten.

Vergleicht man die Schädel der ersten Amphibien und der osteolepiformen Fleischflosser, so stellt man sofort fest, daß die grundsätzliche Anordnung der Hautknochen identisch ist. Der Unterschied liegt darin, daß Fische über Kiemendeckel und einen Kiemenapparat verfügen, die am Kopf befestigt sind, *Ichthyostega* aber nicht. Doch während die Anordnung der Knochen ähnlich ist, sind die Kopfproportionen verschieden, und alle Amphibien haben das Intercranialgelenk verloren. Der Fisch-Tetrapoden-Übergang ist anscheinend durch eine relative Verlängerung des vorderen Schädelanteils (vor dem Intercranialgelenk) gekennzeichnet, so daß der Kopf krokodilähnlicher wurde. Das ist eine Anpassung, wie sie für einen fischfressenden Räuber typisch ist, und läßt vermuten, daß sich die fleischflossigen Osteolepiformen primär omnivor (allesfressend) ernährten und der Übergang zu einem amphibischen Leben eine Spezialisierung auf Fischnahrung mit sich brachte. Eine einfache geometrische Analyse des Intercranialgelenks zeigt, daß man die Proportionen des Schädels nur innerhalb gewisser Grenzen ändern kann, wenn der Gelenkmechanismus nicht seine Funktion verlieren soll. Keiner der osteolepiformen Rhipidistier scheint diese Grenze überschritten zu haben, doch die ersten Amphibien taten es. Man findet bei *Ichthyostega* ein Überbleibsel des Gelenks an genau der richtigen Stelle in Form einer Naht über der Schädelkapsel, die uns bestätigt, daß ihre Vorfahren Fleischflosser waren.

Als sich die ersten Amphibien weiter und länger aus dem Wasser wagten, wurde das Gewicht zu einem echten Problem. Das Rückgrat wandelte sich von einem Widerlager, das eine Verkürzung des Körpers durch Kontraktion der Rumpfmuskulatur beim Schwimmen verhindern sollte, in einen Tragbalken um, an dem die Eingeweide aufgehängt waren. Das Rückgrat und der Brustkorb wurden zu äußerst wichtigen Teilen des Skeletts. Bei *Ichthyostega* sind die Rippen sehr groß und überlappen teilweise; sie bilden einen festen Kasten, der verhindert, daß die Lungen unter dem Gewicht des Körpers kollabieren. Bei den späteren Tetrapoden, die das Körpergewicht auf den Vorderbeinen trugen, ist der Brustkorb leichter gebaut. Es ist unwahrscheinlich, daß sich ein solch massiver Brustkorb beim Atmen ausdehnen und zusammenziehen konnte – aber wie wurden die Lungen dann be- und entlüftet? Möglicherweise haben die ersten Amphibien wie moderne Frösche geatmet, indem sie Luft durch das Maul in die Lungen hineinpumpten oder indem sie die Leber und andere innere Organe wie Alligatoren als Pumpenkolben benutzten, den sie in der Bauchhöhle auf- und abbewegten.

Während die Atmung kein besonders großes Problem für die Fisch-Tetrapoden-Umwandlung darstellte, sondern lediglich einen Übergang von dem dualen Luft-Wasser-Atmungssystem auf ein nur luftatmendes System verlangte, muß der Wasserverlust für die ersten Tetrapoden ein dauerndes Handicap gewesen sein. Aller Wahrscheinlichkeit nach entfernten sie sich nicht allzu weit vom Wasser, und sicherlich haben sie sich im Wasser fortgepflanzt und sich dort um ihre Eier und Jungen gekümmert. Doch in heißen tropischen Lebensräumen müssen die ersten Amphibien ständig Gefahr gelaufen sein auszutrocknen, wenn sie sich nicht dauernd im Schutz feuchter Vegetation aufgehalten haben. Selbst dann stellten Kohlendioxidabgabe und Ammoniakausscheidung sicherlich ein Problem dar. Auch an diesem Punkt kam ihnen vielleicht die (Prä)adaptation von Fischen zustatten. Wir haben besprochen, daß Lungenfische die Fähigkeit haben, in ihrer Leber Harnstoff zu synthetisieren, um Ammoniak unschädlich zu machen und um Wasser zu sparen. Alle Fleischflosser benutzen diese Technik, die ihnen erlaubt, sowohl im Salz- als auch im Süßwasser zu überleben. Wir dürfen vermuten, daß auch die ersten Tetrapoden als Nachkommen ihrer fleischflossigen Vorfahren über diese Fähig-

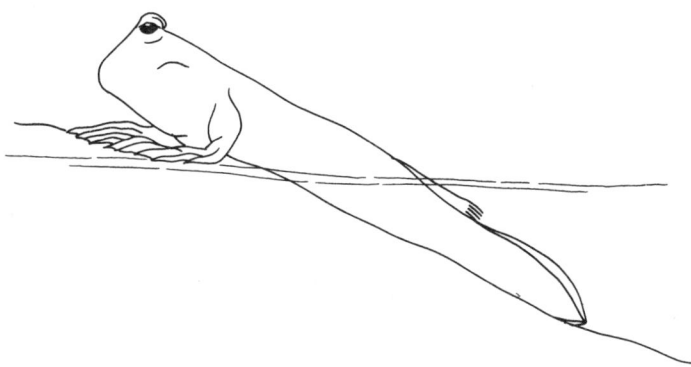

Abb. 45: Der tropische Schlammspringer *Periophthalmus* ist ein hochentwickelter Strahlenflosser, dessen „Beine" sich aus umgewandelten Bauchflossen gebildet haben.

keit verfügten. Tatsächlich muß es an dieser Stelle zu einer interessanten Aufzweigung gekommen sein. Die ersten Amphibien benutzten ihre Fähigkeit zur Urotelie, um terrestrische Lebensräume zu erkunden, während die Lungenfische versuchten, gerade diese terrestrischen Verhältnisse zu meiden: Sie benutzten die Urotelie, um sich im Schlamm zu verbergen und auf das Ende der Trockenzeit zu warten.

Das führt uns zu der Frage: Lebten die ersten Amphibien nur in Süßwasserbiotopen? Oder bevölkerten sie auch die nährstofffreichen Küstenlagunen und Marschen des Oberen Devon? Wir kennen die Antwort nicht. Die wenigen fossilen Amphibien, die man bisher gefunden hat, stammen aus Süßwasserablagerungen, doch es ist durchaus möglich, daß diese ersten Tetrapoden physiologische Anpassungen hatten, die ihnen ein Überleben im Süßwasser wie im Salzwasser ermöglichten. Falls sich Amphibien nicht zweimal parallel entwickelt haben, müssen sie eine gewisse Toleranz gegenüber Meerwasser gehabt haben, denn die beiden Gebiete, in denen fossile Amphibien aus dem Devon gefunden worden sind – sie liegen in Grönland und Australien (wenn die Identifikationen richtig sind) -, waren im Devon durch breite Meeresarme voneinander getrennt.

11 Populationsgröße, Schutz und die Zukunft von *Latimeria*

… sinnloses Gemetzel.
J. L. B. Smith

Wissenschaft kann einen gelegentlich auf die Palme treiben, weil man die Informationen niemals in der richtigen Reihenfolge bekommt. Oft erfährt man die ausgefallensten Details vor den wirklich grundlegenden Tatsachen. Manchmal verliert ein Thema dadurch jede Verhältnismäßigkeit. Beispielsweise wurden Radioaktivität und Röntgenstrahlen lange Zeit ganz nebenbei untersucht, bevor es den Wissenschaftlern dämmerte, daß diese Phänomene extrem gefährlich sind; dasselbe gilt für Fluorchlorkohlenwasserstoffe (FCKW). Nitroglycerin dagegen wurde schon lange als Explosivstoff benutzt, bevor es als wertvolles Herzmedikament entdeckt wurde.

Im Fall von *Latimeria chalumnae* haben sich Wissenschaftler Exemplare verschafft, indem sie den comorianischen Fischern Prämien für jeden Fang anboten, ohne die leiseste Ahnung davon zu haben, wieviel Fische es im Indischen Ozean überhaupt gibt. Wenn es Hunderttausende von Individuen sind, dann spielen ein paar Fänge pro Jahr natürlich keine Rolle. Wenn es aber nur Hunderte sind, dann können „ein paar" schnell zu einer gefährlich großen Anzahl werden. Wir haben viele wichtige Gründe für das Bestreben, die Populationsgröße von *Latimeria* kennenzulernen; vordringlich ist es jedoch, zu erforschen, ob wir den Fisch durch die gegenwärtige Befischung zu wissenschaftlichen Zwecken in die Ausrottung treiben.

Populationsgröße

Niemand glaubt, daß es eine große Anzahl von Comoren-Quasten-flossern gibt. Von einer lebenden Fossilart nimmt man schon von vornherein an, daß sie selten ist, besonders, wenn ihr Verbreitungsgebiet so begrenzt zu sein scheint wie bei *Latimeria*. Smith hat immer vermutet, daß es nur „einige Hundert" Tiere seien. Die optimistischste Schätzung kommt von Dr. John McCosker, Direktor des Steinhart-Aquariums in San Francisco: „Niemand weiß, wie viele Quastenflosser es gibt, doch es müssen schon nicht ganz wenige sein. Ich schätze, daß in modernen Zeiten zwischen 200 und 400 Quastenflosser auf den Comoren gefangen worden sind."[158] Niemand fühlt sich allerdings so ganz wohl mit „nicht ganz wenige" als bester Schätzung, auch McCosker nicht.

Ohne direkte Informationen über die Populationsgröße müssen wir mit den unvollständigen Angaben über die Fangratebeginnen. Fast jeder, der im Lauf der Jahre über Quastenflosser geschrieben hat, hat sich auf eine Fangrate von 3–5 Exemplaren pro Jahr bezogen. Das mag vielleicht für den Zeitraum von 1952 (erster Quastenflosserfang auf den Comoren) bis 1972 gestimmt haben, für den die französische Arbeitsgruppe ihre Fangstatistik aufstellte: 65 Fische in 20 Jahren oder durchschnittlich 3,25 Exemplare pro Jahr. Doch die meisten Autoritäten schätzen, daß die Zahl der gefangenen Quastenflosser sich bis heute auf ca 200 Tiere erhöht hat. Daher sind in den letzten 18 Jahren vermutlich 135 Fische gefangen worden – etwa 7,5 Exemplare pro Jahr. Die Fangrate hat sich also mindestens verdoppelt. McCosker gibt eine höhere Gesamtsumme von 400 Fängen seit 1952 an; wenn wir 100 Exemplare für die ersten 20 Jahre und 300 Tiere für die folgenden 18 Jahre annehmen, kämen wir sogar auf eine Verdreifachung der Fangquote. Natürlich fürchten Wissenschaftler die Folgen eines solchen wachsenden Drucks auf die Population.

Man darf sicher davon ausgehen, daß die Fangrate größtenteils vom Einsatz der Fischer abhängt: Gesteigerte Anstrengungen bringen höhere Erfolgsraten, doch in welchem Verhältnis beide Parameter zueinander stehen, wissen wir nicht. Falls eine Verdopplung des Einsatzes zu einer vollen Verdopplung der Fangrate führt, können wir davon ausgehen, daß die Fangrate selbst die Populationsgröße nicht beeinflußt. Falls die Fänge bei doppeltem

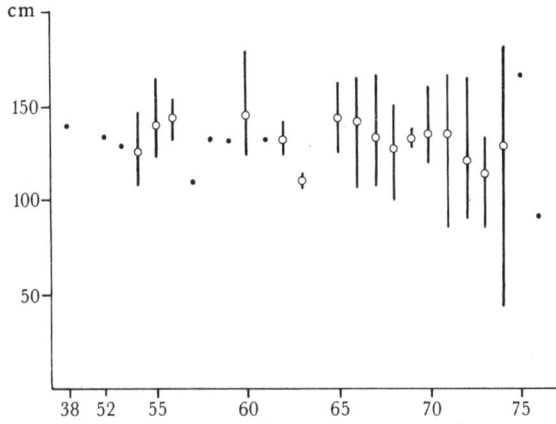

Abb. 46: Die Spannbreite der Größen von Comoren-Quastenflossern, die zwischen 1938 und 1976 gefangen wurden. Punkte zeigen Einzelfänge, Kreise den Jahresdurchschnitt an. Daten nach Millot, Anthony, Robinau und McCosker.

Einsatz nur um ein Viertel steigen, müssen wir schließen, daß die Befischung die Populationgröße dezimiert (oder zumindest den Anteil an Quastenflossern, die sich ködern lassen). Aus diesem Grund wäre es wünschenswert zu wissen, welche Fangquote die Fischer vor 1952 hatten, als sie die Fische noch als wertlos verwarfen. Die beste Schätzung ist momentan, daß die Fangrate von *Latimeria* vor 1952 durchschnittlich bei 1–2 Exemplaren pro Jahr lag, zwischen 1952 und 1972 auf 3–5 Exemplare pro Jahr stieg und daß heute mindestens 6–7 Tiere pro Jahr gefangen werden.

Falls die Befischung die Anzahl der Tiere in der Population verringert hat, sollten wir erwarten, daß das durchschnittliche Alter (und die durchschnittliche Größe) der gefangenen Exemplare langsam abnimmt. In ihrer Übersicht bis 1971 entnahmen Millot, Anthony und Robineau aus den vorliegenden Daten, daß die Durchschnittsgröße der gefangenen Exemplare seit 1938 nicht abgenommen hat. Bis 1971 war das kleinste gefangene Exemplar 58 cm lang. Millot, Anthony und Robineau schlossen daraus, daß die damals üblichen primitiven Fangmethoden und eine Fangrate von 3–5 Fischen pro Jahr keine Gefahr für den Bestand darstellten. Doch die Verhältnisse haben sich geändert. Die Befischung hat sich verstärkt, und moderne Gerätschaften, wie Fiberglasboote mit Außenbordmotoren, kommen immer öfter zum Einsatz. In letzter Zeit hat man neben größeren auch kleinere Exemplare gefangen. Von den 65 Fängen zwischen 1938 und 1972 war nur ein Tier kürzer als 100 cm (1,5%); von den 70 Fängen zwischen 1972 und 1977 lagen fünf Tiere unter dieser Marke (30%).[159] Im Jahre 1973 wurde das erste offensichtliche Jungtier gefangen; es maß nur 43 cm. Während sich die durchschnittliche Größe der Fische kaum geändert hat, hat die Spannbreite (Differenz zwischen dem größten und dem kleinsten Wert) deutlich zugenommen.

Macht man sich die Störanfälligkeit der Fortpflanzung bei Lebendgebärern klar, so sollte man bei den Fängen jede Veränderung im Verhältnis der Geschlechter mit Sorge registrieren. Bis 1972 waren von 44 Fischen, deren Geschlecht bestimmt wurde, 25 Männchen und 19 Weibchen (und nur sehr wenige der Weibchen waren trächtig). Von den 14 Fischen zwischen 1972 und 1977, deren Geschlecht zuverlässig bekannt ist, waren sieben Weibchen und sieben Männchen. Diese Stichproben sind klein, doch die Veränderungen, die sich darin andeuten, könnten bedeutsam sein. Wir benötigen dringend die Fangdaten seit 1977.

Die größten bisher gefangenen Exemplare sind alle Weibchen. Weil nur eines der ersten sieben Tiere ein Weibchen war (das Geschlecht des allerersten Exemplars konnte niemals mit Sicherheit festgestellt werden), dachte Smith zunächst, Männchen und Weibchen hätten verschiedene Verbreitungsgebiete. Er vermutete, daß die Weibchen in größeren Tiefen lebten und nur die Männchen sich nachts näher an die Oberfläche heraufwagten. Das läßt sich bisher statistisch nicht belegen, doch es ist immerhin möglich, daß die comorianischen Fischer, die bis dato bereits über Jahrzehnte regelmäßig nach Quastenflossern fischen, heute einen anderen Teil der Population anködern als früher. Daraus könnte auch der höhere Prozentsatz an Weibchen und kleineren Fischen in den jüngsten Fängen resultieren. All das unterstreicht nochmals die Notwendigkeit, direkt gewonnene Daten über die Populationsgröße von *Latimeria* zu gewinnen.

Da die Fische ein beträchtliches Alter erreichen können, haben sich die Quastenflosserfänge zwischen 1952 und 1990 vielleicht in der Populationsstatistik noch gar nicht voll ausgewirkt.

Nach allen Schätzungen hat sich der Druck auf die Population(en) von *Latimeria* im Lauf der Jahre erhöht. Neben dem offiziellen Markt für den Fisch gibt es auch einen florierenden Schwarzmarkt. In dem Maße, wie die Armut auf den Comoren zunimmt, wird auch der Druck auf den Quastenflosser zunehmen. Die größte Schwierigkeit bei der Einschätzung der heutigen Situation liegt darin, daß seit dem französischen Reviewartikel von 1971 keine vollständige Datensammlung mehr über Anzahl der Fänge, Größe, Fangtiefe und Fangort geführt worden ist. Daher sind Unterwasserzählungen, die uns einen Überblick über die Populationsgröße von *Latimeria* geben könnten, *dringend* notwendig. Interessanterweise scheint das Fleckenmuster auf der Haut der Fische individuell ganz verschieden zu sein. Man könnte dieses Merkmal benutzen, um einzelne Tiere bei Unterwasserbeobachtungen wiederzuerkennen, genau so, wie sich Wale an Narben auf ihrer Schwanzflosse identifizieren lassen. Eine Art „Volkszählung„ unter Wasser erscheint durchaus möglich, wenn für dieses Vorhaben zur Bestimmung der Populationsgröße nur genügend Zeit zur Verfügung stünde.

Schutz

Der erste, der sich über den Schutzstatus von *Latimeria* Sorgen gemacht hat, ist anscheinend niemand anders als J. L. B. Smith gewesen. Er erkannte, daß infolge der ersten Lebendbeobachtung (Exemplar Nummer 8, s. Kapitel 4) eine intensive Nachfrage nach mehr Fängen entstehen würde, und das beunruhigte ihn tief. Er wetterte gegen die „sinnlose Schlächterei" der comorianischen Fischer und klagte, daß die offerierten Belohnungen die Situation nur verschärften.[160] Das birgt natürlich eine gewisse Ironie, da er es war, der diese Prämien eingeführt hatte. Doch Smith meinte, genug sei genug, wir hätten unser Hauptziel erreicht, und nun sollte man die Fischer nicht länger ermutigen, Quastenflosser zu fangen, da die gesamte Population vielleicht nur „ein paar Hundert" Exemplare umfasse. Das war 1956.

Seit damals ist dieses Thema kontrovers diskutiert worden. Millot und Anthony haben z.B. im Lichte der neuen Erkenntnisse zum Fortpflanzungsverhalten von *Latimeria* eine Fangpause zu bestimmten Jahreszeiten vorgeschlagen. In den letzten Jahren ist die Frage nach dem Bestandsschutz mehr und mehr ins Zentrum der Diskussion um *Latimeria* gerückt – teilweise auch deshalb, weil Frickes erfolgreiche Tauchfahrt, auf der er Quastenflosser finden und in ihrem Lebensraum beobachten konnte, gänzlich neue technische Möglichkeiten für den Lebendfang von *Latimeria* eröffnet hat.

Grundsätzlich prallen bei der Schutzfrage zwei entgegenge-setzte Ansichten diametral aufeinander. Die Bestandsschützer, von denen Fricke einer der engagiertesten Vertreter ist, meinen, daß die Befischung wegen der Gefahr, die sie für die Population darstellt, zurückgehen oder, besser noch, ganz unterbunden wer-den sollte. Fricke und Dr. M. Burton vom J. L. B. Smith-Institute würden *Latimeria* gern in einem comorianischen Quastenflosser-Nationalpark geschützt sehen. Eine ganz andere Ansicht vertritt wiederum Dr. John McCosker, der den Bestand der Population optimistischer einschätzt und meint, daß es „keinen Grund dafür gibt, Comoren-Quastenflosser als gefährdete Art anzusehen, bevor man einen realistischen Überblick [über den Bestand] gewonnen hat. Wir haben noch nicht einmal die Gewässer rund um Mosam-bik untersucht, wo sie möglicherweise ebenfalls vorkommen."[161] Gegenwärtig wird *Latimeria chalumnae* nicht auf der Internatio-nalen Roten Liste als gefährdete Art geführt, doch in letzter Zeit hat es in dieser Richtung gewisse Fortschritte gegeben. *Latimeria* stand früher unter Anhang II des Washingtoner Artenschutzab-kommens, d.h., es ist erkannt worden, daß der Handel mit dem Fisch das Überleben der Art bedroht. Doch das ist ein schwacher Schutzstatus, nicht genug, um den Fisch gegen starken und lukra-tiven illegalen Handel zu schützen. Kürzlich wurde *Latimerias* Schutzstatus revidiert; der Fisch steht jetzt unter Anhang I, der jedweden Handel verbietet. Das ist ein großer Fortschritt und das Verdienst einer neuen internationalen Organisation, des Coel-acanth Conservation Council/Conseil pour la Conservation du Coelacanth, einer Gruppe, die sich speziell zu dem Ziel zusammen-gefunden hat, Quastenflosser zu schützen und sie auf die offizielle Liste der gefährdeten Tiere zu bringen.

Es gibt inzwischen Bemühungen, die Aktivitäten der örtlichen Fischer weg von den Quastenflossern und damit von den Tiefsee-fischen und hin zu einer stärker pelagischen, oberflächennahen Fischerei zu lenken; einige sehr vage, aber dennoch ermutigende

Hinweise sprechen in neuester Zeit dafür, daß die Fangquote im Jahre 1990 abgenommen haben könnte.

Jedermann, denke ich, wird zustimmen, daß wir dringend eine fundierte Zählung der Population brauchen, doch niemand hat sich bisher bereitgefunden, es zu tun. Aber was sollen wir in der Zwischenzeit machen – ohne zuverlässige Daten? Im Hinblick auf all die Ungewißheiten über den Bestand von *Latimeria chalumnae* müssen meines Erachtens Wissenschaftler eine Vorreiterrolle dabei übernehmen, den klügsten und vorsichtigsten Weg einzuschlagen – das heißt insbesondere, so wenige neue Exemplare wie möglich zu *fangen* und sich statt dessen auf *Lebendbeobachtungen* zu konzentrieren (in der Hoffnung, daß der Einsatz von Unterseebooten die Quastenflosser nicht stört und nicht zu einem Zusammenbruch der Population führt). Auch wenn möglicherweise noch andere Populationen existieren (wahrscheinlich nicht vor Mosambik), *sollte die Befischung vor den Comoren aufhören*, einschließlich des Fischfangs durch Wissenschaftler und zu wissenschaftlichen Zwecken.

Ironischerweise ist gerade das bisherige wissenschaftliche Interesse an *Latimeria* zu einer Gefahr für den Bestand der Art geworden. Wissenschaftliche Institutionen, die eigentlich besonders sensibel auf derartige Probleme reagieren sollten, stellen noch immer die Hauptabnehmer für – gewöhnlich gefrorene – Quastenflosser dar. Der kürzlich erfolgte Eintritt von Japan in die Quastenflosserforschung hat den Druck auf die Population nochmals erhöht. Soweit ich es überblicke, gibt es jedoch keine wissenschaftliche Rechtfertigung für weiteres unkoordiniertes Töten und Fangen von Quastenflossern. Viele Fragen zur Biologie von *Latimeria* sind bisher offen geblieben, Fragen, die nur mit fachkundig präparierten, frischen Gewebeproben gelöst werden können. Nur derartige Gewebeproben könnten z.B. zeigen, ob sich im Rostralorgan elektrorezeptive Zellen nachweisen lassen. Um diese Fragen zu lösen, sollten Wissenschaftler wieder einmal ihre Forschungsarbeiten koordinieren, wie wir es 1966 und 1972 getan haben; dann würden ein oder vielleicht zwei frischgefangene Exemplare ausreichen. Es besteht wirklich kein Bedarf an weiteren formalinfixierten Exemplaren zu Ausstellungszwecken. Die Museen der Welt besitzen bereits genug davon. Allein das Muséum Nationale d'Histoire Naturelle in Paris verfügt über wenigstens 20 Exemplare.

Wenn man sich zudem die wissenschaftlichen Ergebnisse ansieht, die die letzten Quastenflosser-Erwerbungen von japanischen und amerikanischen Institutionen gebracht haben, so hat sich außer einigen Daten zur molekularen Systematik nicht viel Neues ergeben. Vom Einsatz eines Computertomographen bei gefrorenen Exemplaren zur Gewinnung anatomischer Daten wurde z.B. viel Aufhebens gemacht. Doch der Quastenflosser-Embryo, der nach San Francisco gesandt wurde, ist noch nicht vollständig geschnitten worden; sobald alle Serienschnitte vorliegen, werden sie die ausführlichsten anatomischen Details liefern, die man sich nur wünschen kann.

Falls, wie ich glaube, ein bis zwei frische Exemplare, in Kooperation bearbeitet, die Nachfrage nach Gewebeproben für lange Zeit befriedigen dürften, könnten sich weitere Arbeiten an *Latimeria* auf Zählungen und andere schonende Beobachtungen konzentrieren – mit Hilfe von Unterseebooten oder, was in manchen Fällen vielleicht noch effektiver wäre, mit fest installierten Kameras. Es warten noch eine Menge faszinierende Arbeiten und aufregende Ergebnisse auf uns. Es wäre z.B. außerordentlich nützlich, *Latimeria* beim Fressen zu filmen; vermutlich wird uns das in nächster Zukunft gelingen. Beobachtungen des Paarungsverhaltens und anderer Aspekte der Fortpflanzungsbiologie werden wahrscheinlich mehr Zeit in Anspruch nehmen und einiges Glück erfordern. Die vielleicht dringlichsten Aufgaben sind die Erforschung des Lebensraumes von *Latimeria*, was Meerestiefe und geographische Verbreitung angeht, und der Populationsgröße. Das erfordert eine weitere Erforschung der Comoren und ähnlicher Habitate auf benachbarten Inselgruppen. Kenntnisse der geographischen Verbreitung und der Populationsgröße sind vordringlich, wenn eine mögliche Ausrottung von *Latimeria* verhindert werden soll.

Dieser Notwendigkeit zur Zurückhaltung beim Fang von Quastenflossern steht der natürliche Wunsch der Comorianer entgegen, ihre wenigen natürlichen Aktivposten zu Geld zu machen. Es wäre schon viel getan, wenn wissenschaftliche Organisationen und Einzelpersonen, die darauf aus sind, einen Quastenflosser zu besitzen, freiwillig Verzicht üben würden. Die Situation ist wohl durch die Praxis, erfolgreiche Fischer zu belohnen, noch schwieriger geworden. In der Vergangenheit waren es nicht nur Geldprämien, sondern die Steinhart-Aquarium-Expedition, die die Comoren 1975 besuchte, versprach zusätzlich eine Rundreise mit zweiwöchigem Aufenthalt in Mekka. „Das war damals für viele Fischer ein großer Anreiz", meinte ihr Leiter![162] Doch selbst wenn man keine Prämien mehr zahlte und der Schwarzmarkt kontrolliert würde, werden die comorianischen Fischer ohne ein Fischereiverbot auch weiterhin unbeabsichtigt Quastenflosser fangen, wie sie es in all den Jahren immer getan haben. Das bedeutet, daß wir nicht nur ein Verbot der *Latimeria*-Fischerei, sondern auch der *Ruvettus*-Fischerei bräuchten. Zumindest sollten die Comorianer nicht durch Prämien oder durch für die Ölfisch- und Quastenflosser-Fischerei bestimmte Fiberglasboote dazu ermutigt werden, die Fangquote möglichst noch zu erhöhen. Wenn man die Armut der Comoren an fruchtbarem Boden und den allgemeinen wirtschaftlichen Mangel bedenkt, so mag das schwierig erscheinen, doch man könnte damit beginnen, das als Prämien vorgesehene Geld als allgemeine Unterstützung auszuzahlen.

Aber noch andere Kräfte spielen auf dem Quastenflosser-Markt eine Rolle. Wenn sich die treibende Kraft bei der Suche nach *Latimeria* (wie es vielleicht bereits der Fall ist) auf Institutionen verlagert, denen es grundsätzlich darum geht, durch Zurschaustellen eines lebenden Quastenflossers Geld zu machen, oder auf Einzelpersonen, deren Ziel es ist, als der „Forscher" berühmt zu werden, der als erster einen lebenden Quastenflosser zurückbrachte, dann wird das Risiko für die Population(en) steigen, und zwar schnell. Es ist sogar zu befürchten, daß sich die Bereitwilligkeit der comoranischen Regierung, die Erlaubnis für solche „wissenschaftlichen Unternehmungen" zu geben, bei einem Handels- und Fischverbot für *Latimeria* noch steigern würde.

Von einigen interessanten Ausnahmen abgesehen, fallen die meisten Forschungsarbeiten an *Latimeria*, die noch zu erledigen sind, in die Kategorie „langweilige Routinearbeiten" (wie z.B. die mühsame Darstellung von Variationsbreiten), und da alle wichtigen Entdeckungen bereits gemacht worden sind, werden Glanz und Ruhm (und daher auch die potentielle finanziellen Unterstützung) dessen, was noch zu entdecken bleibt, unweigerlich abnehmen. Man muß kein Zyniker, sondern nur Realist sein, um zu erkennen, daß das wiederum den Zwang vergrößert, etwas noch Sensationelleres zu vollbringen.

Leider bleibt noch ein potentiell publikumswirksames Unternehmen übrig: der Fang eines lebenden Exemplares, das für wissenschaftliche Untersuchungen und kommerzielle Schaustellungen möglichst lang am Leben erhalten werden soll. Und genau hier scheiden sich die Geister. Von der technischen Seite her ist das Unternehmen wahrscheinlich durchführbar. Ursprünglich schien die Vitalität lebend gefangener Exemplare, die ans Boot gebunden und so an den Strand gezogen wurden, anzudeuten, daß *Latimeria* rauhe Behandlung überleben kann. Diese Ansicht wurde wohl noch durch Smiths Übertreibung der Geschichte des ersten Exemplars unterstützt, das „bösartig und heftig nach verschiedenen Händen schnappte". In den Jahren 1954 und 1972 überlebten Exemplare mehrere Stunden in einem halbtoten Zustand. Verschiedene Gruppen, angefangen mit dem ursprünglichen französischen Forscherteam, hatten geplant, einen Fisch, der von einem Fischer lebend an den Strand gebracht würde, in einen Käfig zu überführen und ihn dann wieder in die richtige Tiefe abzusenken. Hier sollte sich der Fisch theoretisch von den Fangfolgen und allen Problemen mit Druck- oder Temperaturänderungen erholen und anschließend entweder an Ort und Stelle von Tauchern mit Kameras studiert oder langsam wieder an die Oberfläche gebracht und unter kontrollierten Bedingungen gehalten werden. Gegen den Erfolg eines solchen Unternehmens sprechen allerdings unsere wachsenden Kenntnisse um die Physiologie von *Latimeria*. Vermutlich sind die Energiereserven eines Tieres nämlich rasch aufgebraucht; ein erschöpfter, entkräfteter Fisch, der wie oben vorgeschlagen behandelt wird, überlebt vielleicht noch mehrere Stunden, bevor er stirbt, wird sich aber wahrscheinlich nicht wieder erholen.

Neben dem durch den Fang verursachten Trauma sind es in jedem Fall noch drei Faktoren, die es schwierig, wenn nicht unmöglich machen, *Latimeria* an der Oberfläche über längere Zeit gesund zu erhalten. Wie bei jedem derartigen Fisch sind es Druck, Temperatur und Licht.

Die einzig realistisch erscheinende Art und Weise, bei der eine Chance bestünde, ein Exemplar über längere Zeit am Leben zu erhalten, um es auszustellen und zu untersuchen, ist, einen Quastenflosser an Ort und Stelle in einen Käfig zu locken. Der Käfig müßte dann bis zum nächsten Schritt in der ursprünglichen Tiefe

befestigt werden. Eine Möglichkeit wäre dann, den Käfig sehr
langsam zur Oberfläche zu bringen, so daß sich der Fisch in Ruhe
an die Druckänderung anpassen könnte, doch in diesem Fall
könnte die Temperaturänderung tödlich sein. Wir wissen es einfach nicht. Ein aufwendigeres Unternehmen wäre es, das Exemplar aus dem Fangkäfig direkt in einen druck- und temperaturge-
regelten Behälter zu überführen, der dann zur Oberfläche gebracht werden kann. Nur Experimente können zeigen, ob *Latimeria* längere Zeit bei verringertem Druck an der Oberfläche überle-
bensfähig ist oder nicht. Der Fisch müßte zudem sicherlich im
Dunkeln oder bei sehr niedrigen Lichtintensitäten gehalten werden, weil *Latimeria*, wie schon die Franzosen beobachten konnten,
durch helles Licht stark gestört wird. Das Vorangegangene mag
ein bißchen wie das Publizieren einer Anleitung zum Bombenbau-
en erscheinen, doch Versuche, einen lebenden Quastenflosser zu
fangen, sind unausweichlich. Ein Teil der dazu nötigen Technologie
ist bereits vorhanden und wird ständig verbessert. Das Publi-
kumsinteresse ist so groß, daß eine öffentliche Ausstellung enormen Gewinn verspricht. Wahrscheinlich brächte schon allein die
Vermarktung der Filmrechte über die Fangexpedition genügend
Profit, selbst wenn sie erfolglos bliebe. Leider muß man davon
ausgehen, daß viele Fische in der experimentellen Phase eines
solchen Unternehmens zugrunde gehen würden, bevor auch nur
ein einziges Exemplar erfolgreich am Leben gehalten werden
könnte. Falls es irgendeiner Gruppe gelingen sollte, einen lebenden Quastenflosser auszustellen, hätte das einen Rattenschwanz
weiterer derartiger Unternehmungen zur Folge, und der Druck auf
die Population würde weiter eskalieren. Das New Yorker Aquarium und der Explorers Club of New York haben schon gemeinsam
solche Versuche gestartet (1986 und 1987), die erfolglos blieben;
sie versuchten noch, ein Exemplar per Leine zu fangen. Seit
damals hat Prof. Fricke das Unterseeboot als Beobachtungsmittel
eingeführt und, wie er freimütig zugibt, wäre nicht viel nötig, um
ein solches Unterseeboot in ein Gefährt zum Fang von Quastenflossern umzuwandeln. Fricke selbst wendet sich vehement gegen
ein solches Unternehmen, und bis andere Gruppen Unterseeboote
einsetzen, ist der Fisch vielleicht sicher. Doch gegen Ende des
Jahres 1989 tauchte in Gestalt eines japanischen Unternehmens
eine neue Gruppe von Mitspielern auf dem Spielfeld auf. Die

Japaner haben eine enge, produktive Beziehung zur comorianischen Regierung aufgebaut; dazu gehört ein gemeinsames For-
schungsprogramm, das eine größere direkte Beteiligung der Comorianer vorsieht, als sie von irgendeiner westlichen Gruppe
vorgeschlagen worden ist. 1981 und 1983 führte eine „Japanische
wissenschaftliche Quastenflosser-Expedition" zwei Forschungsfahrten auf den Comoren durch und erwarb von Fischern drei
Exemplare.[163] Gegen Ende des Jahres 1989 steuerte ein gechar-
tertes Schiff (in einem 1'760'000-$-Projekt, wie es hieß) die Como-
ren mit der ausdrücklichen Absicht an, ein lebendes Exemplar für
das Toba-Aquarium zu fangen.[164] Mit Hilfe einer Unterwasser-Ka-
meraüberwachung versuchte die Expedition, einen Quastenflosser
in einen mit Ködern versehenen Unterwasserkäfig zu locken, den
sie dann langsam an die Oberfläche bringen wollte. Das Unternehmen blieb erfolglos, doch die Eskalation hat begonnen.

Welchem wissenschaftlichen Zweck wäre damit gedient, ein
Exemplar einige Monate lang in einem Becken zu halten? Offensichtlich würde es jemanden eine Menge Geld einbringen, doch
was könnte man lernen, das nicht auch durch sorgfältiges Beobachten eines Tieres in seinem natürlichen Lebensraum deutlich
wird? Die Antwort ist: Praktisch nichts, insbesondere im Vergleich zu den Risiken für die Population. In beiden Fällen wäre
es beispielsweise möglich, dem Fisch beim Fressen zuzusehen.
Ein Quastenflosser im Becken läßt sich theoretisch wie ein
Seelöwe im Zoo mit einem Hering oder einem Tintenfisch füttern,
doch in seiner natürlichen Umgebung kann man viel mehr über
sein Verhalten erfahren, so z.B. über Beuteauswahl, Lauern und
Anschleichen, Tarnung usw. Im Becken könnte man die Mechanik
des Schwimmens studieren (wie ich und andere es bei großen
Haien getan haben), doch mehr darüber ließe sich sicherlich
draußen lernen, wo die Quastenflosser auf Strömungen, einen
unebenen Boden oder andere Lebewesen achten und entsprechend navigieren müssen. Viele wissenschaftliche Untersuchungen lassen sich nur am lebenden Tier durchführen, aber es ist
kaum vorstellbar, daß ernsthafte Experimente an einem Schau-
exemplar erlaubt würden, das so teuer erkauft wurde und eine
so lukrative Einnahmequelle darstellt. Wie bereitwillig würden
die Besitzer z.B. zustimmen, den Fisch zu betäuben, um ihm
Blut abzunehmen oder ihm bestimmte Chemikalien zu injizieren?

Was wäre mit dem Einpflanzen von Elektroden oder eines Katheters?

Die Bemühungen des Explorers Club und des New Yorker Aquariums, Quastenflosser per Leine zu fangen und dann am Leben zu erhalten, wurde von den Initiatoren als Beitrag zur Rettung von Fischen gerechtfertigt, die in Zukunft sowieso gefangen werden würden:

„Wir wollen die Prämie der comorianischen Regierung für tote Quastenflosser überbieten, indem wir höhere Prämien für lebende Tiere aussetzen … Unser Vorgehen testet die Fähigkeit der Quastenflosser, sich vom Fangtrauma zu erholen, wenn sie von den Fischern wieder in ihren natürlichen Lebensraum eingesetzt werden, und bereitet so den Weg für eine nationale Schutzpolitik auf den Comoren. Wenn unsere Technik, die Tiere zu revitalisieren, erfolgreich ist, können wir Zuchtpopulationen in sichere Gebiete bringen, weg von den stark befischten Regionen vor der Südwestküste von Grande Comore."„[165]

Mit anderen Worten, man will Fischer durch größere als die üblichen Prämien dazu ermutigen, mehr Fische zu fangen, um dann zu versuchen, sie am Leben zu erhalten. Jeder Fisch, der wirklich überlebt, soll dann in ein anderes Gebiet transportiert werden, wo Quastenflosser, soviel man weiß, bisher nicht beheimatet waren. All das klingt ein bißchen nach der berüchtigten Armee-Einheit in Vietnam, die ein Dorf zerstören mußte, um es zu retten. Viel einfacher wäre es, den Fischern eine kleinere Geldsumme dafür anzubieten, nicht zu fischen, doch wer würde schon Geld ausgeben, um das zu sehen? Tatsächlich unternahmen zwei Gruppen Freiwilliger des Explorers Club (jeder Teilnehmer zahlte 4000 $) 1986 und 1987 Reisen auf die Comoren; sie sollen insgesamt sechs gefrorene Exemplare erworben haben, was dem Handel mit diesem Fisch wohl kaum geschadet hat.[166]

Unglaublicherweise ist das nicht das einzige Beispiel für wissenschaftlichen *folie de grandeur* (Größenwahn). Es wurde sogar argumentiert, man solle, wenn der Bestand von *Latimeria* wirklich so gering sei, doch möglichst viele Exemplare fangen und sie in ein Aquarium bringen, um sie dort *nachzuzüchten*; das wäre die einzige Möglichkeit, das Überleben der Art zu gewährleisten. „Ist es wirklich falsch zu versuchen, diese Tiere in Gefangenschaft zu studieren ... und vielleicht zu züchten? Der Tag könnte kommen, an dem sie uns so sehr brauchen wie wir sie", sagt Louis Garibaldi vom Explorers Club.[167] Der Club stellt fest: „Im Gegensatz zu Hans Fricke glauben wir, daß das Überlebens des Quastenflossers menschliches Eingreifen verlangt, wie beim Panda, dem Schrei-kranich, dem Kalifornischen Kondor und anderen seltenen Ar-ten."[168] Meiner Ansicht nach ist das ein höchst unseriöser An-spruch. Der Bestand ist vielleicht bedroht, doch nach allem, was wir heute wissen, wird der Versuch, einige oder alle Quastenflosser zu fangen und in einem öffentlichen Aquarium am Leben zu erhalten, unweigerlich zahlreiche Verluste verursachen, bevor auch nur ein einziger Fisch ausgestellt werden kann (von Nach-zuchten ganz abgesehen). Das Unternehmen würde daher die Ausrottung der Art nur beschleunigen. Es ist einfach, milde gesagt, voreilig, von Nachzuchten in Gefangenschaft zu sprechen, wenn bisher noch kein Exemplar länger als einige Stunden am Leben erhalten werden konnte. Die Technologie, das Wissen, die Kennt-nisse stehen einfach noch nicht zur Verfügung, und noch so hehre Absichten rechtfertigen keine Fangversuche.

Es ist schon sonderbar, wenn *Wissenschaftler* derartig daherre-den, obwohl wir noch nicht einmal über die elementarste Informa-tion verfügen: wie viele Individuen es gibt. Wenn es Zehntausende Quastenflosser gibt, kann man kommerzielle Bemühungen, leben-de Exemplare für öffentliche Ausstellungen zu bekommen, trotz der damit verbundenen Verluste tolerieren oder sogar unterstüt-zen. Doch lassen Sie uns das Argument umkehren. Nehmen wir an, wir wüßten sicher, daß es nur noch etwa hundert Quastenflos-ser gibt. Wäre es besser, sie unter Einsatz aller technischen Mittel, so unausgereift und unzulänglich sie auch sein mögen, zu „retten" ‚oder sollten wir sie – abgesehen von reinen Beobachtungen – in Frieden lassen, bis wir bessere technische Möglichkeiten haben? Wenn es wirklich nur hundert oder auch tausend Exemplare gibt, sollten wir dann größeres Vertrauen in den Instinkt und die Biologie der Quastenflosser haben, ihr Überleben zu sichern, oder sollten wir sie fangen und die Überlebenden in Schaubecken in New York oder Tokio setzen? Abgesehen von den ethischen Impli-kationen habe ich als Wissenschaftler überhaupt keinen Zweifel daran, daß es der gegenwärtig vorliegende Wissensstand erfordert, sie in Ruhe zu lassen. Die größte Hoffnung für ihr Überleben ist es, wenn das Fischen nach Quastenflossern eingestellt wird, denn wir haben noch nicht die Möglichkeiten, sie in Gefangenschaft erfolgreich nachzuzüchten. Die Größe des Problems wird durch die Tatsache verdeutlicht, daß die japanische Expedition plante, ein Weibchen und ein Männchen zu Zuchtzwecken zu fangen. Nun kann man das Geschlecht bei *Latimeria* nur durch sorgfältige und eingehende Untersuchungen feststellen – was Fangen und Betasten bedeutet. Wie viele Quastenflosser hätte man fangen müssen, bevor man ein Männchen und ein Weibchen beisammen gehabt hätte? Wie viele Fische hätte man fangen müssen, bevor man ein fortpflanzungsbereites Pärchen gefunden hätte? Wie viele fortpflanzungsbereite Fische hätte man fangen müssen, bevor es zu einer erfolgreichen Nachzucht gekommen wäre? Wie viele erfolgreiche Nachzuchten hätte man gebraucht, bevor die Jungen bis zur Geschlechtsreife überlebten? Und so weiter.

Bevor wir versuchen können, *Latimeria* sicher bis zur Oberfläche hinaufzubringen und am Leben zu erhalten, ganz abgesehen von der Fortpflanzung, müssen wir zuerst mit *Ruvettus* oder *Hexanchus* experimentieren und genug über die Physiologie von Quastenflossern lernen, um den Druck-, Temperatur- und Lichteffekten Rechnung zu tragen. Nichts davon ist eigentlich schwierig; vielleicht ist Geduld das Schwierigste daran. Leider ist es in unserem Zeitalter der sofortigen Gratifikationen schwierig, Leute zu finden, die die wenig ruhmbringenden Vorarbeiten erledigen, und noch schwieriger, Mittel dafür aufzutreiben.

Schließlich sollten wir uns die Frage nach der Ethik stellen. Wie wichtig ist das Überleben der Art *Latimeria chalumnae*? Es ist letztlich nur ein Fisch, und zudem noch ungenießbar. Das ist eine Frage, die man bei jeder Art stellen kann, einschließlich unserer eigenen. Vor 50 Jahren wußten wir noch nicht, daß eine Population rezenter Quastenflosser existiert, wen kümmert es also, wenn sie nach 50 weiteren Jahren ausgestorben ist? Doch wir wissen von dieser Art; es ist wie das Problem mit einem streunenden Kätzchen: Wenn wir es einmal ins Haus gelassen haben, haben wir Verantwortung dafür übernommen.

Es gibt eine Reihe von guten Gründen, warum wir das Überleben dieser Art sicherstellen sollten. Wir haben den Fisch zufällig gefunden, und wir haben eine moralische Verpflichtung, ihn für zukünftige Generationen zu erhalten, damit sie sich selbst ein Bild von ihm machen können. Wir haben eine moralische Verpflichtung, uns unsere eigene Unwissenheit einzugestehen und Praktiken einzustellen, die das Überleben des Fisches in Frage stellen könnten. Falls für das Überleben der Art menschliches Eingreifen nötig ist – offensichtlich ist das nicht der Fall – müssen wir uns sicher sein, daß wir wissen, was wir tun. *Latimeria chalumnae* bildet kein Hemmnis für irgendwelche menschlichen Unternehmungen, daher können wir ihre Ausrottung nicht mit Vorteilen für die Menschheit begründen. Sie sind uns nicht im Wege; ihre Existenz verhindert keinen Dammbau oder die Speisung hungernder Kinder. Wir benötigen ihren Lebensraum weder, um Schiffsbasen zu bauen oder Pestizide zu testen, noch bietet *Latimeria*, soweit wir wissen, irgend jemandem – außer einigen wenigen Möchtegern-Showmenschen – irgendwelche faßbaren ökomonischen Vorteile. *Latimeria*s Öl hat keinen offensichtlichen medizinischen Wert (obwohl dasjenige von *Ruvettus* einen solchen hat, doch niemand ist an *Ruvettus* interessiert). Das Öl ist auch wirklich weder ein Aphrodisiakum noch verursacht es Leberkrebs; das ist alles Blödsinn. Aus einem sehr anthropozentrischen Grund müssen wir sicherstellen, daß *Latimeria* nicht ausstirbt, und zwar, weil Neugier eine Eigenschaft der Spezies Mensch ist und es so viel gibt, was wir über Quastenflosser noch nicht wissen.

Wir haben eine moralische Verpflichtung, nicht sorglos mit etwas umzugehen, das jemand anderem gehört. Wenn es um materiellen Besitz ginge – ein Auto, eine Ölquelle – hätten wir auch juristische Verpflichtungen. Doch die rezenten Quastenflosser gehören jemand anderem. Grundsätzlich gehören sie zukünftigen Generationen, Generationen auf den Comoren genauso wie in Amerika, in Großbritannien, in Deutschland und Japan, der Öffentlichkeit wie den Wissenschaftlern. Wir paar Wissenschaftler (wahrscheinlich gibt es weniger als 50 von uns), die aktiv an der Erforschung des Quastenflossers beteiligt sind, und die zusätzlich etwa 20 Unternehmer, die diese Fische ausbeuten wollen (wenn man's genau nimmt, beuten natürlich auch Wissenschaftler den Fisch aus) halten kaum die Majorität.

Von allen gefährdeten Arten in der Welt ist *Latimeria chalumnae* möglicherweise die einzige, deren Ausrottung direkt auf das Konto von Wissenschaftlern gehen könnte. Es gibt einige wenige

Orchideen- und Muschelarten, die von Sammlern ausgerottet bzw. an den Rand der Ausrottung gebracht worden sind, nachdem sie von Wissenschaftlern entdeckt worden waren, doch im Falle von *Latimeria* sind grundsätzlich alle Fänge von Wissenschaftlern zu verantworten. Die Art wurde von Wissenschaftlern entdeckt und für Wissenschaftler gefangen, zu Forschungszwecken und (zumindest bisher) zu Ausstellungszwecken in wissenschaftlichen Institutionen. Das ist ein weiteres historisches „zum ersten Mal", wenn auch eine zweifelhafte Auszeichnung. Es erlegt den Wissenschaftlern eine besondere Verantwortung für das Überleben der Art auf: Falls *Latimeria* ausstirbt, werden wir niemand anderem die Schuld dafür in die Schuhe schieben können.

Die einfachste Art und Weise, sich mit dem Aussterben einer Art abzufinden, ist, sich einzureden, es sei zufällig, sozusagen als „Betriebsunfall" passiert. Doch die meisten dieser Unfälle haben bekanntlich Ursachen, gewöhnlich Gewinnsucht oder einfach Dummheit. Nachdem einmal die Möglichkeit, den Fisch ganz einfach in Ruhe zu lassen, ausgesprochen ist, ist sie schwer zu übergehen. Es ist nichts dabei zu verlieren, ein oder zwei letzte Exemplare für sorgfältig vorbereitete Forschungsvorhaben zu fangen und dann den Fang von Quastenflossern vollständig zu verbieten. Die Weltöffentlichkeit muß vielleicht noch ein paar Jahre darauf warten, bevor sie einen lebenden Quastenflosser in einem Schauaquarium bewundern kann. In der Zwischenzeit könnte sie sich mit fantastischen Filmen von Fischen begnügen, die sich normal in ihrer natürlichen Umwelt bewegen.

Latimeria chalumnae ist wirklich nur ein weiterer Fisch. Und doch …

Literatur

1. M. Courtenay-Latimer, 1979. My story of the first coelacanth. Occ. Pap. Calif. Acad. Sci. 134: 6–10

2. M. Courtenay-Latimer, 1989. In: Remembering the coelacanth: a 50th anniversary perspective; Hrsg. R. Greenwell. Internat. Soc. Cryptozool. Tucson

3. M. Courtenay-Latimer, 1979, s.o., S. 7

4. J. L. B. Smith, 1956. *Old Fourlegs: The Story of the Coelacanth.* London: Longman, Green; im Deutschen: Vergangenheit steigt aus dem Meer, 1957, Hans E. Günther-Verlag, Stuttgart

5. J. L. B. Smith, 1940. A living coelacanth fish from South Africa. Trans. Roy. Soc. S. Af. 28: 1–106

6. H. Goosen, 1989. In: Remembering the coelacanth: a 50th anniversary perspective, s.o.

7. H. Goosen, 1989, s.o., S. 16

8. M. Courtenay-Latimer, 1989, s.o., S. 16

9. C. Munnion, 1988. Remembering old fourlegs. Optima 36: 42–51

10. J. L. B. Smith, 1956, s.o., S. 27

11. A. Smith Woodward, 1898. *Catalogue of Fossil Fishes of the British Museum (Natural History).* Volume II, London: BMNH

12. J. L. B. Smith, 1956, s.o., S. 31–32

13. Ibid., S. 32

14. Ibid., S. 35

15. Ibid., S. 31

16. Ibid., S. 37

17. M. Courtenay-Latimer, 1979, s.o., S. 9

18. J. L. B. Smith, 1956, s.o., S. 41

19. Margaret Smith, 1970. The search for the world's oldest fish. Ocean 3 (6): 26–36

20. J. L. B. Smith, 1939. A living fish of Mesozoic type. Nature 143: 455–456

21. E. I. White, 1939. One of the most amazing events in the realms of natural history in the twentieth century. London Ill. News, 11. März 1939, Supplement

22. J. R. Norman, 1939. A living coelacanth from South Africa; a fish believed to have been long extinct. Proc. Linnean Soc. London, 151: 142–145

240

23. Survivor of an ancient line. The Times, London, 10. März 1939. A coelacanth fish. The Times, London, 17. März, 1939

24. J. L. B. Smith, 1956, s.o., S. 51

25. Ibid., S. 53

26. E. I. White, 1939, s. o., S. 2

27. J. L. B. Smith, 1939, s.o., S. 456

28. J. R. Norman, 1939, s.o., S. 143

29. J. L. B. Smith, 1956, s.o., S. 54

30. Ibid., S. 55

31. J. L. B. Smith, 1940, s.o., S. 53

32. A. Smith Woodward, 1940. The surviving crossopterygian fish, *Latimeria*. Nature 239: 283–285

33. M. Courtenay-Latimer, 1989, s.o., S. 13

34. J. L. B. Smith, 1939, s.o., S. 1

35. J. L. B. Smith, 1956, s.o., S. 75

36. J. L. B. Smith, 1949. *Sea Fishes of Southern Africa*. South Africa: Central News Agency

37. J. L. B. Smith, 1956, s.o., S. 84

38. Ibid., S. 85

39. Ibid., S. 89

40. Ibid., S. 101

41. Ibid., S. 109

42. Prehistoric fish believed caught. New York Times, 28. Dezember 1952. Air race to save dead fish stirs scientists here. New York Times, 30. Dezember 1952. 14-year hunt yields „missing link" fish. New York Times, 30. Dezember 1952. Scale of „Missing link" fish given to Malan, foe of evolution theory. New York Times, 31. Dezember 1952. Ohne Titel. Le Monde, 1. Januar 1953. Scientist tells of rare fish find. New York Times, 2. Januar 1953

43. Shirley Bell, 1969. *Old Man Coelacanth*. Johannesburg: Vortrekkerpers, S. 111

44. Affane Mohamed, 1965. Capture du 2ème coelacanth „identifié" le 22 decembre 1952 à Domoni (Anjouan). Unveröffentlichte eidesstattliche Erklärung, von Professor J. Millot im privaten Kreis weitergegeben

45. J. L. B. Smith, 1956, s.o., S. 146

46. Ibid., S. 153

47. J. L. B. Smith, 1953. The second coelacanth. Nature 171: 99–101

48. J. Millot, 1955. Unité specifique des coelacanthes actuels. La Nature 3238: 58–59

49. J. Dugan, 1955. The fish. Collier's, September 16, 64–68

50. J. L. B. Smith, 1956, s.o., S. 121

51. Ibid.

52. J. Anthony, 1976. *Operation Coelacanthe*. Paris, Arthaud

53. J. Millot, 1953. Notre coelacanthe. Revue Madagascar 17: 18–20. J. Millot, 1954. Le Troisième Coelacanthe. Historique éléments d'Écologie, morphologie externe, documents divers. Naturaliste Malagache, Suppl. 1

54. J. L. B. Smith, 1956, s.o., S. 216

55. J. Anthony, 1976, s.o.

56. J. Dugan, 1955, s.o., S. 66

57. Ibid., S. 67

58. Ibid.

59. J. Millot, 1955. First observations on a living coelacanth. Nature 175: 362–363

60. J. Millot, J. Anthony und D. Robineau, 1972. État commente des captures de *Latimeria chalumnae* Smith (Poisson, Crossopterygien, Coelacanthide) effectués jusqu'au mois d'Octobre 1971. Bull. Mus. Hist. Nat. Paris 53: 533–548

61. J. Atz, 1976. *Latimeria* babies are borne, not hatched. Underw. Nat. 9: 4–7

62. C. R. Darwin, 1859. *On the Origin of Species ...* London, Murray

63. R. R. Hessler, 1984. In: *Living Fossils*, Hrsg. N. Elredge und S. M. Stanley. New York, Springer-Verlag

64. E. B. Conant, 1986. An historical discussion of the literature of Dipnoi: Introduction to the bibliography of lungfishes. In *The Biology of Lungfishes*. W. E. Bemis, W. W. Burggren und N. E. Kemp. New York, A. R. Liss (Hrsg.)

65. L. Agassiz, 1836. *Recherches sur les Poissons fossiles*. Neuchâtel

66. E. A. Stensio, 1937. On the Devonian coelacanthids of Germany with special reference to the dermal skeleton. K. Svenska VetenskapAkad. Handl. ser. 3, 16: 1–56

67. R. Lund und W. L. Lund, 1975. From the Bear Gulch Limestone (Namurian) of Montana und the evolution of the Coelacanthiformes. Bull. Carnegie Mus. Nat. Hist. 25: 1–74

68. D. Raup, 1986. *The Nemesis Affair*. New York, Norton

69. J. A. Moy-Thomas und R. S. Miles. *Palaeozoic Fishes*. New York, Saunders

70. J.-P. Lehman, 1952. Étude complémentaire des poissons de l'Eotrias de Madagascar. K. Svenska VetenkapAkad. Handl. 4 (2):1–201

71. J. G. Maisey, 1986. Coelacanths from the Lower Cretaceous of Brazil. Novitates Am. Mus. Nat. Hist. 2866: 1–26

72. B. Schaeffer, 1952. The Triassic coelacanth fish *Diplurus* with observations on the evolution of the Coelacanthini. Bull. Am. Mus. Nat. Hist. 135: 287–432

73. D. M. S. Watson, 1927. The reproduction of the coelacanth fish, *Undina*. Proc. Zool. Soc. London 1927: 453–457

74. E. B. Conant, 1986, s.o.

75. E. D. Cope, 1892. On the phylogeny of the Vertebrata. Proc. Am. Phil. Soc. 30: 278–281

76. J. T. Wilson, 1972. *Continents Adrift.* Reading from American Scientist. San Francisco

77. P. Molnar und J. Franchetau, 1973. Relative motion of hot-spots in the mantle. Nature, 246: 288

78. J. D. Dana, 1894. *Manual of Geology.* New York, American Book Company

79. C. M. Emerick und R. A. Duncan, 1982. Age progressive volcanism in the Comores Archipelago, western Indian Ocean and implications for Somali plate tectonics. Earth and Planetary Sci. Lett. 60: 415–428

80. M. Griffin, 1986. The perfumed isles. Geog. Mag. 58: 524–527; J. F. G. Lionnet, 1983. Islands not unto themselves. Ambio 12: 288–289; J. M. Oppenheimer, 1973. Political development in the Comores. Afr. Rev. 3: 491–506

81. P. Scoones, 1980. Coelacanth encounter. Skin Diver 29: 8–9

82. J. Millot und J. Anthony, 1960–1978. *L'Anatomie de Latimeria chalumnae.* 3 Bde. Centre Nat. Res. Sci. Paris

83. J. E. McCosker, 1979. Inferred natural history of the living coelacanth. Occ. Pap. Calif. Acad. Sci. 134: 17–24; E. K. Balon, M. N. Bruton und H. Fricke, 1989. A fiftieth anniversary reflection on the living coelacanth, *Latimeria chalumnae*: some new interpretations of the natural history. Env. Biol. Fishes 23: 241–280

84. J. Millot, 1958. *Latimeria chalumnae,* dernier des crossopterygiens. In: *Traité de Zoologie,* Hrsg. P. Grasse. Vol. 13, Paris, Masson

85. S. M. Andrews, 1977. The axial skeleton of the coelacanth. In: *Problems in Vertebrate Evolution,* Hrsg. S. M. Andrews, R. S. Miles und A. D. Walker. London, Academic Press

86. J. Millot, 1955, s.o.

87. J. Millot und J. Anthony, 1960. Appareil génital et reproduction des coelacanthes. C. R. Hebd. Séanc. Acad. Sci. Paris D 251: 442–443

88. J. Millot und J. Anthony, 1960. Le plus vieux poisson du monde. Sciences 6: 7–20

89. J. Millot, J. Anthony und D. Robineau, 1972, s.o.

90. K. S. Thomson, 1967. Mechanisms of intercranial kinetics in fossil rhipidistian fishes (Crossopterygii) and their relatives. J. Linn. Soc. London Zool. 46: 223–253

91. K. S. Thomson, 1986. A fishy story. Amer. Sci. 74: 169–171

243

92. J. Anthony, 1976, s.o., S. 89

93. G. R. Forster, J. R. Badcock, N. R. Merret, M. R. Longbottom und K. S. Thomson, 1974. Results of the Royal Society Indian Ocean deep slope fishing expedition. Proc. Roy. Soc. London B 175: 367–404

94. K. S. Thomson, 1981. The capture and study of two coelacanths of the Comoro Islands, 1972. Nat. Geog. Soc. Res. Rep. 13: 615–622

95. J. Anthony und J. Millot, 1972. Première capture d'une femelle de coelacanthe en état maturité sexuelle. Séance acad. Sci. Paris D 274: 1925. J. Millot und J. Anthony, 1974. Les Oeufs du coelacanthe. Sci. Nat. Paris 121: 3–4

96. N. A. Locket und R. W. Griffith, 1972. Observations on a living coelacanth. Nature 237: 175

97. H. Fricke, 1988. Coelacanths. The fish that time forgot. National Geog. 173, 824–838. H. Fricke, O. Reinicke, H. Hofer und W. Nachtigall, 1987. Locomotion of the coelacanth *Latimeria chalumnae* in its natural habitat. Nature, 329: 331–333

98. J. C. Nevenzel, W. Rodegker, J. F. Mead und M. S. Gordon, 1966. Lipids of the living coelacanth, *Latimeria chalumnae*. Science 152: 1753–1755

99. N. A. Locket, 1980. Some advances in coelacanth biology. Proc. Roy. Soc. London B 208: 265–307

100. H. Fricke und R. Plante, 1988. Habitat requirements of the living coelacanth *Latimeria chalumnae* at Grande Comore, Indian Ocean. Naturwiss. 75: 149–151

101. H. Fricke et al., 1987, s.o.

102. M. Burton, 1989. The coelacanth – can we save it from extinction? World Wildlife Fund Reports, Oktober/November 1989: 10–12. H. Fricke, zitiert nach New York Times, 22. März 1988

103. M. Menache, 1954. Étude hydrogéologique sommaire de la région d'Anjuan, en rapport avec la pêche des coelacanthes. Mem. Inst. Sci. Mad. ser. A, 9: 152–185

104. G. R. Forster, 1974. The ecology of *Latimeria chalumnae*. J. L. B. Smith: Results of field studies from Grande Comore. Proc. Roy. Soc. London B 186: 291–296

105. H. Fricke und R. Plante, 1988, s.o., S. 150

106. G. R. Forster, 1974, s.o.

107. H. Fricke und R. Plante, 1988, s.o., S. 150

108. D. De Sylva, 1966. Mystery of the silver coelacanth. Sea Frontiers 12: 172–175

109. J. Anthony, 1976, s.o., S. 165

110. H. Fricke, zitiert nach New York Times, 22. März 1988

111. K. S. Thomson, 1966. Mobility of the skull und fins in the coelacanth, *Latimeria chalumnae*. Am. Zool. 6: 565–566

244

112. J. Millot, 1955, s.o.

113. N. A. Locket und R. W. Griffith, 1972. Observations on a living coelacanth. Nature 237: 175

114. H. Fricke et al., 1987, s.o.

115. K. S. Thomson, 1969. The biology of the lobe-finned fishes. Biol. Rev. 44: 91–154

116. B. Dean, 1906. Notes on the living specimens of the Australian lungfish, *Ceratodus forsteri*, in the Zoological Society's collection. Proc. Zool. Soc. London 1906, 168–187

117. H. Fricke et al., 1987, s.o.

118. K. S. Thomson, 1966. Intercranial mobility in the coelacanth. Science 153: 999–1000

119. K. S. Thomsom, 1973. New observations on the coelacanth fish, *Latimeria chalumnae*. Copeia 1973: 813–814

120. K. S. Thomson, 1966, s.o.

121. D. Robineau und J. Anthony, 1973. Bioméchanique du crâne de *Latimeria chalumnae* (Poisson, Crossopterygien, Coelacanthide). C. R. Hebd. Séanc. Acad. Sci. Paris D 276: 1305–1308

122. G. Lauder, 1980. The role of the hyoid apparatus in the feeding mechanism of the coelacanth, *Latimeria chalumnae*. Copeia 1: 1–9

123. R. Nieuwenhuys, J. P. M. Kremers und C. van Huijzen, 1977. The brain of the crossopterygian fish *Latimeria chalumnae*. Anat. Embryol. 151: 157–169

124. J. Millot und J. Anthony, 1956. L'Organe rostral de *Latimeria* (Crossopterygien, Coelacanthide). Annls. Sci. Nat. B. 28: 381–388

125. K. S. Thomson, 1977. On the individual history of cosmine and a possible electroreceptive function for the pore-canal system in fossil fishes. In: *Problems in Vertebrate Evolution*, s.o.

126. A. J. Kalmijn, 1978. Electric and magnetic sensory world of sharks, skates and rays. In: *Sensory biology of sharks, skates and rays*. Hrsg. E. S. Hodgson und R. F. Matthewson, Washington, D.C.: Govt. Printing office

127. W. E. Bemis und T. E. Hetherington, 1982. The rostral organ of *Latimeria chalumnae*: Morphological evidence of an electroreceptive function. Copeia 1982:467–471

128. H. Fricke und R. Plante, 1988, s.o.

129. G. E. Pickford und F. G. Grant, 1967. Serum osmolarity in the coelacanth *Latimeria chalumnae*: urea retention and ion regulation. Science 155: 568–570. R. W. Griffith, 1980. Chemistry of the body fluids of the coelacanth, *Latimeria chalumnae*. Proc. Roy. Soc. London B 208: 329–347

130. J. L. B. Smith, 1953. Problems of the coelacanth. S. Afr. J. Sci. 49: 279–281

245

131: G. W. Brown und P. P. Cohen, 1960. Comparative biochemistry of urea synthesis. 3. Activities of urea-cycle enzymes in various higher and lower vertebrates. Biochem. J. 75: 82–91

132. G. W. Brown und S. W. Brown, 1967. Urea and its formation in coelacanth liver. Science 155: 570–572

133. R. W. Griffith, 1985. Habitat, phylogeny, and the evolution of osmoregulatory strategies in primitive fishes. In: *Evolutionary Biology of Primitive Fishes,* Hrsg. R. E. Foreman, A. Gorbman, J. M. Dodd und R. Olsson. New York, Plenum

134. S. Ohno, 1970. *Evolution by Gene Duplication.* New York, Springer-Verlag.

135. R. A. Pedersen, 1971. DNA content, ribosomal gene multiplication, and cell size in fish. J. Exp. Zool. 177: 65–78

136. K. S. Thomson, 1972. An attempt to reconstruct evolutionary changes in the cellular DNA content of lungfish. J. Exp. Zool. 180: 363–372. K. S. Thomson und K. Muraszko, 1978. Estimation of cell size and DNA content in fossil fishes and amphibians, J. Exp. Zool. 205: 315–320

137. M. Vialli, 1957. La quantita di acido desossiribonucleico per nucleo negli eritociti di *Latimeria.* Ist. Lombardo (Rend. Sc.) 91: 680–685

138: K. S. Thomson, J. G. Gall und L. W. Coggins, 1973. Nuclear DNA contents of coelacanth erythrocytes. Nature 241: 126

139. M C. Cimino und G. F. Bahr, 1973. Nuclear DNA content and chromatin ultrastructure of the coelacanth *Latimeria.* J. Cell. Biol. 59: 55

140. G. M. Hughes, 1979. Ultrastructure and morphometry of the gills of *Latimeria chalumnae* and a comparison with the gills of associated fishes. Proc. Roy. Soc. London B

141. G. M. Hughes und Y. Itazawa, 1972. The effect of temperature on the respiratory function of coelacanth blood. Experientia 28: 1247

142. J.-C. Hureau und C. Ozouf, 1977. Détermination de l'age et croissance du coelacanth *Latimeria chalumnae* Smith, 1939 (Poisson, Crossopterygien, Coelacanthide). Cybium 2: 129–137

143. W. S. Hoar, 1969. Reproduction. In: Fish Physiology, Hrsg. W. S. Hoar und D. J. Rondell, Vol. 3. New York, Academic Press

144. P. H. Greenwood: The natural history of African lungfishes, und A. Kemp: The biology of the Australian lungfish, 1986. In: *Biology of Lungfishes,* s.o.

145. J. Millot und J. Anthony, 1960, s.o.

146. J. Millot und J. Anthony, 1974. Les oeufs du coelacanthe. Science et Nature 121: 3–4

147. H.-P. Schultze, 1972. Early growth stages in coelacanth fishes. Nature 236: 90–91. H.-P. Schultze, 1980. Eierlegende und lebendgebärende Quastenflosser. Natur und Museum 110: 93–124

148. R. W. Griffith und K. S. Thomson, 1973. *Latimeria chalumnae*: Reproduction and conservation. Nature 242: 617–618

149. C. L. Smith, C. S. Rand, B. Schaeffer und J. Atz, 1975. *Latimeria*, the living coelacanth, is ovoviviparous. Science 190: 1105–1106

150. N. A. Locket, 1972. A future for the coelacanth? New Scientist 570: 546–558

151. J. P. Wourms, J. W. Atz und M. D. Stribling, 1990. Viviparity and the maternal-embryonic relationship in the coelacanth *Latimeria chalumnae. Envir. Biol. of Fishes.* Im Druck

152. S. M. Andrews und T. S. Westoll, 1970. The post-cranial skeleton of *Eusthenopteron foordi* Whiteaves. Trans. Roy. Soc. Edinb. 68: 207–329

153. M. D. Lagios, 1979. The coelacanth and the Chondrichthyes as sister groups: A review of shared morph characters and a cladistic analysis and reinterpretation. Occ. Pap. Calif. Acad. Sci, 134: 25–44

154. K. S. Thomson, 1980. The ecology of Devonian lobe-finned fishes. In: *The Terrestrial Environment and the Origin of Land Vertebrates.* Hrsg. A. L. Panchen, London, Academic Press

155. K. S. Thomson, 1969, s.o.

156. G. C. Packard, 1974. The evolution of air-breathing in Paleozoic gnathostome fishes. Evolution 28: 320–325

157. B. Dean, 1906. s.o., Abb. 55

158. J. E. McCosker, zitiert in M.W. Browne, 1988. Conserving fossil fish. Aquariums, Juni 1988

159. J. E. McCosker, 1979, s.o.

160. Senseless slaughter of rare fish assailed. New York Post, 5. Juni 1988

161. J. E. Mc Cosker, in Browne, 1988, s.o.

162. J. L. Hopson, Fins to feed to fanclubs: An (old) fish story. Science News 109: 28–30

163. N. Suzuki, Y. Suyehiro und T. Hamada, 1985. Initial reports of expeditions for coelacanths – Part I Field Studies in 1981 and 1983. Sci. Pap. Coll. Arts Sci. Univ. Tokyo 35: 37–79

164. Effort to capture „fossil fish" draws fire. New York Times, 12. September 1989

165. J. Hamlin, 1989. Brief an die New York Times, 24. März 1989. Als Antwort auf den Artikel „Do scientists pose a threat to rare „fossil fish"? New York Times, 22. März 1989

166. M. Hall, 1989. The Survivor. Harvard Magazine 91 (1): 36–42

167. L. E. Garibaldi, zitiert in Browne, 1988, s.o.

168. J. Hamlin, 1989, s.o.

Index

248

SACHBÜCHER BEI BIRKHÄUSER

Kinder der Eiszeit –
Beeinflußt das Klima die Evolution
des Menschen?

«Kinder der Eiszeit» ist ein humorvoll geschriebenes Sachbuch über die Evolution des Menschen. Mit vielen Beispielen veranschaulichen die Autoren, wie sich der Homo sapiens unter dem Einfluß der Eiszeiten zu einer der erfolgreichsten Lebensformen entwickeln konnte.

«...Amüsant und lehrreich beschreiben die Autoren die vergangenen Jahrmillionen auf unserem Planeten. Dabei bescheren sie uns ganz nebenbei ungewohnte, manchmal provokante Einsichten in die Evolution des Menschen.»
NATUR 9/92

John und Mary Gribbin
Kinder der Eiszeit
Beeinflußt das Klima die Evolution des Menschen?

Aus dem Englischen von Gerald Bosch.
264 Seiten. Gebunden
ISBN 3-7643-2624-7

SACHBÜCHER BEI BIRKHÄUSER

Auf den Spuren der Dinosaurier
Dinosaurierfährten – Eine Expedition in die Vergangenheit

Vor Jahren galten Dinosaurier- spuren noch als rätselhafte Ab- sonderheiten oder Kuriositä- ten, heute werden sie als wis- senschaftlich bedeutsam ange- sehen. Diese Fährten stellen ein ungewöhnliches und faszinie- rendes Phänomen dar, denn sie geben Aufschluß über das Alltagsleben einer Vielzahl von Sauriern in ihren verschiede- nen Lebensräumen. Erstmals wird hier in einem Buch gezeigt, wo solche Spuren zu finden sind, wie sie entdeckt und dokumentiert werden, was solche Spuren bedeuten und wie sie sich systematisch ein- ordnen lassen.

Eine spannende und faszinie- rende Lektüre für alle Dinosau- rierfans.

Martin Lockley
Auf den Spuren der Dinosaurier
Dinosaurierfährten – Eine Expedition in die Vergangenheit

Aus dem Englischen von Gerald Bosch
Ca. 312 Seiten, 38 sw- sowie 21 farbige Abb.,
81 Strichzeichnungen. Gebunden
ISBN 3-7643-2774-X